最新版 図解 知識ゼロからの現代漁業入門

北海学園大学 教授
【監修】濱田武士
【執筆】佐々木貴文
工藤貴史
濱田武士
乾　政秀
上田克之
大浦佳代

生産　消費流通　経営　制度　国際情勢　資源保護

家の光協会

はじめに

狩猟は農耕が始まる前からあり、漁業は現存する狩猟産業としては最大規模です。海に囲まれた我が国・日本も、資本主義の発展とともに漁業が発展しました。１９８０年代には世界一の漁業国となりました。しかし、現在はそのような地位にはありません。生産力を大きく失っています。今は変革期を迎えているところです。

本書は、日本漁業のそうした現状を知るための入門書として整理したものです。できる限り、いろいろな角度から漁業の現状がわかるようにするために、歴史、経営・経済から制度、流通、そして漁業を取り巻く環境まで、幅広く紹介しています。しかしながら、紙幅には限りがあります。用語解説なども加えておりますが、伝えるべき内容に優先順位があり、詳細を割愛しています。極力、産業としての漁業の基本的側面を整理するとともに、今日話題になっている事柄がわかるようにポイントを絞りました。

第1章では、日本漁業の過去から現在の経緯と現状について整理しています。最新の統計データを使い、定量的に現状を見ていきます。第2章では、日本特有の漁業制度とその下で漁業を支える組織について整理しました。行政、漁協、政策のポイントなどを整理しています。第3章では漁家から水産大手まで階層別経営の実態、漁業労働の特性、それらの政策面について解説しています。人材供給がどのようになされているのかについても触れています。第4章では、期待が高まっている養殖と日本独特な栽培漁業について整理しています。養殖技術の発展のプロセスを知るとともに問題・課題もわかるようにしました。第5章では、食卓まで水産物を届ける流通加工業の動向と現状について整理しています。地産地消など近年の消費の動向にも触れています。第6章では、日本漁業と世界との関係について整理しました。世界の漁業、水産貿易の動向についてもわかるようにしました。第7章では、水産資源の管理や環境保全との関連について整理しています。水産資源は国内にとどまらず、国際協調によって利用しなければならず、また政策において漁業と自然環境との関係も考えなくてはならなくなっています。その現状を見ます。

さて、本書の旧版発行は2017年秋でした。ところが、その後、状況は大きく変わりました。2018年12月に大幅改訂された新漁業法が公布され（2020年12月に施行）、水産庁の掲げる「水産政策の改革」が本格的にスタートし、制度・施策の体系が大きく変わってしまったのです。それを受けて急いで旧版の内容のデータを改訂しつつ各章で新たな内容を加筆してリニューアルしました。

本書がこれから漁業のことを学ぶ方々のお役に立てれば幸いです。

2021年8月

濱田武士

もくじ

第4章 日本の養殖と栽培漁業を知る……97

第6章　水産物と国際関係を知る　161

第7章 漁獲資源の保護と環境保全を知る……191

● STAFF

・装丁／宮坂佳枝
・本文レイアウト・DTP 製作／㈱新後閑
・校正／ケイズオフィス

第1章

日本の漁業の特徴を知る

日本の地理と漁業の歴史

遺跡からみえる漁撈《ぎょろう》活動

先史時代の人類は、狩猟や採集とともに、**漁撈**を行うことで、その後の繁栄の礎を築きました。人々が沿海部に居住し、多種多様な魚介類を食べていたことは、世界各地・日本各地で発見されている遺跡や**貝塚**の調査から明らかになっています。

遺構からは、丸木舟の製作に利用されたであろう磨製石斧や、漁撈に用いた釣針、海に入って魚類を捕獲するのに使った刺突漁具《さしつきぎょぐ》（モリやヤスの原型）なども見つかっています。ただ、釣針と一緒にあったはずの釣糸は、ほとんど出土していません。腐敗性の繊維であったと考えられ、樹木の甘皮や苧（カラムシ）の茎など、植物繊維が主に利用されていたのではないかと推測されています。

日本の貝塚は、縄文時代から弥生時代中頃までのものがみられ、貝殻のほか、魚の骨や土器・石器などが発見されています。青森県や宮城県、千葉県などの貝塚は、その数の多さとともによく知られています。中でも千葉県の貝塚は、縄文時代のものを中心に分布密度が高く、日本有数です。

漁具の発達と網漁業

農耕を開始した人類は、自然条件に大きく左右される生活から、定住に適し、増加した人口に対応する食料確保の手段を得ていきます。その一つとして、漁撈手段の高度化がありました。日本においても、弥生時代の遺跡からは**管状**《かんじょう》**土錘**《どすい》のような優れた網漁具も見つかっています。

管状土錘は、自然石でつくられたおもり＝石錘《せきすい》から発達した土器の一種で、中央に穴があいた円柱状をしています。もとの石錘は、こぶしくらいの大き

用語

漁撈
人が生きていくための労働・仕事として、魚介類を採捕する作業をいう。

貝塚
主に先史時代の人々が、日常の食料としていた魚介類の残滓などを投棄した場所の遺構をいう。

管状土錘
漁網の下部に装着する土器製錘《おもり》で、中央に穴があいた円柱状のものが一般的。同様の機能をもった、棒状の土器の両端に穴があいた双孔棒状土錘も出土している。

さの球状の石で、これを細いわら縄を編んで包み込むことで、刺し網や曳き網の下に吊るし、おもりとして用いていたようです。管状土錘は、石錘の耐久性や利便性を向上させるため、円柱状に改良したもので、直接網を通して装着できるように工夫されたものとされています。

弥生時代には管状土錘を用いた網漁業が盛んとなり、その生産性の高さから増加した人口を支えるとともに、活発な漁撈活動を行う集落の出現を後押ししたと考えられています。特に瀬戸内海では、盛んに網漁業が行われたことが、発見された多くの集落遺構から明らかになっています。

漁業・漁村の発生

定住し、臨海型集落を形成したことで、多様な文化を育んだ人々は、現在の漁村の原型である「浦《うら》」を成立させます。集落では、漁撈と製塩活動が主要な生業であったと考えられています。製塩は、稲作に適さない土地に住むこともあった海民にとって、きわめて重要な経済的意味をもっていました。塩は、食品の加工・貯蔵・調味に不可欠なだけではなく、例えば瀬戸内（吉備国など）では、鉄などの交易品の代価としてこれを充てることがあったからです。

もちろん漁撈も、漁村集落が形成される中で、規模を拡大させます。漁獲された水産物が、自給自足のためだけではなく、財の交換に用いられるようになることで、自給自足経済から商品経済への移行に対応する手段となりました。こうして、古墳時代にはすでに、産業としての漁業が成立していたと考えられています。

この頃になると、土器製漁具や道具の量的・質的な発達も顕著で、網漁業だけでなく、タコ壺漁業や土器製塩の発達へとつながっていきました。

文明の中に記憶された海

人々の海や山といった自然へのまなざしは、7世紀後半から8世紀後半にかけて編纂された『古事記』や『日本書紀』『万葉集』などによって、その断片を垣間見ることができるようになります。

例えば、庶民が詠んでいた歌も採録されている『万葉集』には、歌手のさだまさしさんが、代表曲「防人の詩」の元歌とした、「鯨魚取り、海や死にする、山や死にする、死ぬれこそ、海は潮干て、山は枯れすれ」（巻十六：詠み人知らず）との旋頭歌《せどうか》があります。万葉の世の人々が、鯨魚《いさな》取り（捕鯨のこと）や潮干《しほひ》（干潮のこと）という言葉を援用し、恵みをもたらす海や山の変化に思いをめぐらせている様子がうかがえます。

律令国家の漁業

8世紀頃、日本が律令国家として歴史を刻むようになると、各地から水産物が**貢納品**《こうのうひん》として朝廷にもたらされました。律令制下での租税制度の運用実態に関する記述もみられる『延喜式《えんぎしき》』などを紐解くことで、当時の日本列島での漁業の様子がわかります。

カツオ・アユ・サケが主要な貢納品であったこと、そしてカツオは太平洋岸の関東から九州にかけての広い地域から、アユは瀬戸内や内陸から、そしてサケは日本海側の国々から運ばれていたことがわかります。コンブは陸奥の国から送られたことがわかっています。律令制下の税制度が、私たちに、はるか昔の日本列島の漁業を教えてくれているのです。

北奥羽・蝦夷地などとの交易と漁業

その後、時の政権が支配地域を拡大する中で、北方への関心も高まりました。本州の北端部（北奥羽）や北海道（蝦夷地）には当時、人と物とが活発に行き交う独自の交易圏が形成されていたため、この交易の権益や富をめぐる争いも生じていました。

その富としては、砂金や上等な矢羽として貴重であった鷲羽《わしゅう》に加え、アザラシの毛皮やサケ・コンブなどの海産品が重要な位置にありました。

こうした数々の特産品は、日本国内で流通するだけでなく、海を渡ることもありました。漁業が起点となり、社会経済や海運業などの他産業に大きな刺激を与えていたのです。

用語

貢納品
律令国家において、水産物の貢納は、養老賦役令（ようろうぶやくりょう）に規定された重要な公民負担の一つであった。

管状土錘

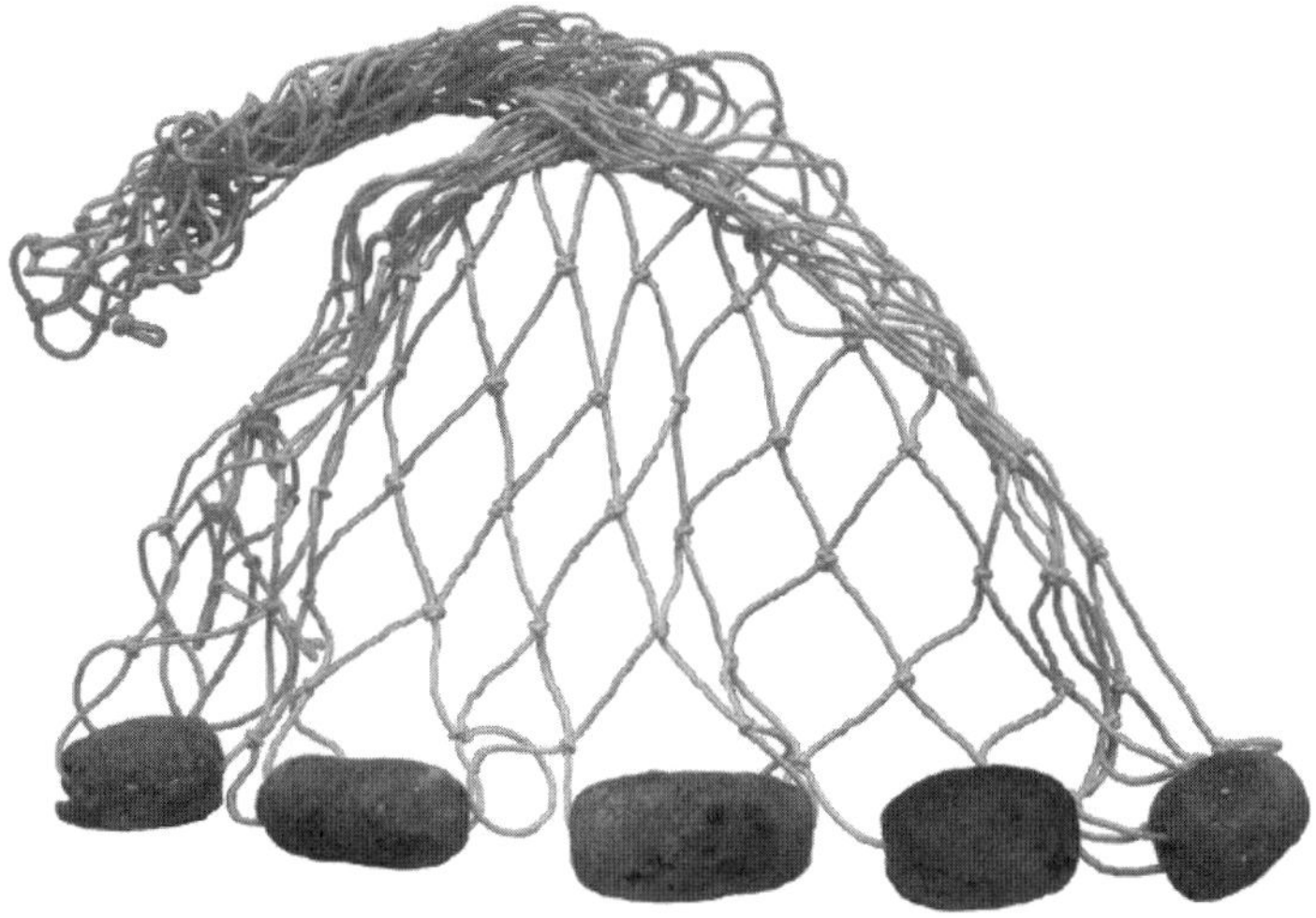

写真提供：むなかた電子博物館

貢納品の分布図

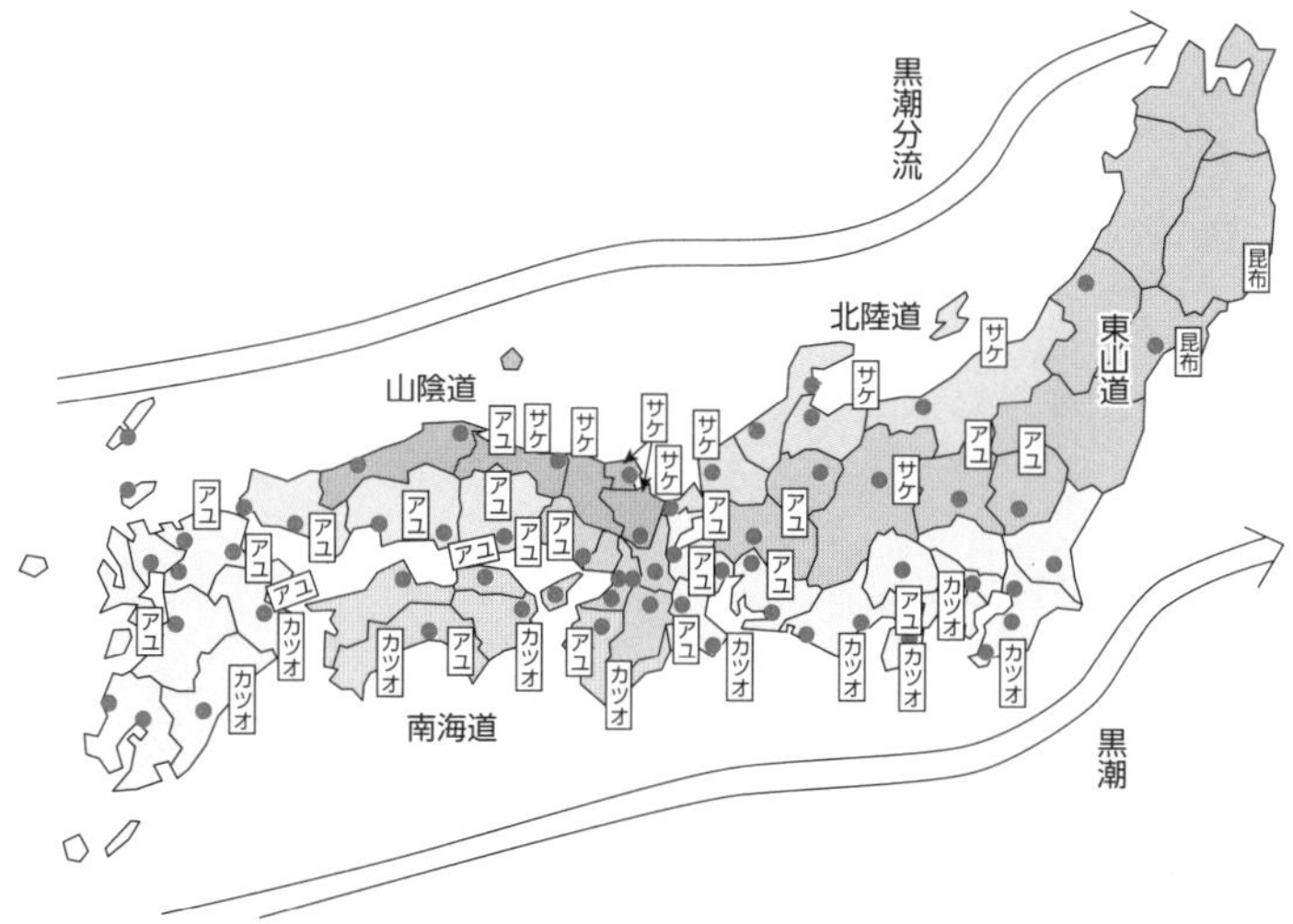

資料：浜崎礼三『海の人々と列島の歴史』（北斗書房）

2 生業型漁業の発展

農業の発達を支えた漁業

日本の近世、特に江戸時代は、世界に類がないほど平和な時代とされています。長期にわたり戦乱がなかったことで、都市が発達しました。その都市の人口拡大を支えたのが、大量の食料を安定的に供給する農業でした。また農業は、近世を通じて、人々の衣服の原料になる綿花の大量供給も担うようになっており、その役割を拡大していきました。

農業の発達は、肥料の供給に支えられていました。当時の主要な肥料は、**干鰯**《ほしか》や鰊粕《にしんかす》です。農業の発達が、食料としてだけでなく、肥料としても水産物の需要を拡大させたのです。

近世初期から干鰯を大量に消費していた大阪では、干鰯商人が活躍し、漁業の未発達であった地域での漁業開発にも乗り出しました。その後、江戸でも肥料の需要が急増するようになると、大阪の干鰯商人たちは紀州や泉州などの網元と協力し、関東（房総）や北海道（蝦夷地）での漁場開拓を積極化させました。とりわけ、近世末期の蝦夷地では、干鰯商人直営で膨大な量のニシン魚肥《ぎょひ》（鰊粕）が生産されました。この魚肥は「松前物《まつまえもの》」の一つである高級肥料として販売され、各地に流通しました。

確立された漁業技術と沿岸漁業

水産物需要の高まりは、漁業技術の発達をうながしました。近世末期までに、代表的な漁業技術がでそろい、日本全国で**沿岸漁業**の開発が一巡しました。

漁業技術の発達と、漁具の発達とは重なります。最も主要な漁具は漁網であり、その特徴は、何といっても、他産業の生産手段に比べて圧倒的な規模を有していたということです。漁業は、多人数の協

用語

干鰯
魚肥の一つで、鰯を乾燥させてつくる。その歴史は戦国時代にまでさかのぼるとされ、近代まで長く用いられた。油粕などとならんで主要な金肥であった。

沿岸漁業
近世の沿岸漁業は、磯での採貝採藻や小型の和船を用いた各種の網漁業、大小の定置網漁業によって構成されていた。漁場はほとんどがごく狭い沿岸域で、地先水面に生息する魚介類を採捕したり、回遊してくる魚群を捕獲することが中心であった。

業によって行われる、巨大な漁網を自在にあやつる産業になっていたのです。
もちろん、家族労働力で経営できる小規模な網漁業もありましたが、主要漁場を**本百姓**の占有利用による共同経営で行う、きわめて大規模な網漁業が少なくありませんでした。

網漁業と釣漁業の種類

曳網《ひきあみ》、**旋網《まきあみ》**、**建網《たてあみ》**、**刺網《さしあみ》**、**繰網《くりあみ》**、**敷網《しきあみ》**など、多種多様な漁網の中でも、特に大規模だったのが、建網の一種である**大敷網《おおしきあみ》**や、曳網の一種である地曳網《じびきあみ》です。現代では定置網と呼ばれる大敷網は、マグロを狙うものまでありました。九十九里のものが有名な地曳網は、巨大な網を100人から200人の曳子がひいたといいます。
なお、近世末期には、釣漁業の発達もみられました。カツオ釣やイカ釣、マグロ**延縄《はえなわ》**などで、網漁業とは異なり、排他的な漁場独占が必要ないことから、資力のない漁民が小さな規模で操業できました。

「若狭鰈網」（『日本山海名産図会』より）

ここに描かれている漁法は、繰網の一種の打瀬網（うたせあみ）

本百姓
検地によって領主に管理（検地帳記載）された農業や漁業などを営む階層であり、耕作地や家屋の所有、耕作に必要な用水権を有する、近世にみられた村落階層を指す。山林原野や漁場を共同利用できる入会権をも有していた。ただし、年貢や諸役を負担することが求められた。

曳網
一般に嚢（ふくろ）と両翼からなる網を海中で水平に引き、魚群を嚢部分に追い込み、沿岸もしくは漁船上に引き寄せて漁獲する漁具を指す。前者を地曳網、後者を船曳網という。

旋網
浮魚の群れを巨大な網で囲い込んで裾をしぼり嚢状にし、船に引き寄せる漁具をいう。かなり大規模な漁具で、より沖合での操業に用いられた。

近世における漁法・漁具

●曳網《ひきあみ》

地曳網

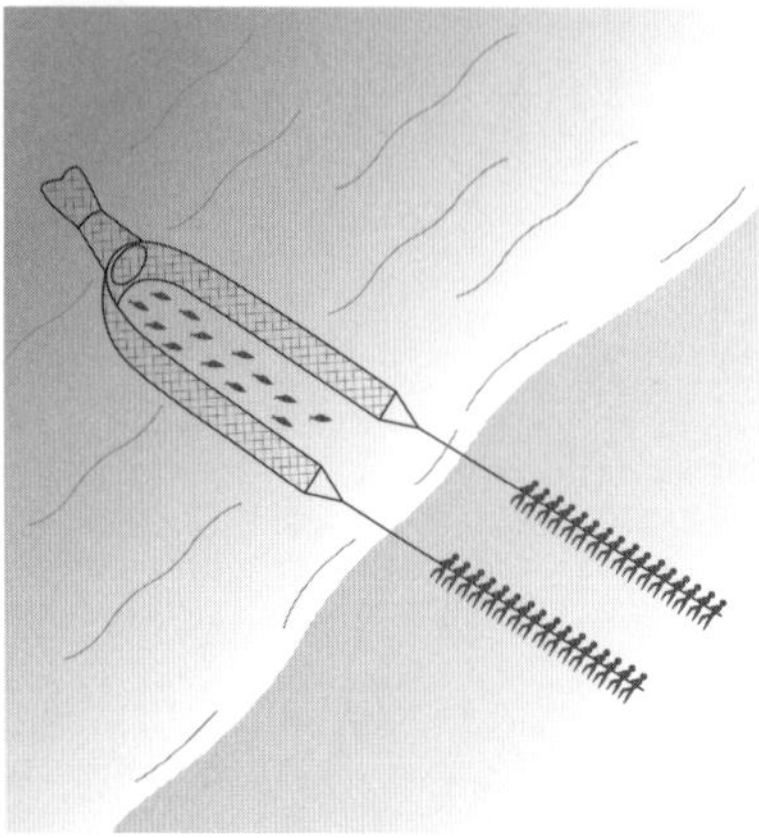

船曳網

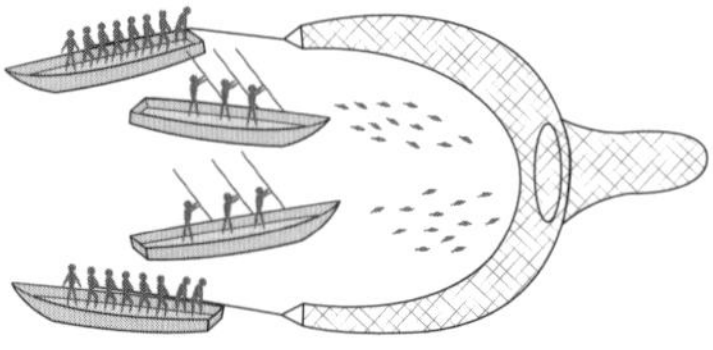

●建網《たてあみ》

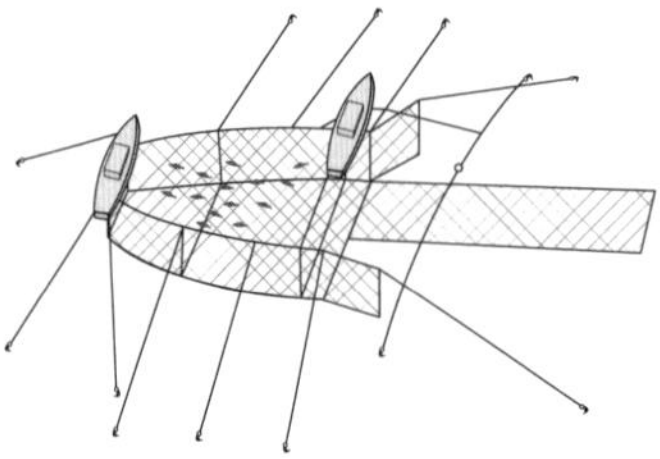

●旋網《まきあみ》

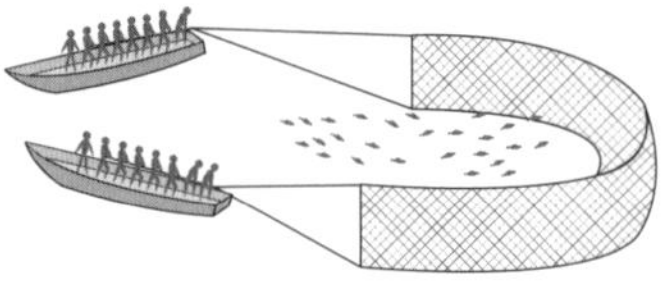

用語

建網
現在は、一般的に定置網と呼ばれる。魚の回遊路に網を張り、袋網に誘導して捕獲する漁法に用いられる大規模漁具。

刺網
網をカーテン状にして水中に張りたてて、網目に絡まる魚を漁獲する漁具をいう。網を設置する場所で、浮刺網、中刺網、底刺網に区分される。近世末期には、浮刺網の一種で、沖合で網を固定せず用いる流網も開発された。

繰網
主に底魚を漁獲対象とした漁具で、網を海底におろした後、船を固定して網を引き寄せるものを手繰網といい、風や潮流によって船を動かし、網を引き回すものを打瀬網という。

敷網
網を水中に張り、魚群

●敷網《しきあみ》

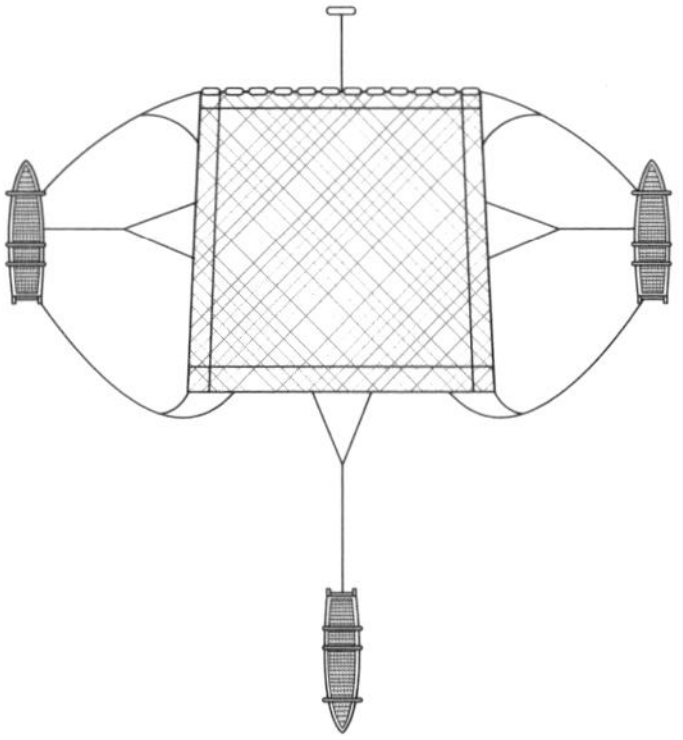

●刺網《さしあみ》

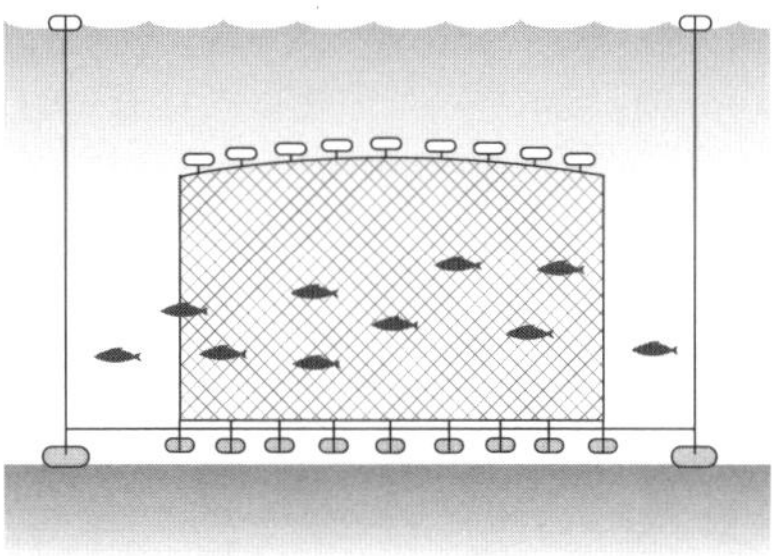

●延縄《はえなわ》

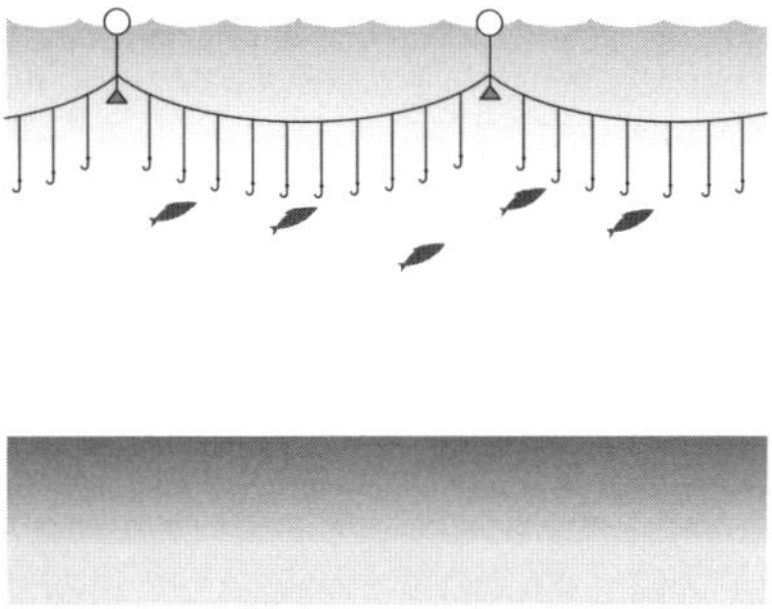

●繰網《くりあみ》

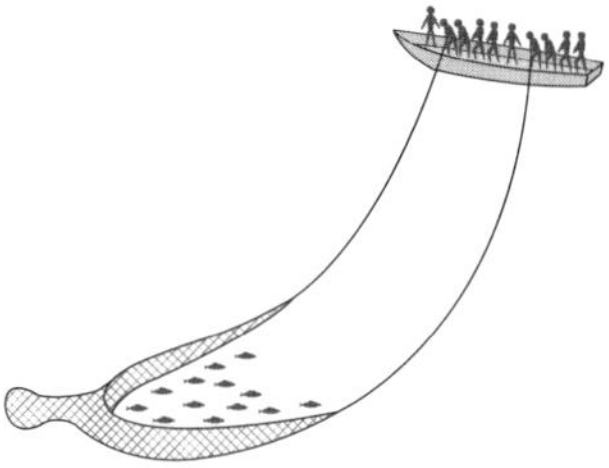

資料：農商務省水産局編『日本水産捕採誌』

がその上に進入するのを待って引き揚げ、魚を漁獲する漁具をいう。魚は、光や餌でおびき寄せることが多い。水底で用いるものを底敷網といい、水面近くで用いるものを浮敷網という。浮敷網としては、サンマなどを漁獲するのに用いられる棒受網が有名である。

大敷網

長門や肥前で使われ始めた建網の一種。各地に伝搬する中、マグロ等を漁獲する大規模なものに発達した。

延縄

延縄は、相当の長さがある幹縄（みきなわ）に、複数の枝縄（えだなわ）が一定間隔に取り付けられた漁具をいう。枝縄の先には、餌と釣針が取り付けられている。延縄を設置する位置によって浮延縄と底延縄に区分され、前者はマグロやサケ、後者はタイやカレイ、タラなどを漁獲する際に用いられる。

3 近代における資本制漁業の発達

沿岸漁業の限界を乗り越える

わが国では江戸時代末期までに、現代と基本的な仕組みが変わらない漁具や漁法が開発され、日本各地で沿岸漁業の開発が一巡した状態となりました。これは明治期の近代漁業が、技術的な限界に直面していたことを意味しました。実際、明治期の漁業は、近世末期の生産量から伸び悩みます。

明治新政府の漁業政策では、これを打破することがめざされました。**府県水産試験場**の整備や水産博覧会の開催で、技術の改良・開発と普及を進めました。捕鯨等では外国技術の導入にも力を入れました。

具体的な技術開発では、**石油発動機**による漁船の動力化が重要課題となりました。権利関係が複雑な、狭い漁場を舞台とした沿岸漁業の限界は明らかでしたので、自由な操業が可能な沖合・遠洋への眼差しが醸成されたのです。

外国猟船との競合

石油発動機による漁船の動力化は、静岡県の水産試験場がカツオ釣漁業試験に成功したことで大きく前進しました。この時期、安価な機械製綿網の開発もあり、内地**沖合漁業**の発達は急速に加速しました。

同時に、漁場を沖合から遠洋へと拡大することをめざす**遠洋漁業**の開発も急がれました。漁獲量の拡大をめざすのはもちろんのこと、外国漁船との競争が意識されたためでした。遠洋への外延的な漁場の拡大でライバルとされたのが、欧米の外国船でした。

当時、日本近海には、多くのラッコやオットセイが生息しており、欧米の**漁猟船**が、頻繁におとずれていました。荷揚げや水・燃料の補給で、函館や横浜に入港することも珍しくありませんでした。こう

用語

府県水産試験場
新規の漁法や養殖法、水産加工の試験研究を実施した。1894年、愛知県で初めて設置された。1898年から急速に拡充し、その後の3年間で19の府県で新設された。設置・運営については、各府県の勧業費予算でまかなわれたが、国庫補助もあった。

石油発動機
基本的な構造はガソリンエンジンと同じであるが、燃料を灯油とした低圧縮・低回転・低出力のエンジンである。高い工作精度は必要とされなかった。

動力漁船の普及によるカツオ漁場の拡大

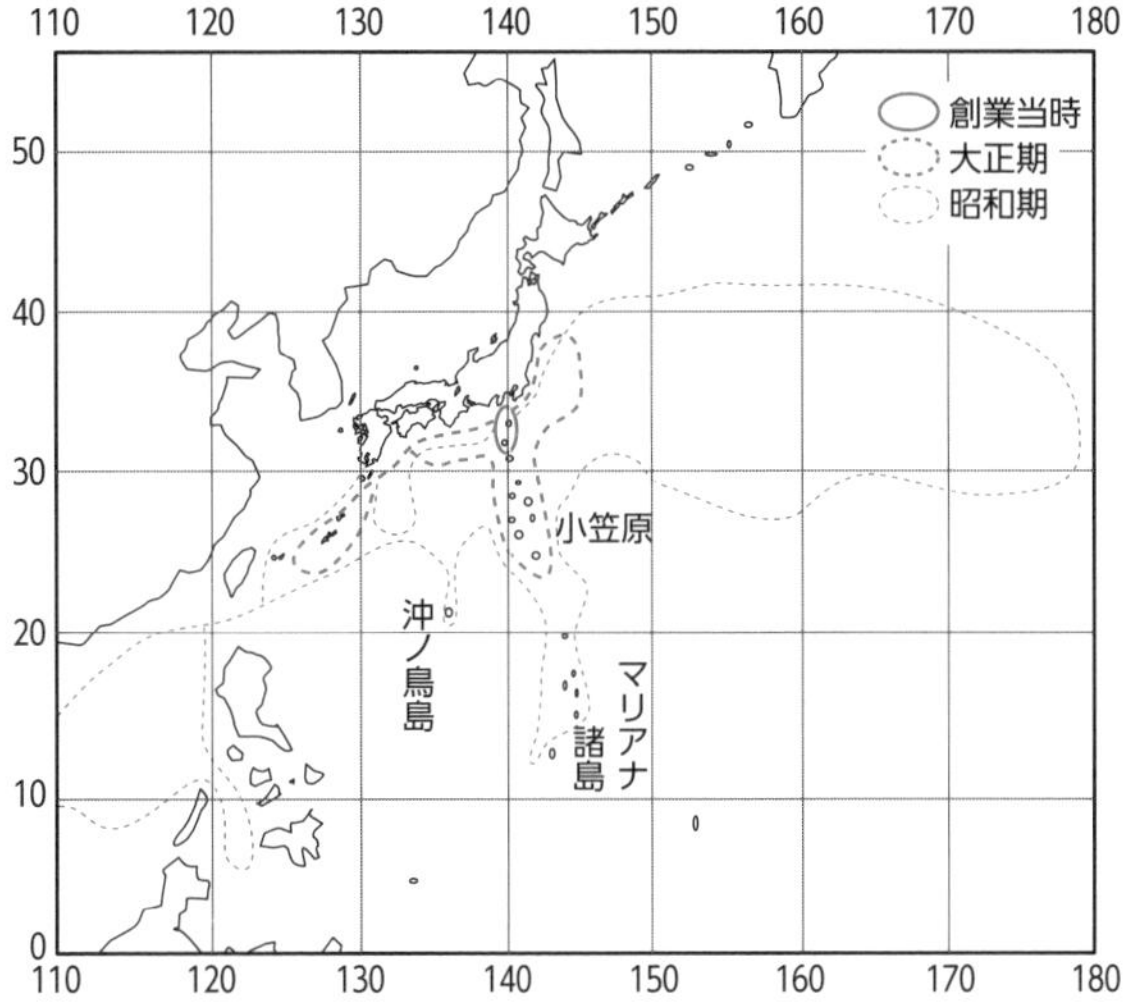

資料：二野瓶徳夫『日本漁業近代史』

総漁獲量の推移

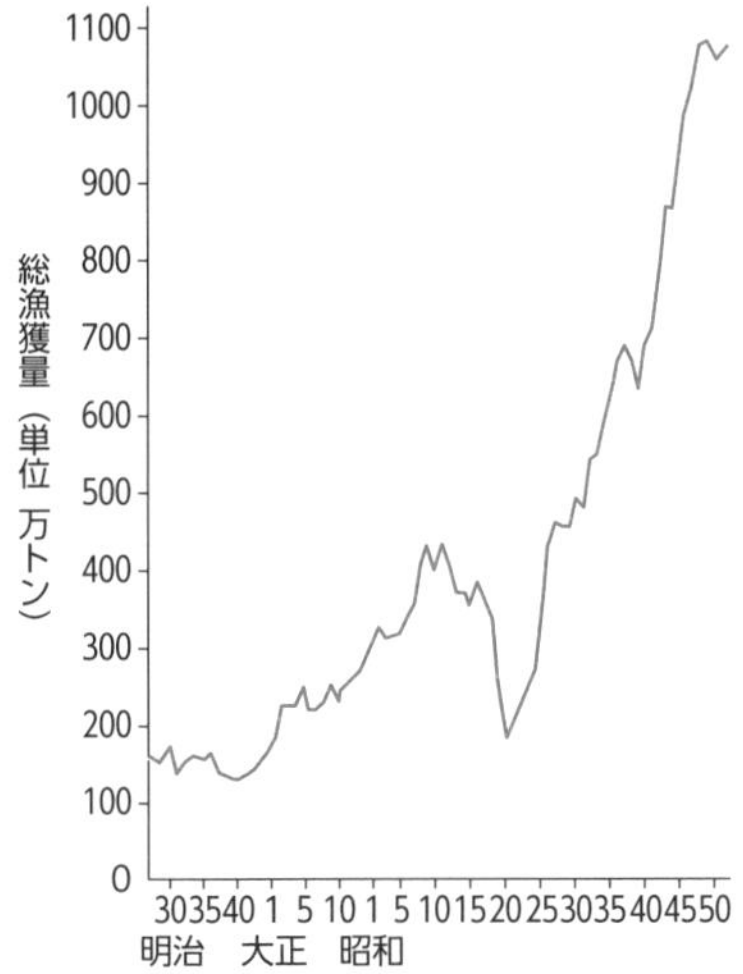

資料：二野瓶徳夫『日本漁業近代史』

動力漁船の推移

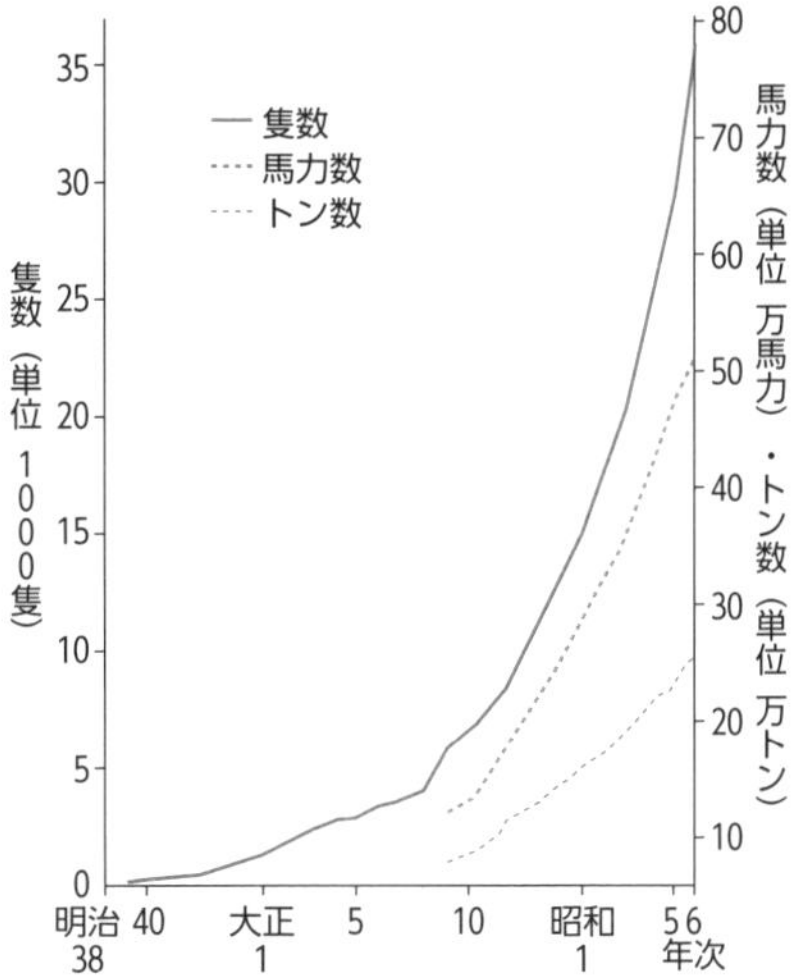

資料：二野瓶徳夫『日本漁業近代史』

沖合漁業
近代の沖合漁業は、沿岸漁業との明確な差異を見出すのは困難であるものの、狭い沿岸域から漁場を拡大することで、漁業生産の停滞から脱却しようとした漁業と位置づけられる。漁船の動力化や新漁法の導入といった技術開発が進む中で、沖合漁業とされる漁場の範囲や漁業の種類も変化した。

遠洋漁業
近代の遠洋漁業は、特に定義があるわけでなく、沖合漁業との明確な区別はなかった。遠洋漁業を奨励するため に資金援助した明治政府も、その概念を曖昧にすることで奨励対象を拡大させ、遠洋漁業開発の速度を上げようとした。

漁猟船
漁船の一種で、魚のほかクジラやオットセイ、ラッコなどの哺乳類を猟獲対象とした船。

した動きに明治政府や業界団体の**大日本水産会**は、日本近海の富が奪われていると危機感をつのらせました。

衝撃的だった「遠洋漁業奨励法」の制定

政府の意思は、1897年に「遠洋漁業奨励法」として表明されました。フランスなどの事例を研究して制定された同法は、奨励金という国費を投入することで、外来漁法（技術）や動力船の導入を資本家にうながしました。また、漁業者の訓練や漁猟職員という船員資格制度の創出、そしてこの資格を有する乗組員を雇用した資本家にも奨励金を下付しました。近代漁業を牽引する人材の育成に早くから注力した、とても意欲的な法律といえました。

奨励法の対象漁業種は幅広く、ラッコ・オットセイ猟だけでなく、クジラやサメ、マグロ、カツオ、オヒョウなどの漁業も対象となりました。対象海域も東シナ海や台湾海峡、オホーツク海など広範に設定されました。

この法律は優れた成果を残します。1947年の期限満了まで、漁船の動力化を強力に推し進めただけでなく、今では当たり前となっている無線機器や冷蔵装置の普及にも貢献しました。

同法が顕著な成果を残した背景には、日清・日露の両大戦によって日本が漁業権益を拡大させた歴史があることは知っておく必要があります。とりわけ日露戦争により、ロシアとの間で「日露漁業協約」が締結され、北太平洋の露領沿岸での漁業権益を獲得したことは歴史的に大きな意味がありました。

露領漁業の権益を手中に収めた日本は、小林多喜二の『蟹工船』で有名な工船カニ漁業など、大規模な**母船式漁業**を発達させました。生産されたカニやサケ・マスの缶詰は欧米に輸出され、日本の重要な外貨獲得手段となりました。

今日まで続く大手水産資本の誕生

大規模漁業の発展はすなわち、大手水産資本の発達でした。共同漁業（ニッスイ）や林兼商店（マル

用語

大日本水産会
半官半民の団体として、1882年に小松宮彰仁親王を会頭、品川弥二郎氏を初代幹事長として設立された。東京海洋大学の起源である水産伝習所を設置するなど、初期の水産振興に大きな影響力をもった。

母船式漁業
北の海で展開された大規模な遠洋漁業で、母船と呼ばれる大型船を中心に複数の漁船が船団を組んで操業した。漁船が獲った魚は、母船で缶詰などに加工された。漁獲対象は、サケやマス、カニやクジラなどであった。

ハ)、日魯漁業(ニチロ)など、今日まで続く大手水産資本は、大型の動力漁船で、トロール漁業や以西底びき網漁業などの漁獲効率の高い漁業に集中的に資本を投下し、高い収益を上げました。

しかし、政府の庇護のもと、資本を蓄積することができた大手水産資本の成長は、乱獲を誘発するとともに、時に同じ漁場を利用しなければならなかった内地沖合漁業者の操業を困難なものにしました。

遠洋漁業者間での競合ではなく、内地沖合漁業者との競合が生じた理由は、遠洋漁業を奨励するために資金援助した明治政府が、あえて遠洋の範囲を曖昧にすることで奨励対象者を増やし、開発速度の向上を図ろうとしたためでした。自由な漁場利用と開発を優先させたことで、漁業者間での格差拡大という遠洋漁業奨励の副作用をもたらしたのです。

しかし、乱獲や競争の激化は放置できず、政府は漁業許可制度の導入と奨励の打ち切りで、こうした状況を緩和しようとしました。

ただ、許可制度が巨額投資を必要とした漁業にお

蟹工船で働く労働者の姿

資料:北海道大学水産学部佐々木貴文研究室管理資料

いては参入障壁となり、大手水産資本の独占をさらに強固なものにしました。

重要になった人材の養成

このような遠洋漁業の発達は、高い専門性をもった人材の必要性を高めました。大型動力漁船を運航できる海技士や、捕鯨砲などの特殊な漁具や無線機器などを使いこなす乗組員も必要でした。

こうした人材を養成したのが水産教育機関です。明治期には、大日本水産会が設置した水産伝習所を起源とする農商務省管轄の官立水産講習所や、各府県の勧業費で運営された府県水産講習所、それに文部省が管轄した実業学校である水産学校などの教育機関が全国に設置されていきました。そして、国策であった遠洋漁業開発に対応し人材を輩出することで、組織や設置数を拡大させていったのです。

なお、官立水産講習所は現在の東京海洋大学に、府県水産講習所や水産学校は現在の水産高校に発展し、現在までその活動を継続させています。

官立水産講習所の越中島校舎と二代目所長の下啓助

資料：北海道大学水産学部佐々木貴文研究室管理資料

4 漁業の区分と現状

日本では、漁法、制度、漁場、**経営体階層**などで漁業が区分されています。ここでは政府の統計でどのように区分されているのかについて説明します。

生産統計における区分

まず、漁業は、海面漁業と内水面漁業に分類されます。内水面とは湖沼・河川のことですが、漁業の実態から制度上・統計上は**海面として扱われている湖沼**もあります。

海面の漁業は、操業する漁場と漁船規模によって沿岸漁業、沖合漁業、遠洋漁業に分類されています。

漁業の生産統計においては、２０１０年までは以下の定義が用いられていました。沿岸漁業とは、漁船非使用漁業、無動力船および10トン未満の動力漁船を使用する漁業、定置網漁業、地びき網漁業のことです。沖合漁業とは、10トン以上の動力漁船を使用する漁業のうち、遠洋漁業、定置網漁業および地びき網漁業を除いたものをいいます。遠洋漁業とは、**公海**や他国の**排他的経済水域**（**EEZ**）で操業する漁業のことで、漁業種類が特定されています。

２０１１年からは漁船のトン数階層別の漁獲量の調査を実施しなくなったことから、漁業種類によって便宜的に区分しています。遠洋漁業は、この区分でも従前と変わりませんが、沿岸漁業と沖合漁業は変わる部分があります。例えば、２０１１年からの区分では小型底びき網漁業は沖合漁業に区分されていますが、２０１０年までの定義によれば、実態としては沿岸漁業・沖合漁業の両方に存在しています。このような漁業種類がいくつかあります。

漁業センサスにおける区分

経営体や従事者に注目して調査している**漁業セン**

用語

経営体階層
漁業経営体を「過去1年間に主として営んだ漁業種類」または「過去1年間に使用した漁船のトン数」によって区分したものである。

海面として扱われている湖沼
サロマ湖、風蓮湖、温根沼、厚岸湖、霞ヶ浦、北浦および外浪逆浦、加茂湖、浜名湖、琵琶湖、中海。

公海
内水、領海、排他的経済水域、群島水域を除いた海洋のことであり、国際法として第1次国連海洋法会議において定められた「公海に関する条約」および「漁業及び公海の生物資源の保存に関する条約」がある。

サスでは、営んでいる漁業種類と使用している漁船の総トン数によって経営体を沿岸漁業層、中小漁業層、大規模漁業層に分けています。沿岸漁業層は、２０１０年まで生産統計で用いられていた定義の沿岸漁業を営んでいる経営体と、養殖業を営んでいる経営体を合わせたものです。中小漁業層は10トン以上１０００トン未満の動力漁船で漁業を営んでいる経営体、大規模漁業層は１０００トン以上の動力漁船を営んでいる経営体のことです。中小漁業層・大規模漁業層とも沖合漁業・遠洋漁業を営んでいる経営体が混在しています。

沿岸漁業・沖合漁業・遠洋漁業の生産動向

日本の海面漁業の生産量は、１９６０年以降、沖合漁業と遠洋漁業の生産量の増加により１９８０年代半ばまで増加していきました。沿岸漁業はこの間生産量は２００万トンを横ばいに推移していますが、生産金額は増加する傾向がみられます。これは、高度経済成長期に日本全体の水産物の価格が上昇したことによるものです。

日本全体の生産量は１９８０年代後半から減少傾向になりますが、これはマイワシ資源の減少に伴う沖合漁業の生産量の減少と、２００海里体制の進展に伴う遠洋漁業の生産量の減少によるものです。また、１９９０年までは沿岸漁業の生産量は２００万トンを維持していましたが、その後、緩やかに減少していき、２０１６年からは１００万トンを下回るまでに落ち込んでいます。

沿岸漁業・沖合漁業・遠洋漁業の魚種別生産量

現在の部門別の魚種別生産量をみると、遠洋漁業はカツオ類・マグロ類、沖合漁業は**多獲性浮魚類**の占める割合が高いことがわかります。多獲性浮魚類は資源量が大きく変動するので沖合漁業の生産量も大きく変化することになります。一方、沿岸漁業は多種多様な水産資源を利用しており、沖合漁業・遠洋漁業と比較すると生産量の変化が少ないことが特徴です。

用語

排他的経済水域（ＥＥＺ）
国連海洋法条約に基づいて、沿岸国が領海基線から２００海里（３７０・４㎞）の範囲内に設定することができる水域であり、天然資源の開発・管理などについての主権的権利が認められている。

漁業センサス
5年に一度実施される統計法に基づく基幹統計（漁業構造統計）である。生産構造、就業構造、水産流通・加工業等の実態を明らかにしている。

多獲性浮魚類
マイワシ、サバ類、カタクチイワシ、マアジ、サンマ、スルメイカ等のことである。

漁業・養殖業生産統計における沿岸漁業・沖合漁業・遠洋漁業の定義変更

	2010年まで	2011年から
遠洋漁業	遠洋漁業とは、次の(ア)〜(キ)の漁業をいう。(ア)遠洋底びき網、(イ)以西底びき網、(ウ)大中型遠洋カツオ・マグロ１そうまき網、(エ)北洋はえ縄・刺網（平成14年まで）、(オ)遠洋マグロはえ縄、(カ)遠洋カツオ一本釣、(キ)遠洋イカ釣をいう。	遠洋底びき網漁業、以西底びき網漁業、大中型遠洋カツオ・マグロ１そうまき網漁業、太平洋底刺し網等漁業、遠洋マグロはえ縄漁業、大西洋等はえ縄等漁業、遠洋カツオ一本釣漁業および遠洋イカ釣漁業をいう。
沖合漁業	沖合漁業とは、10トン以上の動力漁船を使用する漁業のうち、遠洋漁業、定置網漁業および地びき網漁業を除いたものをいう。	沖合底びき網１そうびき漁業、沖合底びき網２そうびき漁業、小型底びき網漁業、大中型近海カツオ・マグロ１そうまき網漁業、大中型その他の１そうまき網漁業、大中型２そうまき網漁業、中・小型まき網漁業、サケ・マス流し網漁業、カジキ等流し網漁業、サンマ棒受網漁業、近海マグロはえ縄漁業、沿岸マグロはえ縄漁業、東シナ海はえ縄漁業、近海カツオ一本釣漁業、沿岸カツオ一本釣漁業、近海イカ釣漁業、沿岸イカ釣漁業、日本海ベニズワイガニ漁業およびズワイガニ漁業をいう。
沿岸漁業	沿岸漁業とは、漁船非使用漁業、無動力船および10トン未満の動力漁船を使用する漁業ならびに定置網漁業および地びき網漁業をいう。	船びき網漁業、その他の刺網漁業（遠洋漁業に属するものを除く。）、大型定置網漁業、サケ定置網漁業、小型定置網漁業、その他の網漁業、その他のはえ縄漁業（遠洋漁業又は沖合漁業に属するものを除く。）、ひき縄釣漁業、そのほかの釣漁業、採貝・採藻漁業およびその他の漁業（遠洋漁業又は沖合漁業に属するものを除く。）をいう。

注：下線を付した漁業種類は、2010年までの定義では沿岸漁業と沖合漁業が混在しているものである。
資料：農林水産省『漁業・養殖業生産統計』

日本の海面における漁業生産量の推移

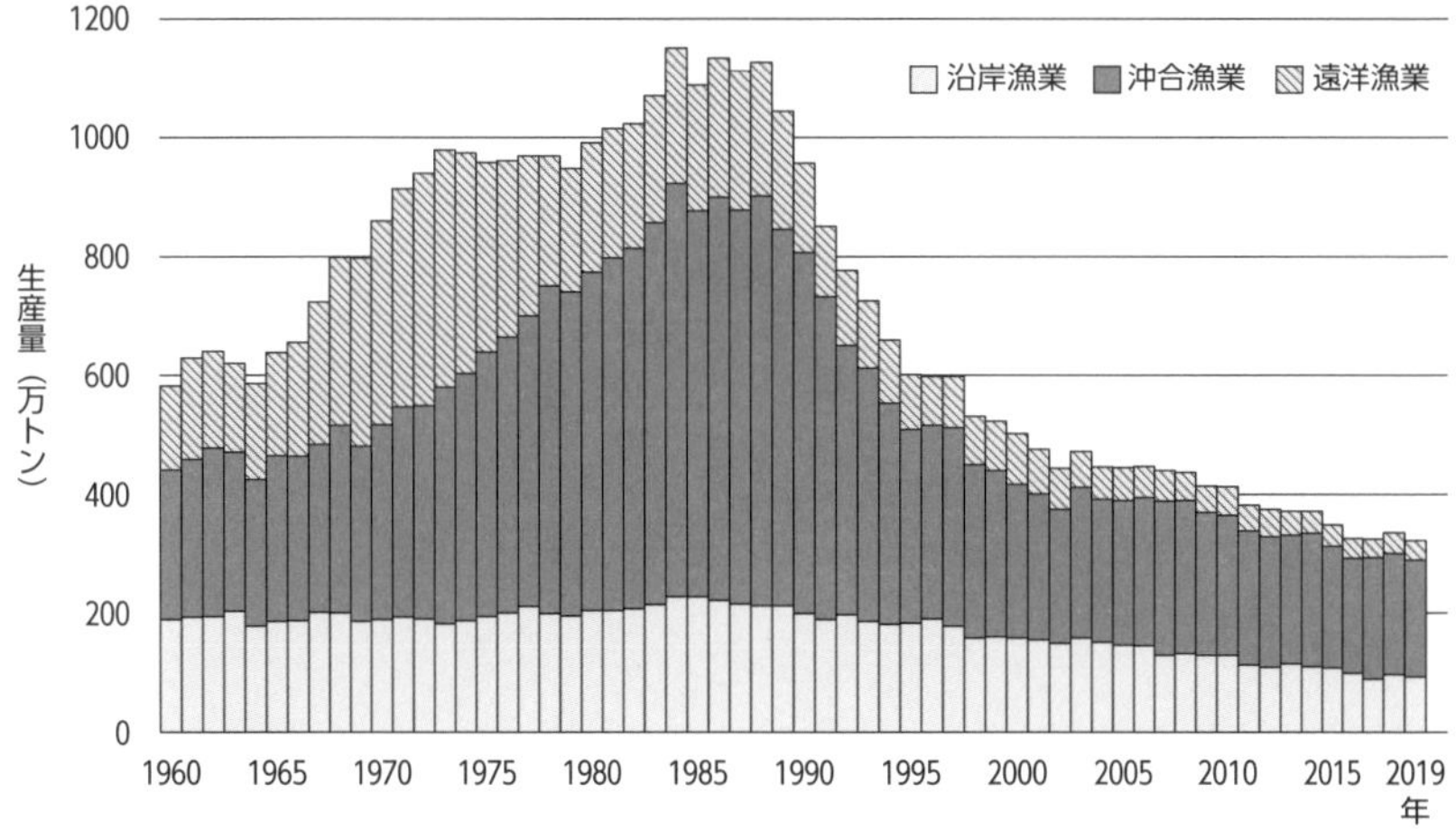

資料：農林水産省『海面漁業生産統計調査』

日本の海面における漁業生産金額の推移

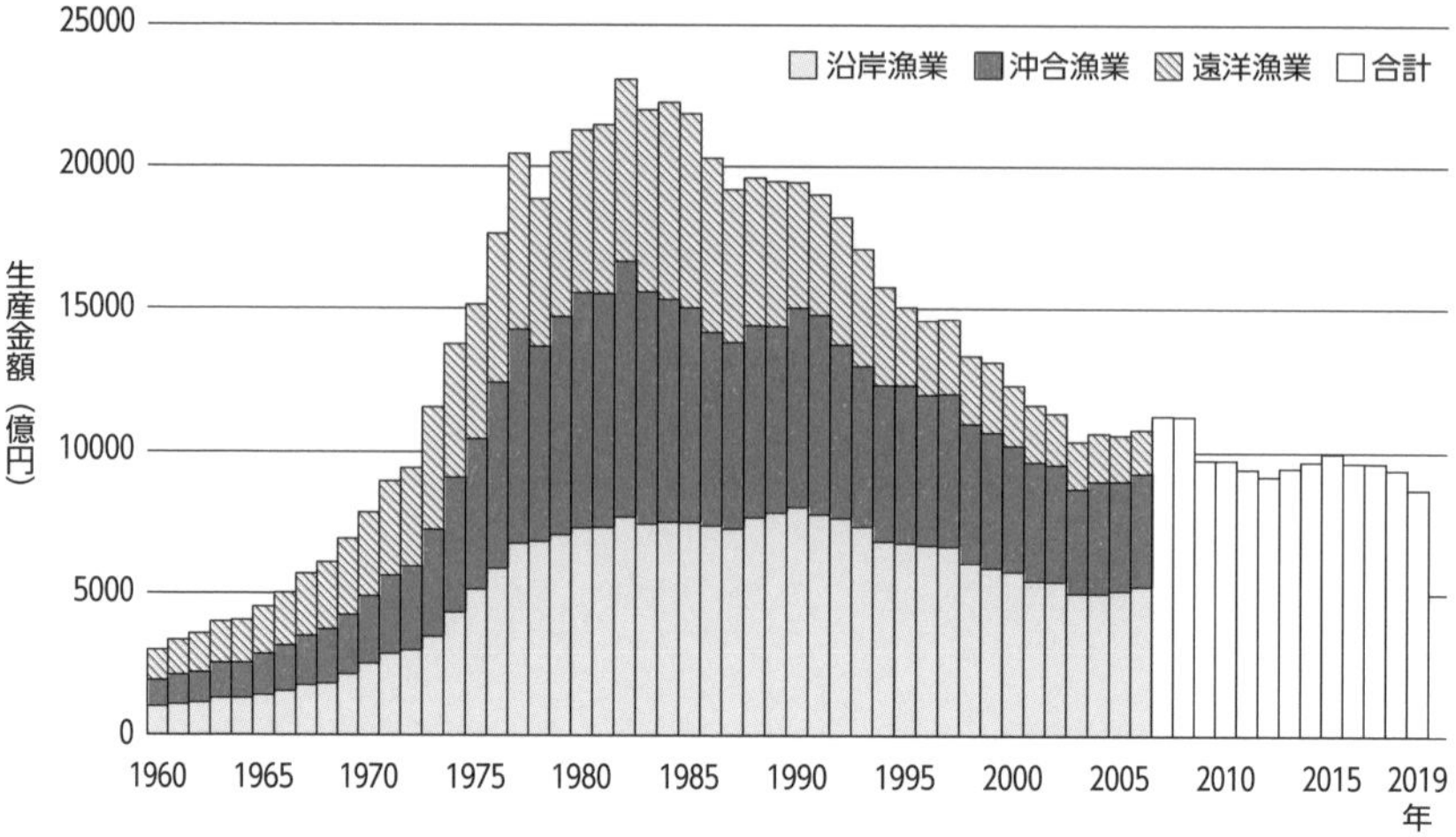

資料：農林水産省『漁業・養殖業生産統計』

日本の海面における部門別魚種別生産量割合（2018年）

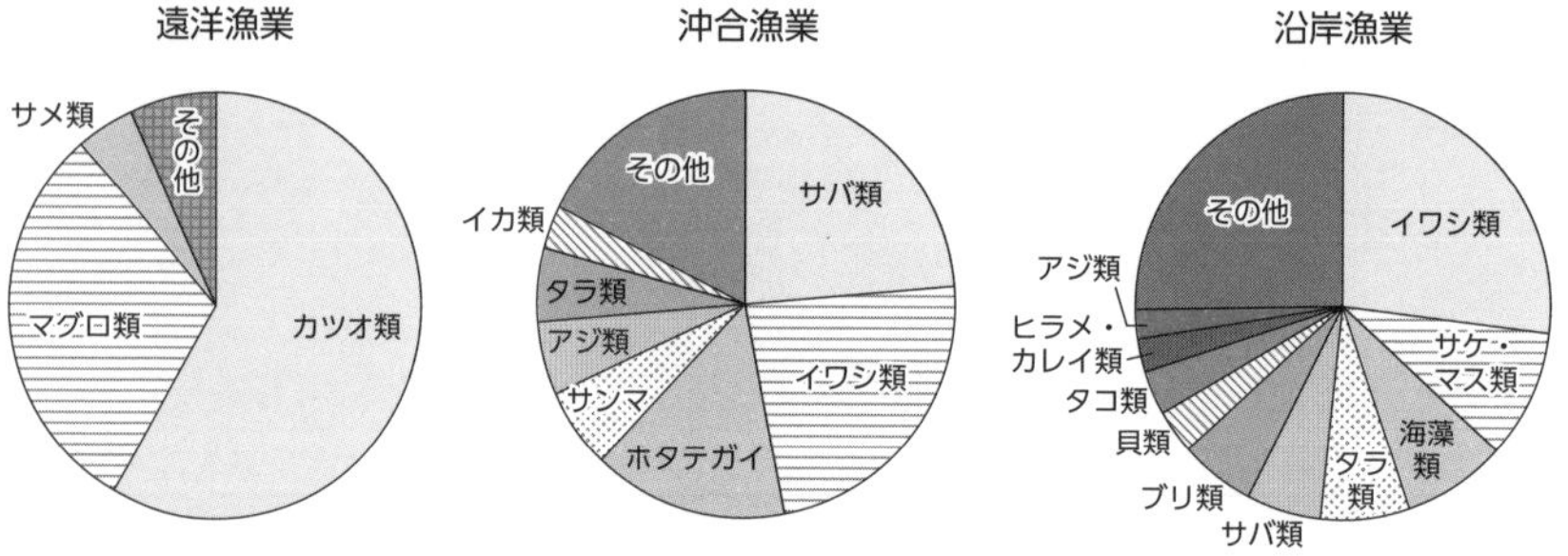

資料：水産庁『水産白書平成28年版』

5 日本の沿岸漁業の現状

沿岸漁業の特徴

沿岸漁業は、沿岸に近い海域を漁場とし、日帰り操業を基本としています。したがって、地域における沿岸漁業の形態は、地先《ちさき》（集落の前）の漁場条件と資源特性に強く規定されることになります。そのため、日本の津々浦々に多様な沿岸漁業が存在しています。

沿岸漁業は、沖合漁業や遠洋漁業と比較すると、多様な魚介藻類を様々な漁法によって採捕していることが特徴です。単一魚種を捕獲する漁業もあれば、複数の魚種を捕獲する漁業もあり、さらに地域もしくは浜によっても漁業の構成は大きく異なります。また、漁場は漁業権などで区割りされており、同じ漁場でも、漁獲対象が異なることもあるゆえに、獲る時期や獲る時間帯をずらすなどして、重層的に漁場が利用されています。漁場利用のルールは、実際に漁をしている漁民らによって決められています。こうした自主的管理方式は、漁業法や漁業権、漁業協同組合の仕組みが支えています。

沿岸漁業の担い手

沿岸漁業の担い手は、沿岸漁業層（うち海面養殖層を除く：以下同様）になります。2018年漁業センサスによれば、沿岸漁業層は6万201経営体であり、日本全体の漁業経営体数の76・1％を占めています。また、沿岸漁業層の97・7％は個人経営体（家族労働を中心とした自営業）です。漁村で生活する人々が生業として漁業を営んでいるというのが、沿岸漁業の基本的な姿といえます。

沿岸漁業を営む個人経営体の年間販売金額について2018年漁業センサスからみると、300万円未満の経営体が65・8%を占めており、１０００万円以上の経営体は７・８%にすぎません。沿岸漁業は経営規模が零細な経営体によって営まれています。

一方、企業的な経営もあります。特に**大型定置網**漁業に多いです。定置網とは、網を海面に固定して漁獲のたびに網を揚げて魚を採捕する漁法です。大型定置網では、網だけで数千万円から数億円の投資が必要になります。また、乗組員もたくさん雇う必要があります。

２０１８年漁業センサスによれば、沿岸漁業層において主な漁業種類別経営体数が最も多いのは、採貝・採藻（１万２３５５経営体）であり、その他の釣り（１万１７５５経営体）、その他の刺網（９７９５経営体）が続いており、これらの３つの漁業種類を合わせると、沿岸漁業層の56・３%を占めることになります。

沿岸漁業の主な漁業種類と生産動向

沿岸漁業の主な漁業種類としては、自由漁業の一

日本における沿岸漁業の漁業種類別生産量の推移

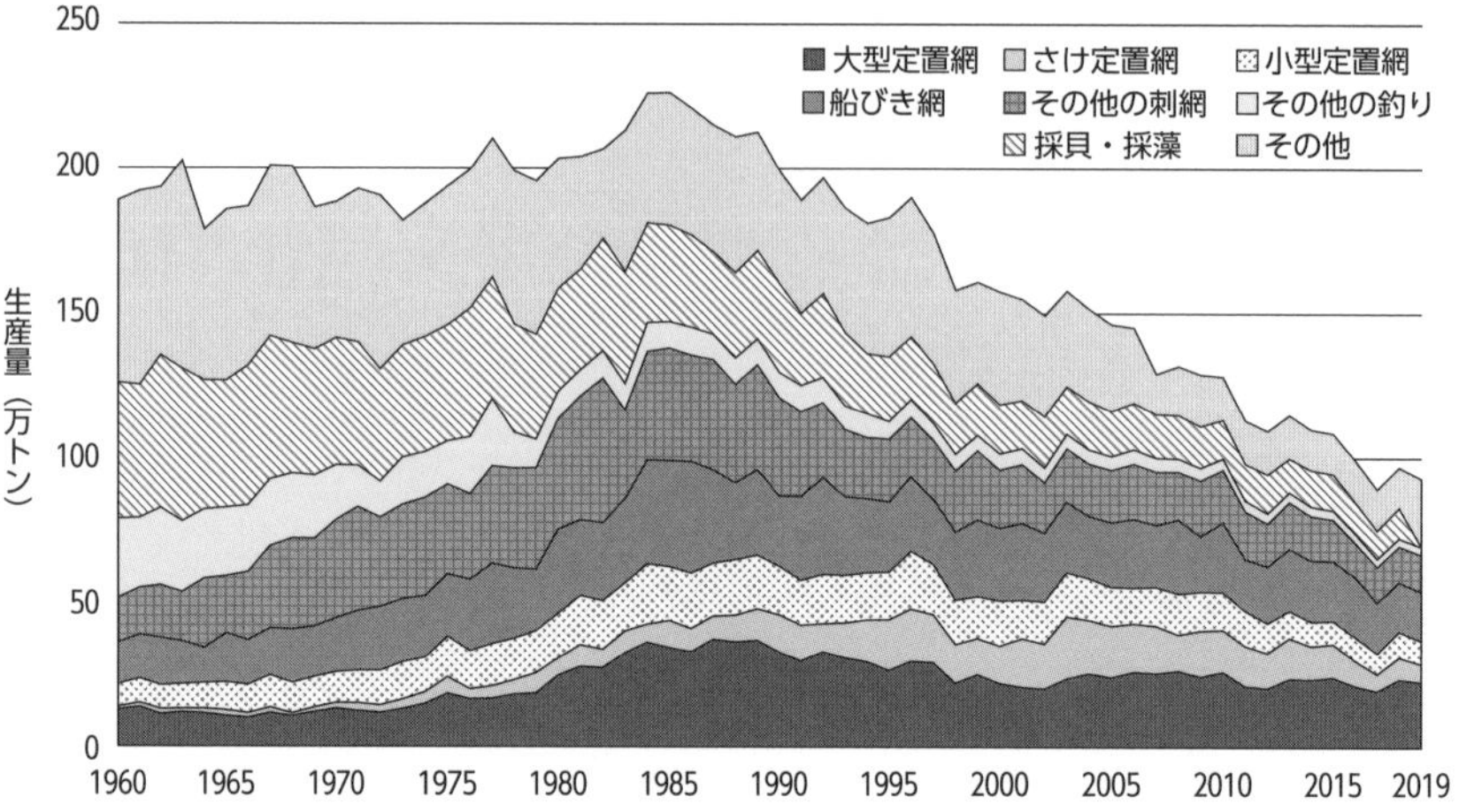

資料：農林水産省『漁業・養殖業生産統計』

用語

大型定置網
身網の設置される水深が27m以上（沖縄県では15m以上）の定置網漁業。瀬戸内海におけるます網漁業、陸奥湾における落網漁業およびます網漁業は例外とされている。

本釣り漁業、ひき縄漁業、漁業権漁業の定置網漁業、刺網漁業、採貝漁業、採藻漁業、そして許可漁業の船びき網漁業などがあります。

沿岸漁業の漁業種類別の生産量の推移をみると、1960年において最も生産量が多かったのは「採貝・採藻」であり、次いで「その他の釣り」ですが、これらの生産量は今日に至るまで一貫して減少傾向にあります。

1985年までは、定置網3種（大型、小型、さけ）、「船びき網」、「その他の刺網」の生産量の増加により、沿岸漁業全体の生産量も増加傾向にありました。これは漁具性能の向上、そして定置網についてはマイワシ資源の増加とシロザケの増殖事業の成功が主な要因といえます。その後、沿岸漁業の生産量は減少傾向に転じますが、これは「採貝・採藻」「その他の釣り」「その他の刺網」「その他」の減少によるものであり、定置網3種と「船びき網」の生産量は安定しています。

定置網

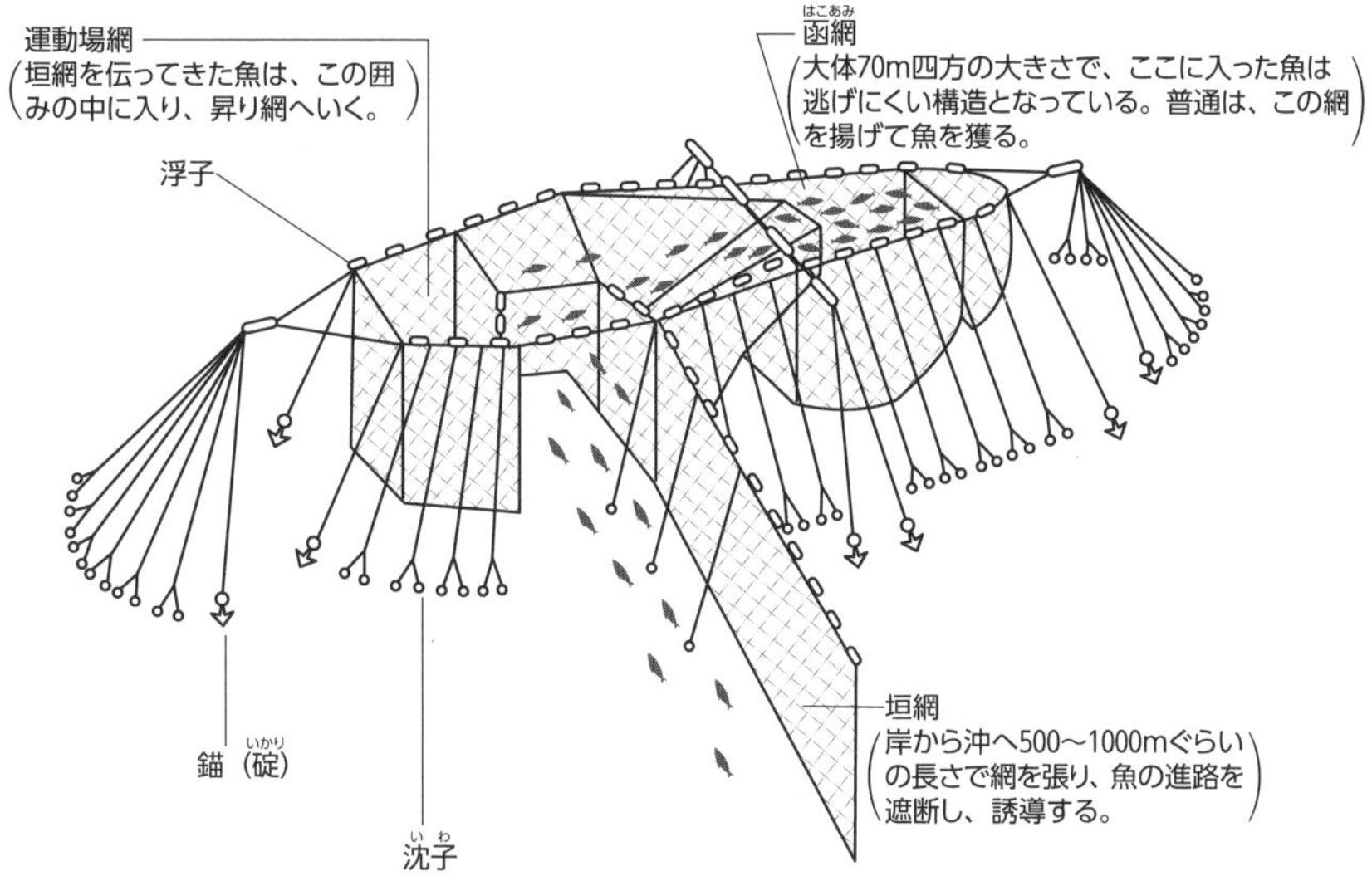
運動場網
（垣網を伝ってきた魚は、この囲みの中に入り、昇り網へいく。）
函網《はこあみ》
（大体70m四方の大きさで、ここに入った魚は逃げにくい構造となっている。普通は、この網を揚げて魚を獲る。）
浮子
垣網
（岸から沖へ500〜1000mぐらいの長さで網を張り、魚の進路を遮断し、誘導する。）
錨（碇《いかり》）
沈子《いわ》

資料：廣吉勝治・佐野雅昭編著『ポイント整理で学ぶ水産経済』（北斗書房）

6 日本の沖合漁業の現状

日本における沖合漁業の位置づけ

沖合漁業は、沿岸漁業と比較すると漁船規模が大きく能率的で量的生産性に優れており、基幹的な食料供給部門といえます。2018年における日本全体の海面漁業生産量のうち、沖合漁業の占める割合は61・0%となっています。

沖合漁業の担い手は中小漁業層に区分される経営体がほとんどです。2018年漁業センサスによれば中小漁業層は4862経営体であり、日本全体の漁業経営体数の6・1%を占めるにすぎません。つまり、数少ない経営体が日本の食料供給の主力となっているといえます。

2018年漁業センサスから中小漁業層の年間販売金額についてみると、2000万円以上の経営体が52・4%を占めています。個人経営体を中心とする沿岸漁業と比較すると、中小漁業層は会社経営や共同経営など団体経営の割合が高いという特徴があります。

沖合漁業の対象種

沖合漁業の主な対象種は、サバ類、マイワシ、マアジ、サンマ、スケトウダラ、スルメイカ、ズワイガニといった**TAC設定対象魚種**と、カツオ・マグロ類、底魚類（ホッケ、マダラ、カレイ類）などです。2018年におけるTAC対象魚種の生産量のうち沖合漁業の生産量が占める割合をみると、サバ類89・4%、マイワシ72・0%、マアジ82・5%、サンマ99・6%、スケトウダラ66・3%、スルメイカ85・7%（ズワイガニは不明）と魚種による違いはありますが、軒並み7割以上が沖合漁業によって生産されていることがわかります。

用語

TAC設定対象魚種
TAC（総漁獲可能量）の対象は、①漁獲量および消費量が多く国民生活上または漁業上重要な魚種、②資源状態が悪く緊急に管理を行うべき魚種、または③我が国周辺で外国漁船により漁獲されている魚種のいずれかであって、かつTACを設定するための十分な科学的知見がある上記7魚種とクロマグロを対象に実施されていた。しかし、新漁業法の施行以後は①～③に関係なく増やすことになっている。

底びき網
底引き網とは、袋状の網で海底を曳いて底生魚介類を漁獲する漁法のことである（37ページ参照）。海底で漁網

沖合漁業の生産動向

沖合漁業の主な漁業種類としては、沖合**底びき網**漁業、大中型まき網漁業、サンマ**棒受《ぼううけ》網**漁業、近海カツオ・マグロ漁業（はえ縄・一本釣り）、日本海ベニズワイガニ漁業、イカ釣り漁業があります。この中で生産量が多い漁業種類は大中型まき網漁業（**1そうまき**）と沖合底びき網漁業（**1そうびき**）です。

沖合漁業の生産量は、1960年代から1970年代にかけて大中型まき網漁業はサバ類、沖合底びき網漁業はスケトウダラの生産量が増加したことにより全体の生産量も増加します。大中型まき網漁業は1970年代半ばからマイワシの生産量が急増し、沖合漁業全体も1988年に690万トンとピークを迎えます。しかし、その後、**マイワシ資源**の減少により、沖合漁業全体の生産量も減少傾向となっています。

日本における沖合漁業の漁業種類別生産量の推移

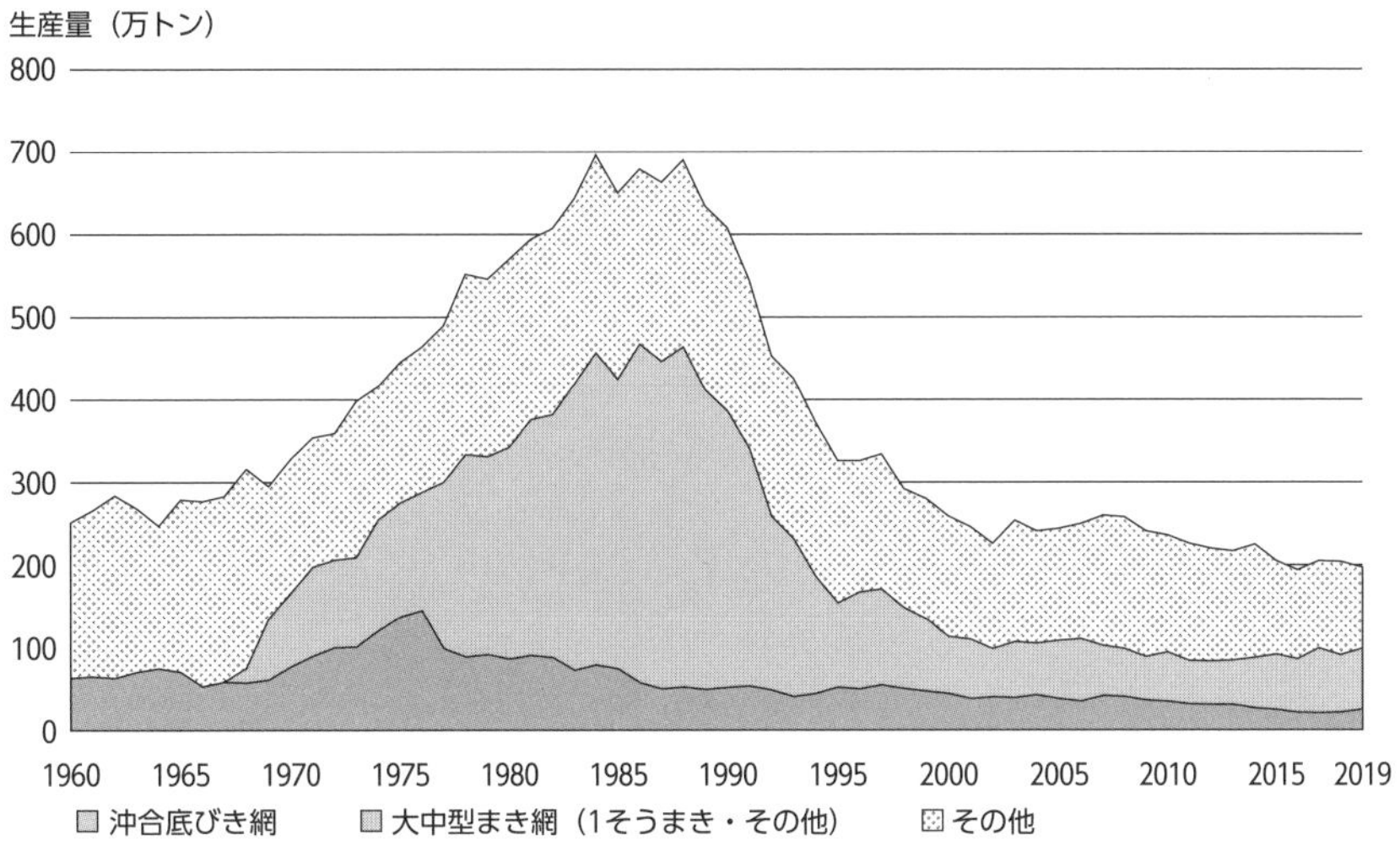

注：1967年以前は大中型まき網（1そうまき）のデータがないため、その他に含まれている。
資料：農林水産省『漁業・養殖業生産統計』

を広げるために、開口板を用いるオッタートロール（板びき網、まめ板網）、棒状の器具を用いるビームトロール、海底を掘り起こす櫛状の枠を用いる桁網、2隻（せき）の船で引く2そうびきなどがある。

棒受網
棒受網は、網を海中に敷設しておき、網の上に集まった魚群をすくい上げて漁獲する敷網の1種である（36ページ参照）。サンマ棒受網は、以下の順序で操業している。①魚群を発見後、すべての魚灯を点灯して魚群を船に寄せる、②船の片側の魚灯だけ点灯して魚群を誘導しつつ、消灯した側で網を海中に入れる、③再度すべての魚灯を点灯し、網を入れていない側から順次消灯して魚群を網側に誘導する、④赤色灯を点灯したり調光したりして魚群を表層に集めて網を揚げる。

主な沖合漁業の現状

大中型まき網漁業には、大中型1そうまき網（近海カツオ・マグロまき網、その他のまき網）と大中型2そうまき網があります。近海カツオ・マグロまき網はカツオを中心にマグロ類（キハダ・クロマグロ・ビンナガ）も漁獲しています。その他のまき網は、大中型まき網漁業の中で最も生産量の多い漁業種類であり、サバ類、イワシ類、マアジといった多獲性浮魚類を主な対象種としています。大中型2そうまき網も同様に多獲性浮魚類を主な対象種としています。

沖合底びき網漁業には1そうびき（かけまわし漁法・オッタートロール漁法）と2そうびきがあります。かけまわし漁法は主に北海道・青森県・岩手県・日本海沿岸を根拠地とし、北海道ではスケトウダラ、青森県ではスルメイカ、日本海ではホッコクアカエビ、ズワイガニ、ニギス、ハタハタ、イカ類を主に漁獲しています。オッタートロール漁法は宮城県から千葉県の太平洋を根拠地とし、マダラ、スルメイカ、ヤリイカを主に漁獲しています。

2そうびきは、岩手県宮古・釜石、島根県浜田・松江、山口県下関・長門を根拠地としており、カレイ類、タイ類、マアナゴを主に漁獲しています。

サンマ棒受網漁業は、サンマを専門に漁獲する漁業です。漁船トン数は小型船（10～50トン）と大型船（100～200トン）に二極化しています。漁場は8月のロシア水域、択捉島・色丹島沖から操業が始まり、その後、道東沖、三陸沖、常磐沖、銚子沖と南下していき年内で終漁となります。主な水揚げ港には北海道花咲港・厚岸港・浜中港・釧路港、岩手県大船渡港、宮城県気仙沼港・女川港、千葉県銚子港があります。

近海カツオ・マグロ漁業には、近海マグロはえ縄漁業と近海カツオ一本釣り漁業があり、漁船トン数10～120トンの漁船で操業されています。近海マグロはえ縄漁業は日本周辺海域と中西部太平洋海域を主漁場としており、主にマグロ類（ビンナガ・メ

用語

1そうまき
まき網漁業は、網船、運搬船、探索船、灯船など複数の船から1つ船団が構成される。1そうまきとは、網船が1隻（せき）で操業するものである。近年は運搬船を兼ねた網船もある。

1そうびき
1隻の船で網を引く底びき網のことである（37ページ参照）。

マイワシ資源
マイワシ資源は、数10年スケールの地球規模の海洋環境の変化（レジームシフト）と同期して資源量が大きく変動する特性をもっている。資源増大は、50～100年程度の間隔で起こるが、その期間は10年～数10年間程度の短期間である。

主な沖合漁業の魚種別生産量割合（2019年）

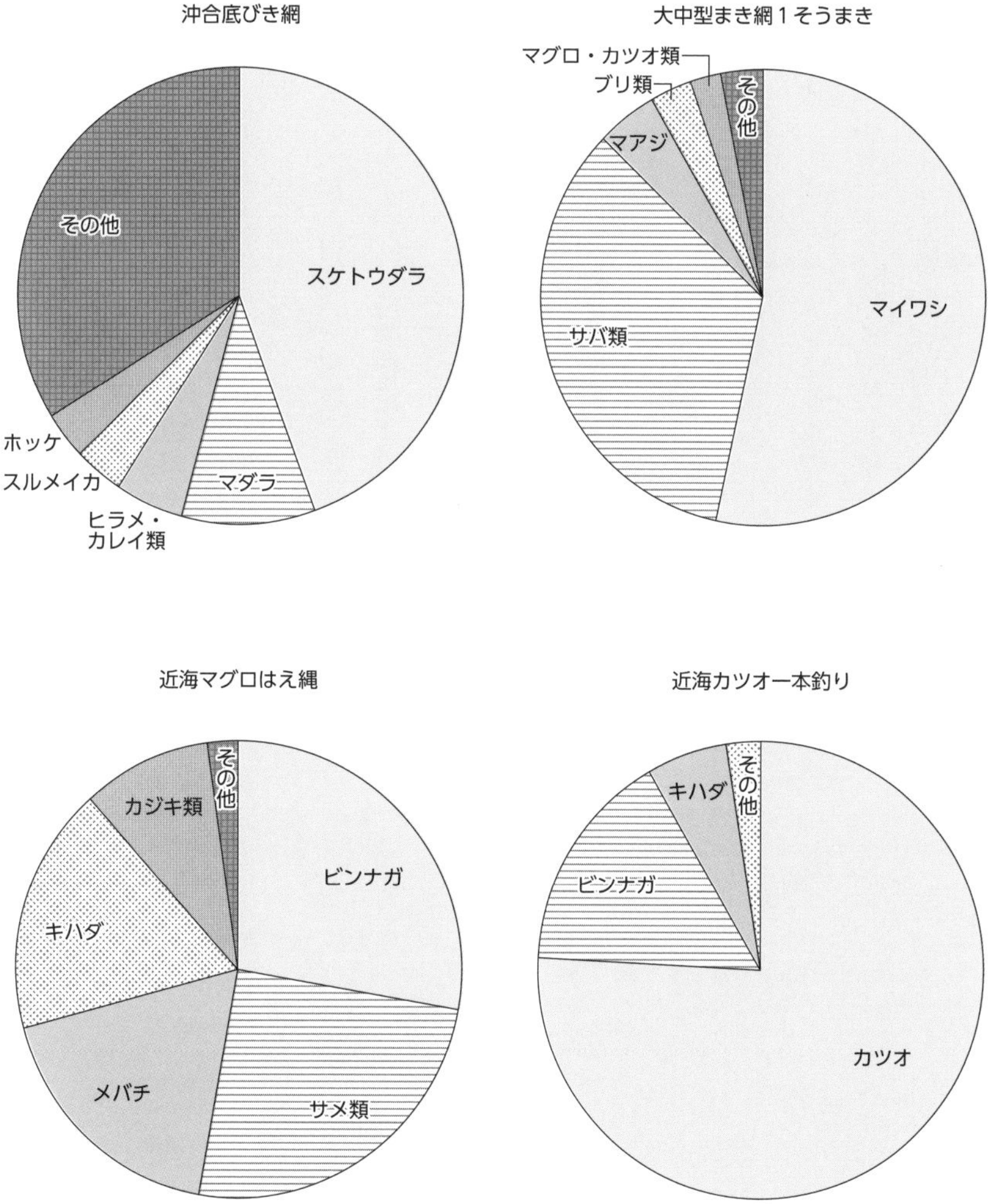

資料：農林水産省『漁業・養殖業生産統計』

バチ・キハダ)、サメ類、カジキ類を漁獲しています。近海カツオ一本釣り漁業は日本周辺海域を主漁場としており、主にカツオを漁獲しています。

日本海ベニズワイガニ漁業は、漁船トン数75～158トンの漁船で2021年現在12隻が操業しており、鳥取県境港《さかいこう》を根拠地としています。主な漁場は、島根県沖、北大和堆、大和堆、新隠岐堆周辺海域を主漁場としており、**日韓暫定水域**が含まれています。現在操業している12隻はそれぞれの漁獲上限を定めて**個別漁獲割当(IQ)制**を実施しています。

イカ釣り漁業は、漁船トン数95～499トンの漁船69隻が操業しています(2021年現在)。主な対象種はスルメイカで、そのほかアカイカも漁獲しており、どちらも漁獲後船内で凍結して水揚げしています。スルメイカの主な漁場は、日本海の大和堆・函館沖・武蔵堆、太平洋の道東沖・八戸沖ですが、近年はオホーツク海の北見大和堆・羅臼沖にも漁場が形成されています。アカイカは北部太平洋が漁場となります。

サンマ棒受網漁法

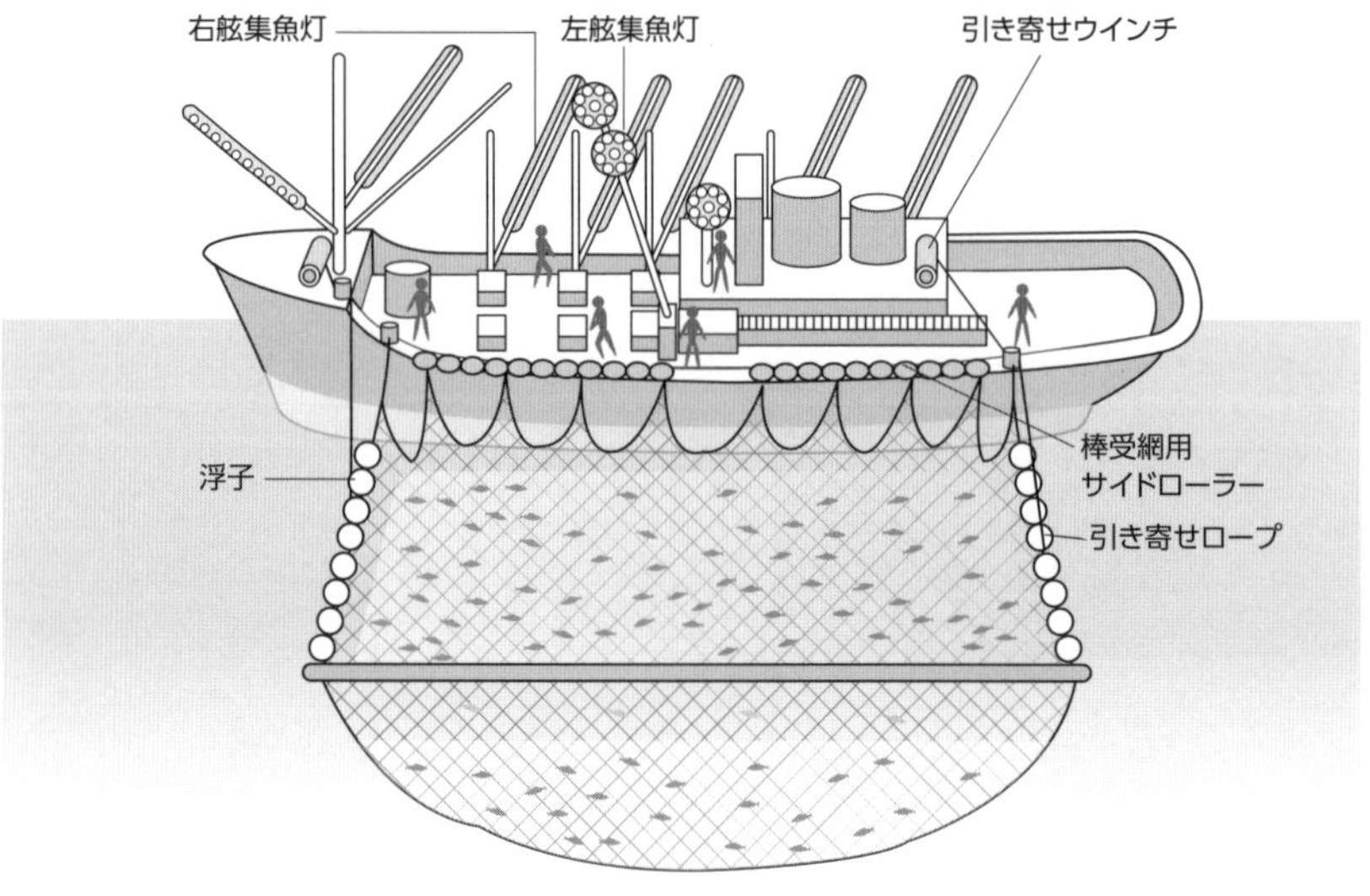

資料：廣吉勝治・佐野雅昭編著『ポイント整理で学ぶ水産経済』(北斗書房)

用語

日韓暫定水域
1999年に発効した「漁業に関する日本国と大韓民国との間の協定」(新漁業協定)によって竹島周辺と済州島南部水域に暫定水域が設定されることとなった。暫定水域は、両国の境界が決まらないために暫定的に設けられた水域であり、それぞれ自国の関連制度に基づいて漁場利用することができるが、水産資源の保護に関する事項は日韓漁業共同委員会で協議することとなっている。

個別漁獲割当(IQ)制
漁獲可能量を漁業者または漁船ごとに割り当て、割当量を超える漁獲を禁止する管理方式のことで、IQ(Individual Quota)方式とも呼ばれている。割当量をほかの漁業者に譲渡や貸し付けができるようにした管理方式が譲渡性個別漁獲割当制であり、

底びき網漁法

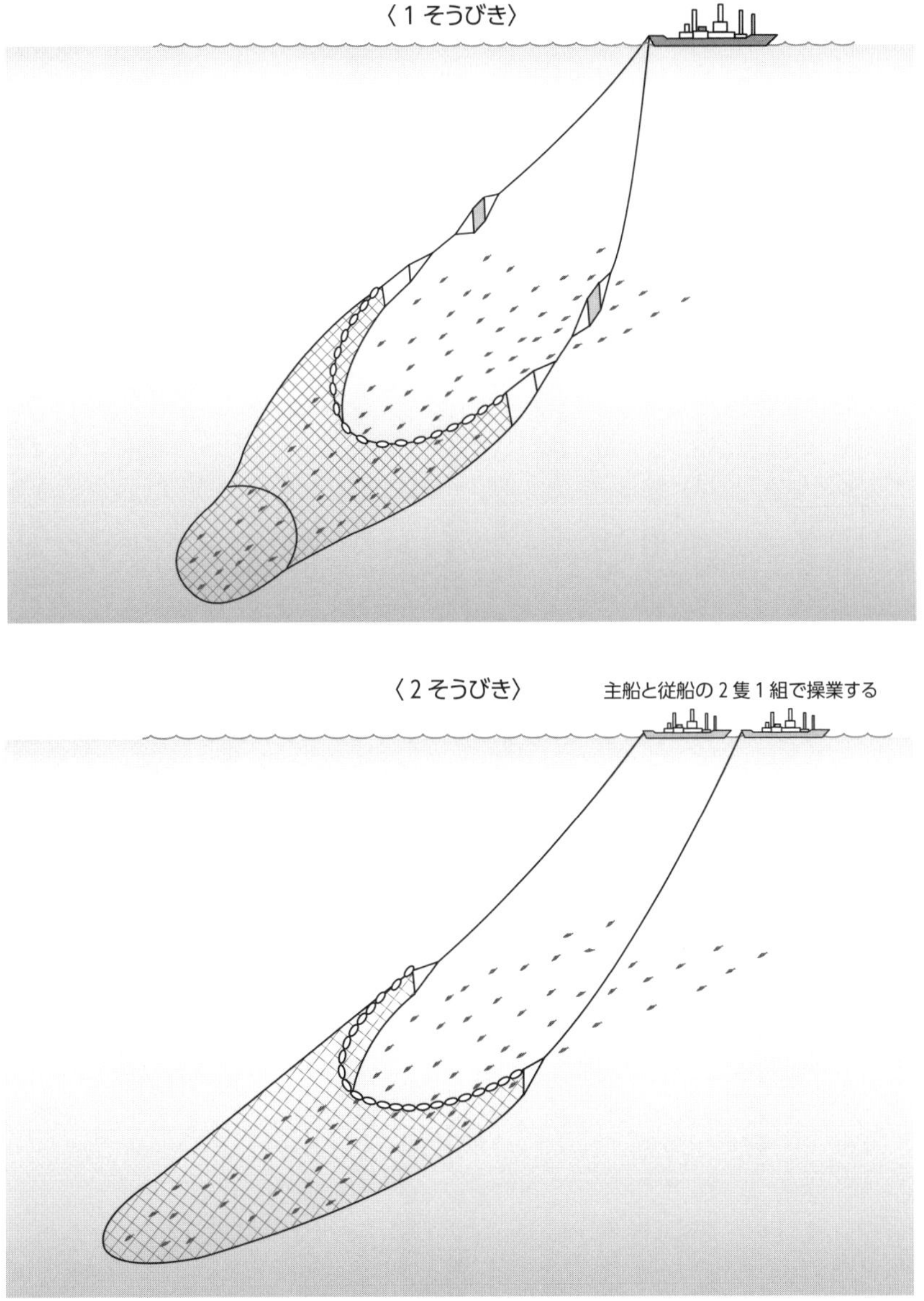

資料：廣吉勝治・佐野雅昭編著『ポイント整理で学ぶ水産経済』（北斗書房）

ＩＴＱ（Individual Transferable Quota）方式とも呼ばれている。

7 日本の遠洋漁業の現状

戦後における遠洋漁業の発展

戦後、日本の遠洋漁業は、1952年に**マッカーサーライン**が全面撤廃され、1954年には水産庁が漁業転換促進要綱を発表し「沿岸から沖合へ、沖合から遠洋へ」をスローガンに発展していくことになります。その先陣を切ったのは、捕鯨、**北洋漁業**、以西底びき網漁業、遠洋カツオ・マグロ漁業でした。

1960年代から母船式底びき網漁業、北方トロール漁業、**北転船**、南方トロール漁業の生産量が増加傾向となりました。当時、冷凍すり身の製法が確立したこともあって、これらの遠洋底びき網漁業によるスケトウダラ等の生産量が急増しました。そして、1973年には遠洋底びき網漁業の生産量はピークを迎えます。この年は遠洋漁業の生産量のピークにもなり、日本全体の生産量の41・4%を占めるまでになりました。

新海洋秩序の形成と遠洋漁業の縮小

しかし、1973年から第3次国連海洋法会議が開始され、1977年には国連海洋法条約を先取りする形で、アメリカ・旧ソ連が**200海里宣言**をして、その後、世界の半数におよぶ国が**200海里漁業専管水域**を設定することになりました。

その後、日本は、減船事業を実施して漁船を減らして残存経営に漁業経営を託しましたが、他国の排他的経済水域で操業をするための入漁《にゅうぎょ》料が引き上げされたうえ、規制のかかっていなかった公海漁場においても資源保護あるいは環境・動物保護の観点から様々な条約で漁獲規制が強まっていきました。さらに、90年代以後は、水産物の輸入が急増したことも加わって、残った経営体も廃業せざるを得ない状

用語

マッカーサーライン
連合国軍最高司令官総司令部（GHQ）の文書「日本の漁業及び捕鯨業に認可された区域に関する覚書」によって決められた日本漁船の操業許可区域のことである。

北洋漁業
オホーツク海、ベーリング海、アラスカ湾、北緯45度以北太平洋海域を漁場とする漁業のことであり、主な漁業種類には母船式サケマスはえ縄刺し網、北転船、北方トロール、北洋はえ縄刺し網などがある。

況になりました。こうして遠洋漁業の生産量は全面的に減少していくことになります。

現在、遠洋漁業の生産量は、遠洋カツオ・マグロまき網漁業、遠洋カツオ一本釣り漁業、遠洋マグロはえ縄漁業が大半を占めています。ただし、これらの漁業も外国船の台頭とそれに伴う国際的な資源管理規制の強化により厳しい状況に置かれています。また、入漁料が高騰しており漁業経営を圧迫しています。

太平洋8か国によって構成されるナウル協定加盟国（ＰＮＡ）では、入漁するまき網漁船に対して１隻1日当たりの入漁料を課しており、その入漁料が２０１２年まで１２００~２５００ドルでしたが、２０１２年には５０００ドル以上、２０１５年からは８０００ドル以上となっており、短期間で大幅に引き上げられています。

現在の遠洋漁業の実態

遠洋底びき網漁業は、かつては北太平洋水域、ニュージーランド水域、南極水域、北西太平洋水域、南西インド洋水域で操業していましたが、現在はロシア水域、天皇海山水域、南西インド洋水域で操業するのみとなっています。２０２１年現在の許可隻数は3隻です。かつては北太平洋水域のスケトウダラが主な対象種でしたが、現在はキンメダイ、クサカリツボダイなどの水揚げが多くなっています。

以西底びき網漁業は、東シナ海・黄海を主漁場としており、かつてはキダイ、グチ類、エソ類、タチウオ、カレイ類などを主対象種としていましたが、現在はキダイ、マダイ、イボダイ、イカ類が中心となっています。最盛期には１０００隻程度が操業していましたが、資源悪化、国際漁業規制の強化、韓国・中国漁船の台頭による圧迫、そして資源保護等を目的とした減船事業により著しく減少し、２０２１年には許可隻数が8隻となっています。

遠洋カツオ・マグロまき網漁業（海外まき網漁業）は、太平洋中央海区とインド洋海区で操業しています。２０２１年現在、前者の許認可隻数は28隻

北転船
１９６０年に水産庁が策定した「北洋海域への中型機船底曳網漁業転換要綱」によって誕生した漁業である。これは北海道などで操業していた沖合底びき網漁業の漁場を沿岸から北洋漁場へと転換させることで、沿岸漁業との調整の円滑化と漁業経営の安定化を実現することを目的としている。

２００海里宣言
自国沿岸から２００海里（３７０・４㎞）までを漁業専管水域として設定し、排他的権限を行使することを国内外に宣言すること。日本は、１９７７年に「漁業水域に関する暫定措置法」を施行し、２００海里宣言をした。

で、後者は10隻となっています。主にカツオ、キハダ、メバチを漁獲しています。主な水揚げ港は静岡県焼津港と鹿児島県枕崎港、山川港で、カツオは主にかつお節の原料となっています。日本に水揚げされるカツオの66％、キハダの60％がこの漁業の生産によるものです（2019年）。

遠洋マグロはえ縄漁業は、大西洋、地中海、オーストラリア沖、ニュージーランド沖、南アフリカ沖、赤道水域を漁場として、マグロ類、カジキ類、サメ類を漁獲しています。2018年現在63経営体が操業しています。主な水揚げ港は静岡県焼津港、清水港、神奈川県三崎港で、マグロ類は刺し身として消費されます。日本に水揚げされるミナミマグロの100％、メバチの65％がこの漁業の生産によるものです（2019年）。

遠洋カツオ一本釣り漁業は、太平洋の東沖漁場（三陸東沖）でカツオ、ビンナガを、南方漁場（南太平洋）でカツオを漁獲しています。2018年現在21経営体が操業しています。主な水揚げ港は静岡県焼津港で、主に刺し身やタタキとして消費されます。

遠洋イカ釣漁業は、1970年にニュージーランド海域での操業が開始され、その後、オーストラリア南岸、メキシコ沖、エクアドル沖、カナダ沖、アルゼンチン沖、ペルー沖、北太平洋等に出漁していきましたが、沿岸各国の入漁規制が厳しくなる中で多くの漁場が失われていきました。ニュージーランド海域の操業も2016年から操業が見送られることになり、2018年現在は北太平洋の公海漁場で1経営体が操業するのみとなっています。

太平洋底刺し網等漁業は、天皇海山を主漁場にクサカリツボダイやキンメダイを主対象種として1隻が操業しています。大西洋等はえ縄等漁業は、アフリカ南西岸沖合の公海漁場で主にマジェランアイナメを対象とした底はえ縄漁業（1隻）とアフリカオオエンコウガニ（マルズワイガニ）を対象としたかにかご漁業（1隻）、そして南極海で主にマジェランアイナメを対象とした底はえ縄漁業（1隻）があります。

用語

200海里漁業専管水域

漁業専管水域とは、沿岸国が漁業資源の保存・管理のために領海の外側に設置する水域のことであり、漁業水域ともいう。200海里漁業専管水域は、1994年発効の国連海洋法条約において排他的経済水域として明文化されることとなった。

日本における遠洋漁業の漁業種類別生産量の推移

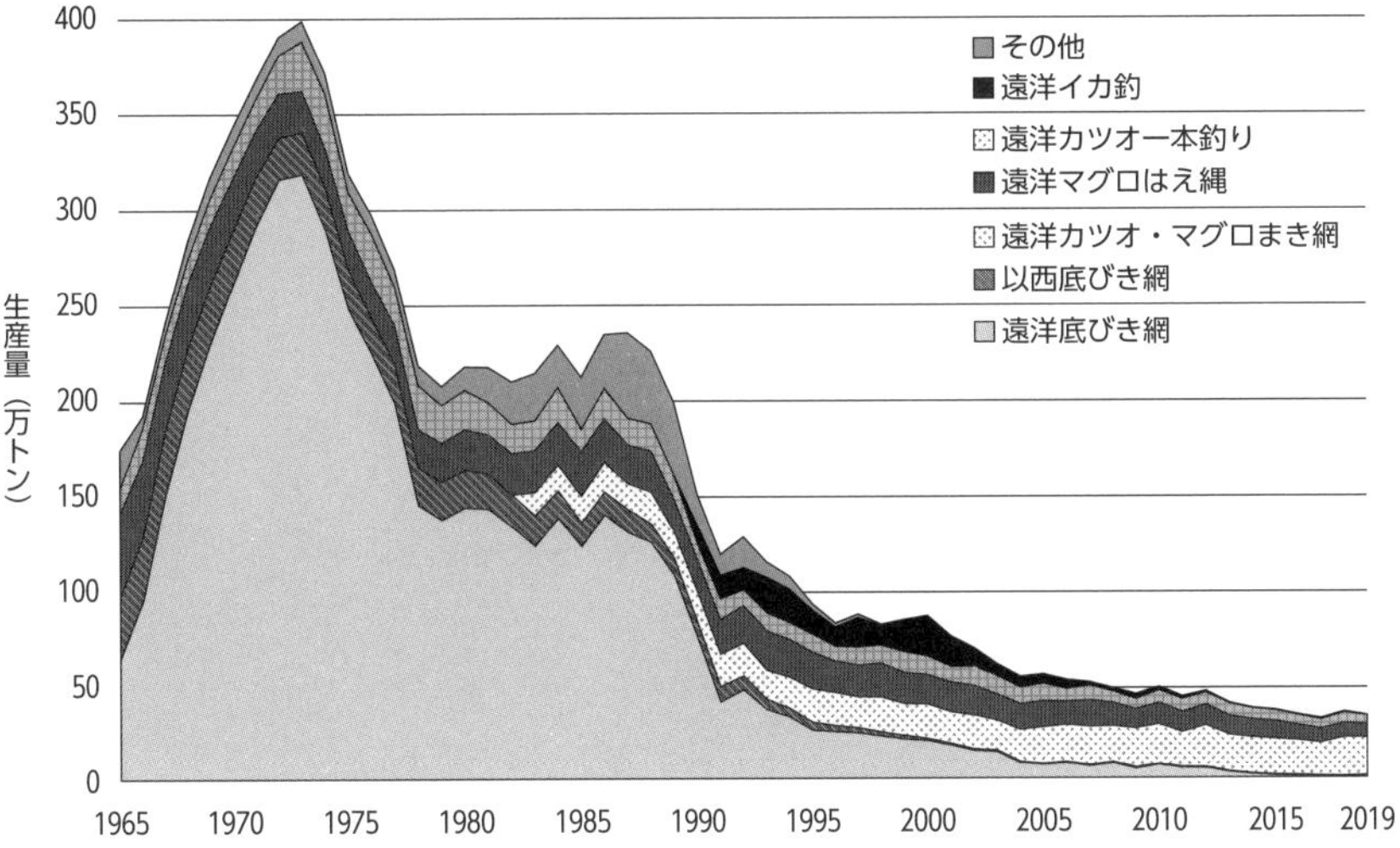

資料：農林水産省『漁業・養殖業生産統計』

日本における遠洋漁業の主要漁場図

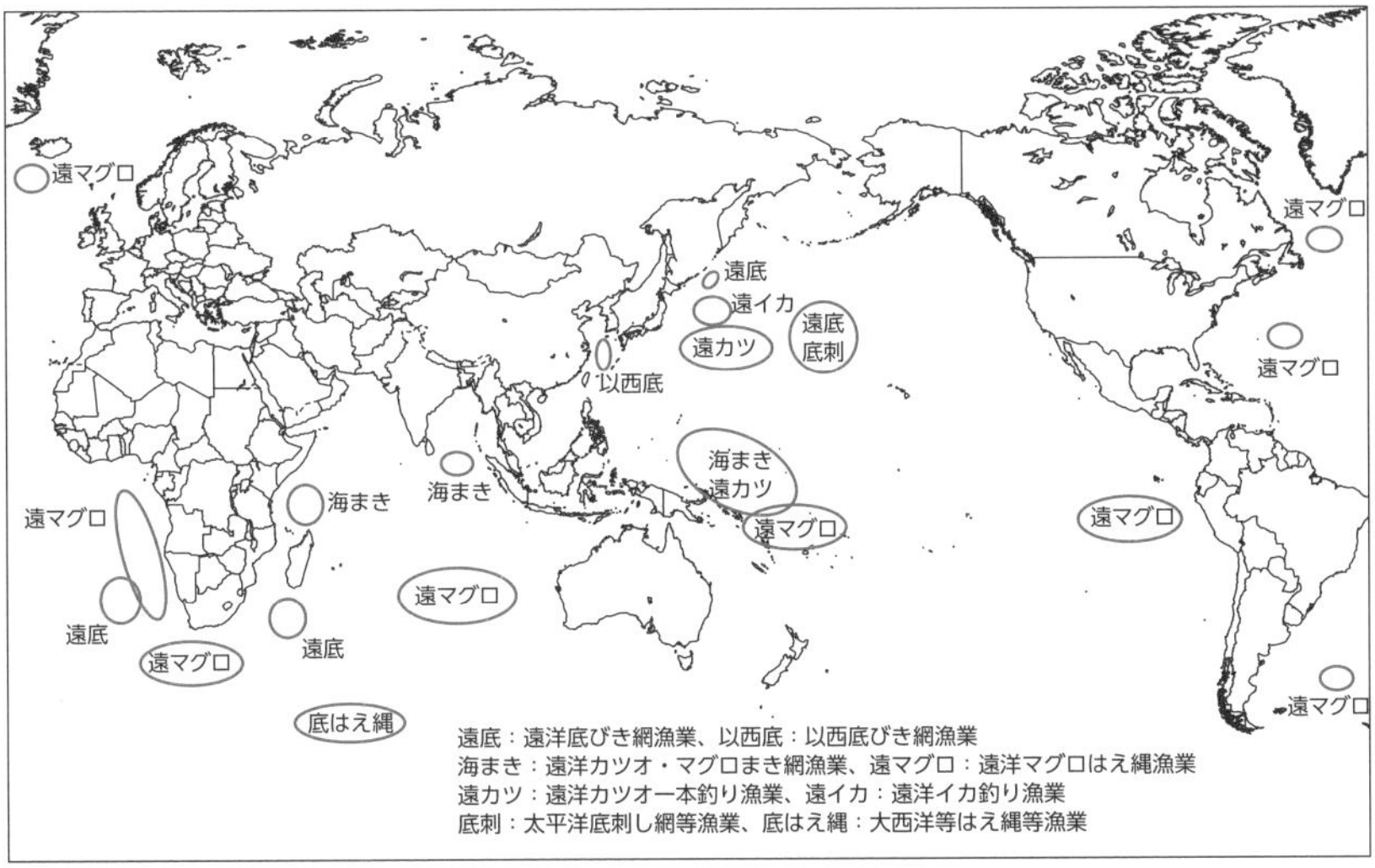

＊執筆者作成

8 日本で水揚げされる主な水産物

日本における水産物の多様性

日本の漁業は、多種多様な生物を水産資源として利用しているという特徴をもっています。これは、日本が中緯度に位置し、南北に長い地形であるといった自然的地理条件のみならず、日本漁業の歴史的性格、すなわち生業的性格が強く、地域に根ざし生きていくために地域の生物を最大限に活かそうとして自然を資源化してきたことによるものです。こうした水産資源の総合的利用によって水産物の安定供給と豊かな魚食生活が実現されています。

日本で水揚げされる主な水産物

日本の漁業が資源利用している種の総数ですが、正確なところはわかりません。2007年に水産庁が作成した「魚介類の名称のガイドライン」には、国産生鮮魚介類約200種が掲載されています。これにはローカルな種は含まれていませんので、実際にはこれ以上の種が水産物として利用されています。

2019年において海面漁業で漁獲された水産物のうち生産量が最も多いのはマイワシ、生産金額が最も多いのはホタテガイです。海面養殖業をみると、生産量が最も多いのはノリ類、生産金額が最も多いのはブリ類となっています。

日本の海面漁業・養殖業の生産動向をみると、マイワシ、**サバ類**、スケトウダラの3種の水揚げ量が多く、これらの3種の生産量は著しく変化するので、日本全体の生産量の変化にも大きく影響しています。マイワシとサバ類については自然環境条件の変化が資源変動の大きな要因となっています。スケトウダラは200海里体制後、遠洋底びき網漁業が主要漁場から撤退し、生産量が減少しています。

用語

サバ類
サバ類にはマサバとゴマサバが含まれています。

2019年における海面漁業・養殖業の種別ランキング

順位	海面漁業		海面養殖業	
	生産量	生産金額	収穫量	生産金額
1位	マイワシ	ホタテガイ	ノリ類	ブリ類
2位	サバ類	カツオ	カキ類	ノリ類
3位	ホタテガイ	キハダ	ホタテガイ	マダイ
4位	カツオ	サバ類	ブリ類	クロマグロ
5位	スケトウダラ	メバチ	マダイ	カキ類
6位	カタクチイワシ	サケ類	ワカメ類	ホタテガイ
7位	ブリ類	マイワシ	コンブ類	真珠
8位	マアジ	シラス	クロマグロ	ワカメ類
9位	キハダ	スルメイカ	モズク類	ギンザケ
10位	ウルメイワシ	マアジ	ギンザケ	コンブ類
上位10位の占める割合	68.3%	42.9%	96.8%	91.9%

注：ノリ類は生の重量である。シラスはイワシ類の稚魚である。
資料：農林水産省『漁業・養殖業生産統計』

海面漁業・養殖業の魚種別生産量の経年変化

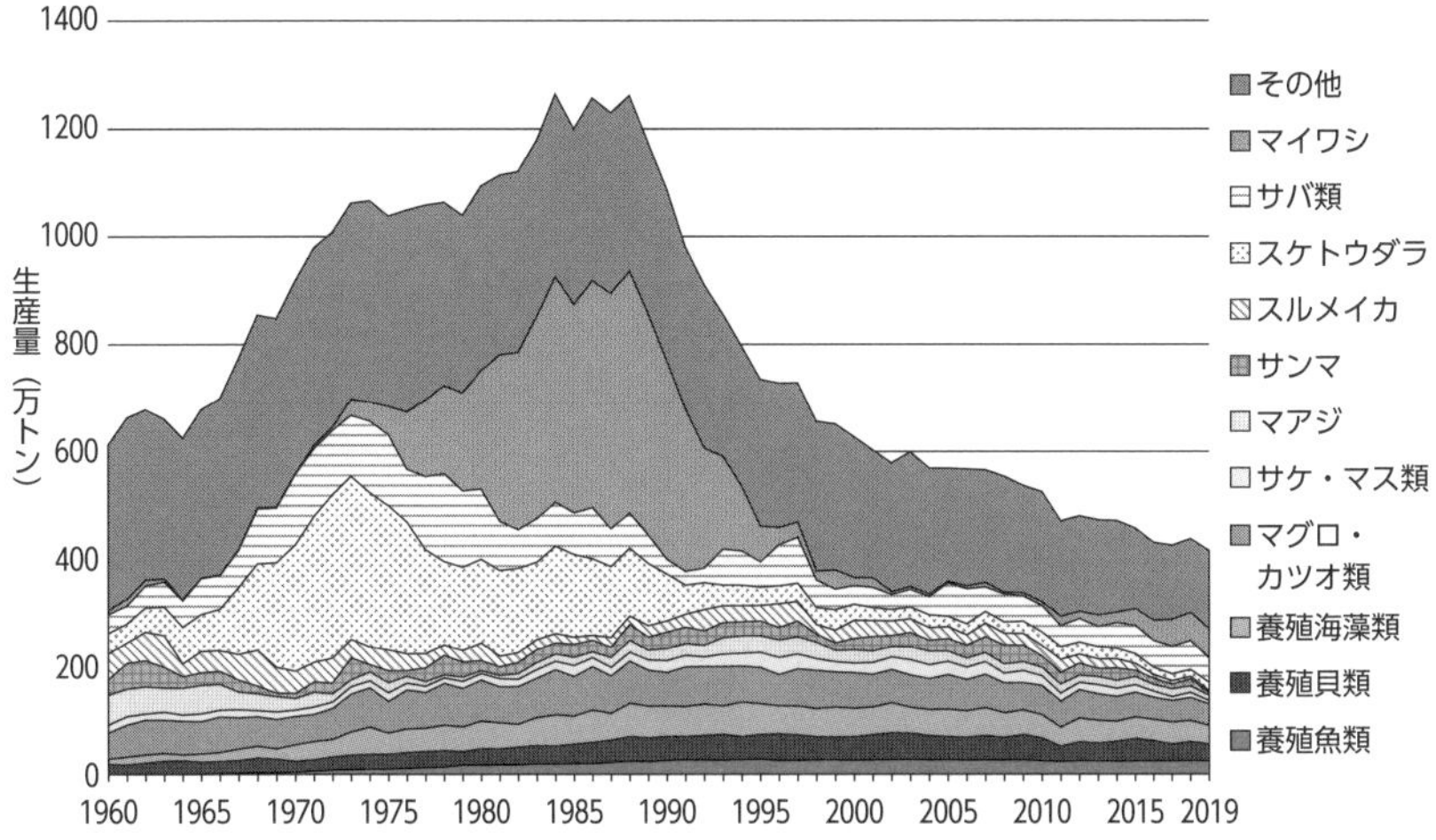

資料：農林水産省『漁業・養殖業生産統計』

サケ類
サケ類は主にシロザケです。

9 日本の主な漁港と水揚げ量

主要水産物が水揚げされる漁港

「漁港港勢」（水産庁）によれば、２０２０年において**漁港**の数は全国で２７９０漁港あります。

主要水産物が水揚げされる漁港を水揚げ量の多い順にみてみましょう。サバ類、マイワシ、マアジ、そしてブリ類は、大中型まき網漁業が水揚げする銚子、八戸、釧路、境港、松浦、長崎、唐津といった漁港が上位を占めています。サンマは、棒受網漁業が水揚げする北海道と東北地方の太平洋岸の漁港が上位を占めます。スケトウダラは、沖合底びき網漁業が水揚げをする北海道の漁港が上位を占めます。

カツオとマグロ類は、これらを対象とする遠洋漁業・沖合漁業の水揚げが多い漁港が上位を占めています。焼津は２０２０年には水揚げ金額が日本で最も多い漁港でした。サケ類はシロザケを定置網漁業により水揚げする北海道の漁港と、ギンザケ養殖業の水揚げが多い石巻と女川が上位となっています。スルメイカは主漁場に近い漁港の水揚げ量が多いのですが、石川県小木は地元の漁船が北海道周辺漁場で漁獲したものを冷凍して地元に水揚げしています。

主な漁港とその背後地の産業集積

２０１８年において水揚げ量が最も多い漁港は銚子で、以下、焼津、釧路、境港、八戸と続いています。２０１８年の上位20漁港の水揚げ量は日本全体の海面漁業の生産量の約48％を占めています。

水揚げ量が多い漁港は、大量の水産物を用途に応じて迅速に処理しています。そのため漁港周辺には、卸売市場、水産加工業、製氷業、冷蔵倉庫業、流通業者、造船業等の水産関連産業が集積しています。

用語

漁港

漁港は、農林水産省が「漁港漁場整備法」に基づいて整備した「漁港」と、国土交通省が「港湾法」に基づいて整備した「港湾」に分けられる。上記の「漁港」の数には「港湾」は含まれていない。漁港は第1種から第4種まであり、第1種は地元利用のみ、第2種は地元に限らず、県内の漁業者が利用できるもの、第3種は県外漁業者も利用でき、第4種は離島の漁港で漁場開発や避難で特に必要なもの。市町村は主に第1種の管理者になっている。

日本における主要水産物の水揚げ量ランキング（2018年）

	サバ類	マイワシ	マアジ	ブリ類	サンマ
1位	銚子	銚子	長崎	東町	根室
2位	境港	釧路	境港	境港	大船渡
3位	石巻	八戸	松浦	長崎	気仙沼
4位	松浦	広尾	唐津	銚子	女川
5位	八戸	石巻	浜田	松浦	厚岸

	スケトウダラ	カツオ	マグロ類	サケ類	スルメイカ
1位	釧路	焼津	焼津	網走	八戸
2位	紋別	枕崎	枕崎	石巻	函館
3位	網走	山川	三崎	女川	小木
4位	室蘭	気仙沼	気仙沼	常呂	宮古
5位	浦河	勝浦（千葉）	勝浦（千葉）	羅臼	酒田

注：生と冷凍の合計値を用いた。マグロ類は、まぐろ、びんなが、めばち、きはだ、その他のまぐろの合計値。
資料：産地水産物流通統計

日本における水揚げ量の水揚げ港ランキング（2018年）

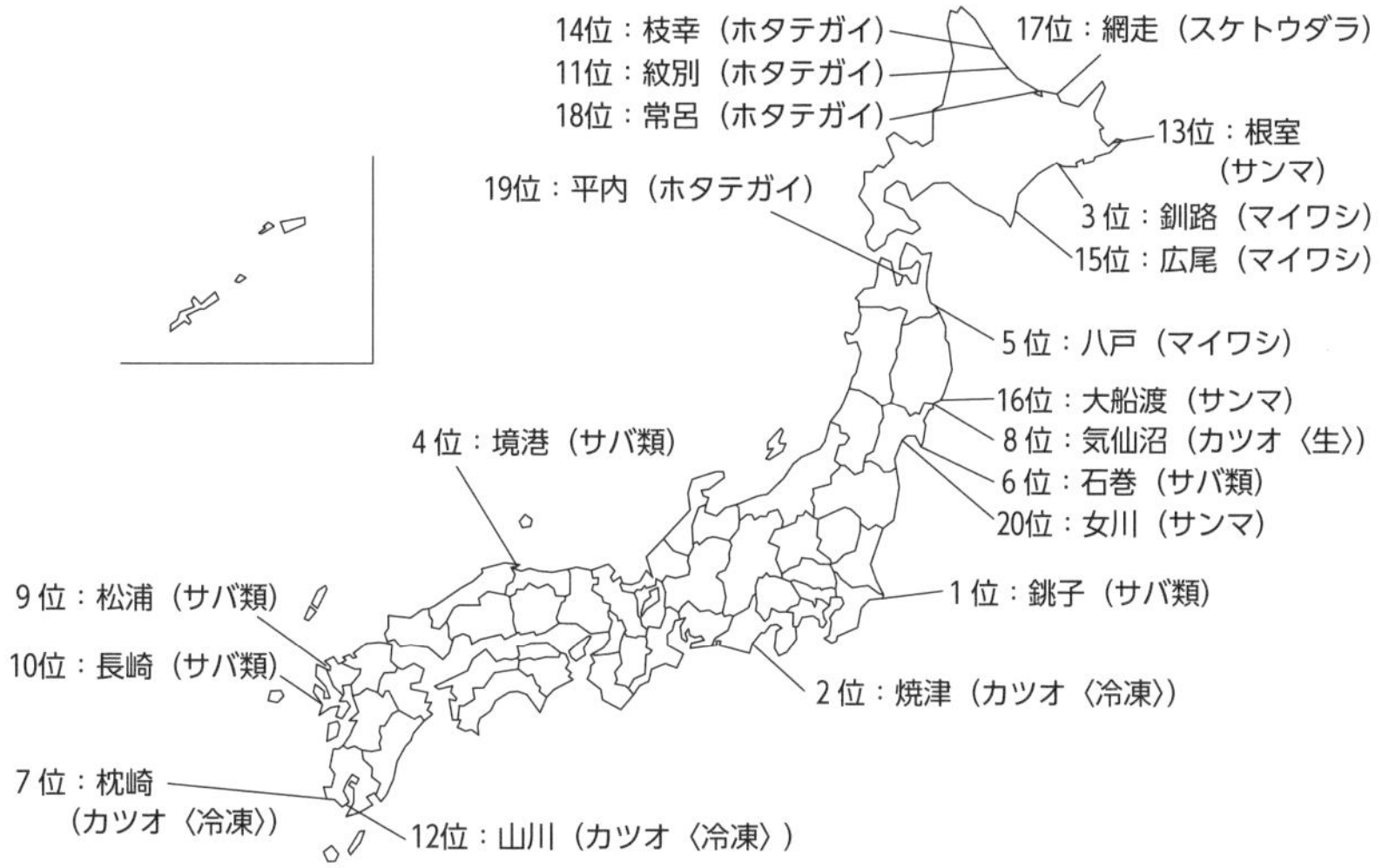

注：カッコ内は水揚げ量が最も多い魚種。ホタテガイは殻付き重量である。
資料：産地水産物流通統計

10 日本の内水面漁業・内水面養殖業

内水面漁業・内水面養殖業の役割

２０１９年における**内水面漁業**の生産量は２・１万トン・生産金額１６４億円、内水面養殖業は３・１万トン・１０２６億円で、日本漁業全体に占める内水面漁業・内水面養殖業の割合は生産量で約１・３%、生産額で約８・１%となっています。食料供給といった側面からみると内水面漁業・内水面養殖業の位置づけは高いとはいえませんが、内水面漁業協同組合によって水産動植物の増殖や漁場環境の保全・管理が行われており、釣りや自然体験活動といった自然と親しむ機会を国民に提供するなど重要な役割を果たしています。

主な対象種と主産地

内水面漁業の主な対象種には、アユ、シジミ、サケ類、シラウオ、陸封性サケ・マス類、ワカサギ、ウナギがあります。なお、サケ類（シロザケ）は**水産資源保護法**によって内水面での採捕が禁止されていますが、人工採卵孵化放流事業では特別採捕許可によって採捕しています。対象種別の主な産地をみると、アユは茨城県（那珂川）、神奈川県（相模川）、岐阜県（長良川）、シジミは青森県（十三湖・小川原湖）、鳥取県（宍道湖）、北海道（網走湖）、サケ類は北海道、岩手県、青森県となっています。

内水面養殖業の主な対象種には、ウナギ、アユ、マス類（ヤマメ・イワナ・アマゴ等）、ニジマス、コイがあります。これらの養殖は、人工池、ため池、水田、天然水域で行われています。また、食用となる成魚を生産しているだけでなく、放流用や養殖用に**種苗**《しゅびょう》を生産している業者もいます。対象種別の主な産地をみると、ウナギは鹿児島県、愛知県、宮崎

用語

内水面漁業
→25ページ

水産資源保護法
「水産資源の保護培養を図り、且つ、その効果を将来にわたつて維持することにより、漁業の発展に寄与すること」を目的とする法律である。もっぱら水産動植物の採捕制限や保護に関連した規制内容が記されている。

種苗
増養殖事業のために人工生産（人工種苗）または天然採捕（天然種苗）した水産動植物の卵、稚魚、仔魚、幼生等の総称。

県が、アユは愛知県、和歌山県、岐阜県が、その他のマスとニジマスは長野県、静岡県、山梨県が主産地となっています。

内水面漁業の振興に関する法律

内水面漁業は、人為的改変（ダム・河口堰・生活廃水・森林生態系の劣化）による漁場環境の悪化・魚病問題（冷水病・コイヘルペスウィルス）・食害問題（外来魚・カワウ等）・輸入水産物の増加などにより生産量が減少する傾向にあります。

こうした状況を解決するために、2014年に「内水面漁業の振興に関する法律」が施行されました。この法律は、内水面漁業の有する水産物の供給機能および**多面的機能**が適切かつ十分に発揮され、将来にわたって国民がその恵沢を享受することができるようにすることを趣旨としています。具体的には、水産資源の回復、漁場環境の再生、漁業の健全な発展、指定養殖業の許可および届出養殖業の届出等について取り組むことになっています。

日本における内水面漁業・内水面養殖業の魚種別生産金額割合（2019年）

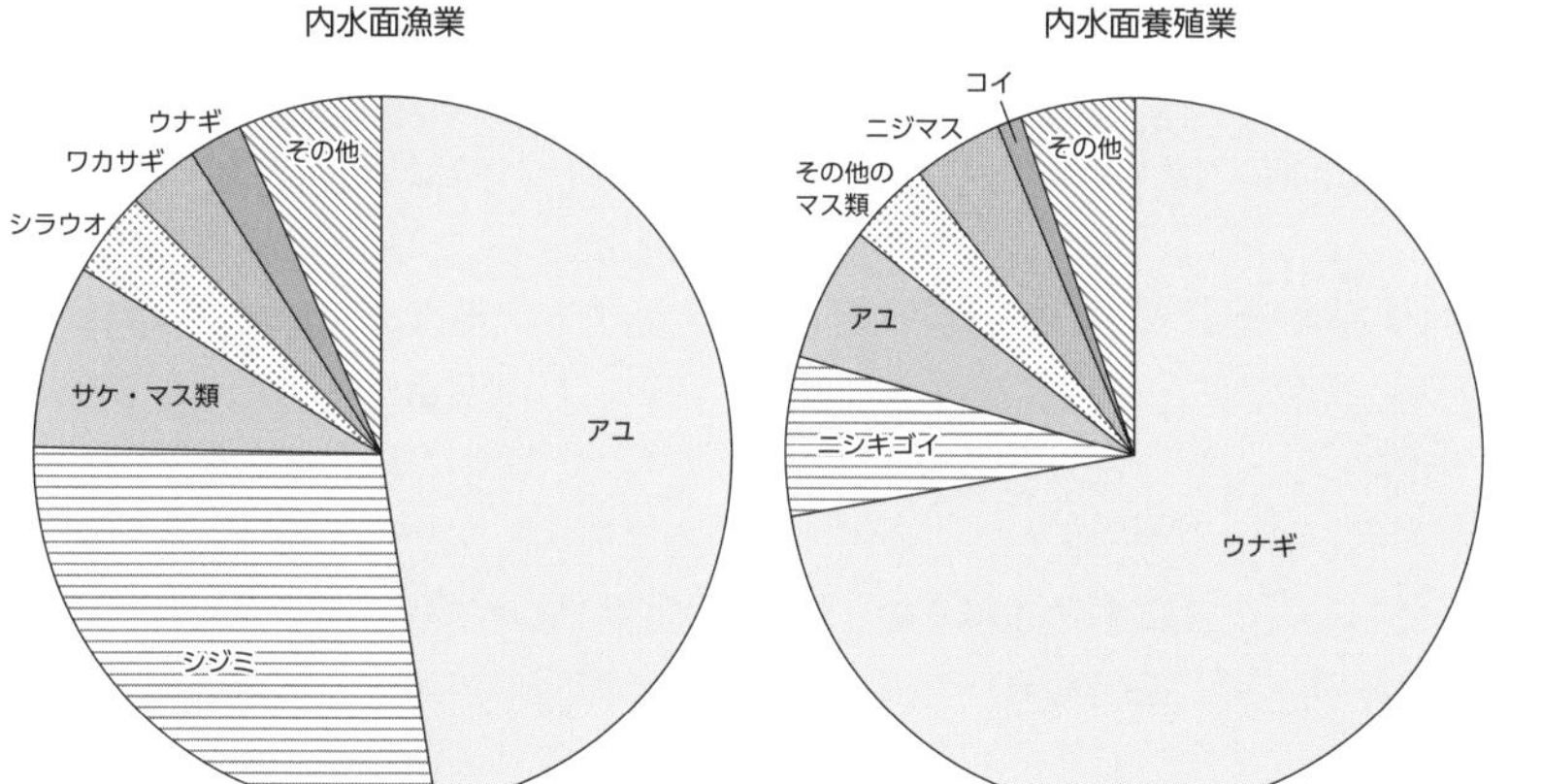

資料：農林水産省『漁業・養殖業生産統計』

多面的機能
「内水面漁業の振興に関する法律」において「多面的機能」とは、「生態系その他の自然環境の保全、集落等の地域社会の維持、文化の伝承、自然体験活動等の学習の場並びに交流及び保養の場の提供等内水面漁業の生産活動が行われることにより生ずる水産物の供給の機能以外の多面にわたる機能をいう」と定義している。

コラム 1

「里海《さとうみ》」と海辺の民俗

◆感謝しつつ畏れ敬う海

海辺の信仰や民俗には、海とともに生きる人びとの心がうかがえます。海は異世界から恵みをもたらすものであり、漂着物に神を見る民俗は各地にあります。エビス様はもともと漂流する神で、漂着した石や木がご神体として祀られている例はよくみられます。

海はまた畏れ敬う存在でもありました。海の神様は女性で、嫉妬されないよう漁船は女人禁制。海に刃物を落とす、梅干しの種を捨てる、獲った魚を漁船に残して腐らせるなど、不漁や事故につながると信じられている禁忌は山ほどあります。裏を返せば、海への感謝と畏敬の心が、海辺の自然や資源を守ってきたともいえます。

◆細かな地名が物語るもの

最近、「里海」という言葉がよく聞かれます。人の暮らしの辺縁にあって、人が利用しつつ同時に手を入れることで保全もしてきた自然を陸域では「里山」と呼びます。この考え方を海辺に移したのが「里海」です。

福井県の東尋坊の海女さんたちは、食用としない藻を刈り取り「瀬（岩礁）を手でなでまわすと海藻がよく育つ」と言い伝えています。手を入れることで海藻に光が届き、生態系のバランスが整えられるのかもしれません。

瀬は日当たりや水深によって生える海藻の種類が違い、同じ海藻でも場所ごとに旬や品質が違うそうです。海女さんたちは瀬に細かく名前をつけて識別し、たくみに収穫してきました。

岡山県備前市の日生諸島は、里海づくりの先駆けとして有名です。水深５ｍほどの浅い海で小型定置網「つぼ網」を営む漁師たちが、高度経済成長に伴う環境の異変にいち早く気づき、30年も前から海草のアマモの種をまいて環境の回復を図ってきたのです。

「毎日の水揚げと網の手入れで日がな一日海を見ているから、海の変化と原因に気づいたんや」と、老漁師は言います。かれらはまた、島々の入り組んだ浜10ｍごとに地名をつけていました。びっしり並ぶつぼ網の区画の印であるとともに、網の手入れの作業場だからです。条件のよしあしは知りつくされ、場所決めはくじだったそうです。

サンゴ礁にも細かく名前をつけて漁をする人たちがいます。宮古島周辺の広大なサンゴ礁で素潜り追い込み漁をする集団の親方は、潮の干満と流れ、風向きなどに合わせ、数百ものポイントから網を張る場所を決めます。一度漁をした場所は20日は休ませるそうで、安定して漁獲するには多くの場所を知っておく必要があるのです。

海辺の細かな地名からは、連綿と続いてきた海と人との密接なつながりが垣間見えます。

第2章

漁業を支える組織、制度を知る

1 日本の漁業制度の概要

漁場には漁業制度が必要

漁場は公有水面です。公有水面に生息する水産資源は誰のものでもない無主物です。漁場が優良であればあるほど、そこには多数の漁船が集まってきます。海にルールがなければ、どうなるでしょうか。漁船同士が衝突して喧嘩になったり、漁獲競争が激しくなりすぎて資源が枯渇したりします。これは不合理です。ですから漁場には漁業制度が必要になってきます。

新漁業法に基づく漁業制度

我が国の漁業制度の根幹は漁業法に示されています。その漁業法が2018年12月に大きく改められました。旧漁業法も新漁業法も、漁業生産力の発展を目的とした基本制度（左ページの表を参照）ですが、新漁業法においてはかつて別法で定められていた「水産資源を保存・管理するための措置」（以下、資源管理措置）に関わる条文が旧法にあった条文の前に組み込まれたため、新旧で法の文脈が大きく変わってしまいました。

我が国の公有水面は「水域ごと」にそれぞれ公的な規則が定められています。これらは漁業法に従ってつくられてきました。例えば、都道府県の海区の規則は漁業法に従って知事によって定められ、その海区の中の沿岸水域にはそこを管轄する漁協が漁業法と都道府県の規則に従って規則を定めてきました。つまり、漁業制度を建物に例えると、漁業法という基本制度は基礎の部分と考えることができ、都道府県海区の規則は建屋、漁場ごとの制度は部屋になっていると言えます。なぜ規則が「水域ごと」に定められるのかというと全国一律の規則のみで国が漁業

用語

新旧漁業法の目的

旧漁業法：1949年12月公布
この法律は、漁業生産に関する基本的制度を定め、漁業者及び漁業従事者を主体とする漁業調整機構の運用によつて水面を総合的に利用し、もつて漁業生産力を発展させ、あわせて漁業の民主化を図ることを目的とする。

新漁業法：2018年12月公布
この法律は、漁業が国民に対して水産物を供給する使命を有し、漁業者の秩序ある生産活動がその使命の実現に不可欠であることに鑑み、水産資源の保存及び管理のための措置並びに漁業の許可及び免許に関する制度その他の漁業生産に関する基本的制度を定めることにより、水産資源の持続的な利用を確保するとともに、水面の総合的な利用をはかり、もつて漁業生産力を発展させることを目的とする。

を統治しようとすると混乱が生じてしまうからです。地域によって獲れる魚が違えば海洋環境、地域社会も異なるため、馴染む、馴染まない、が出てくるのです。馴染まない場合は、紛争が頻発します。それゆえ旧漁業法は、都道府県の海区や漁協の水域別に規則を定められるようにして、それらの「漁場を誰に、どう使わせるか、そしてそれを誰が決めるのか」という制度内容に特化していました。

その旧漁業法の時代においても、政府指針に従った「資源管理措置」が行われていました。ただし、それは必要に応じてであって、漁業全体を覆うものではありませんでした。それに対して新漁業法では、漁業が「資源管理措置」のもとで統治されるものとなったのです。まず漁業者には漁獲報告の義務が課せられるようになりました。さらに資源調査や資源評価を行う魚種を増やして、それぞれの資源量の目標値を決めてその水準になるまで漁獲を抑制しなければならないとしたのです。しかも、魚種ごとに**「総漁獲可能量（TAC）」**などが定められ、漁船ご

総漁獲可能量（TAC）
Total Allowable Catchの訳語、略語
資源管理措置の一つで対象とする漁種の年間の総漁獲量の上限値のこと。

とに漁獲量を配分する「**個別漁獲割当（IQ）制**」が導入されていくことになっています。

とはいえ、新漁業法は、旧漁業法と同じく、水域の多様な使い方を認め、漁業者と漁業従事者を主体とした漁業調整によって漁場利用のルールづくり（漁業秩序）の形成を促しています。政府の資源管理措置による統治を強めながらも、漁業秩序の形成については旧漁業法のやり方を踏襲しています。そのため、従来と同じく、あらゆる公有水面に漁業者・漁業従事者らが構成員となる「**漁業調整委員会**」（後述）が設置されることになっています。

政府は、この新漁業法に基づいて資源保全・管理と成長産業化（漁業生産力の維持・発展）を両立するとしたのです。

漁業の制度区分と許認可

日本の漁業制度の上で漁業権漁業、許可漁業、届出漁業、自由漁業に分けられています（表参照）。

漁業権漁業とは、全て沿岸水域において区割りされた漁場に権利者に対して設定される漁業です。これには養殖業も含まれます。権利を得るには都道県知事の免許が必要です。

許可漁業とは、漁場紛争の原因になりやすい能率漁法をいったん禁止として法令を遵守する適格者のみに解禁して適法化するというものです。農林水産大臣に許認可権限がある**大臣許可漁業**と都道府県知事にある**知事許可漁業**とに分かれています。

届出漁業は参入自由ですが、期日までに操業することを行政庁に届け出なければならない漁業です。

自由漁業はそれら以外の漁業です。ただし、資源管理が強化されてきた中で、自由漁業は届出漁業に、届出漁業が許可漁業に移行してきました。今後もこの傾向が強まると考えられます。

漁業調整委員会の役割

都道府県が管轄する水域には、漁業秩序の形成のために海区漁業調整委員会が設置されています。また、複数の海区に跨がって設置される連合海区漁業

用語

個別漁獲割当（IQ）制
→36ページ

大臣許可漁業
国が一律に管理すべき漁業である。

知事許可漁業
漁船総隻数などを国が決めるものと、都道府県知事の判断で対象にするものがある。さらに、ある特定漁業が禁止されている海域（規制水域）において、都道府県知事や海区漁業調整委員会の承認によって行うことができる承認漁業もある。

許認可主体と漁業の制度区分

許認可主体	漁業の制度区分	漁業種
農林水産大臣	大臣許可漁業	沖合底びき網漁業、大中型まき網漁業、遠洋かつおまぐろ漁業、ずわいがに漁業、東シナ海はえなわ漁業など
	届出漁業	かじき流し網漁業、沿岸まぐろはえなわ漁業など
都道府県知事	知事許可漁業	小型底びき網漁業、中型まき網漁業、小型さけます流し網漁業、固定式底刺し網漁業、船ひき網漁業など
	漁業権漁業	共同漁業権漁業、定置網漁業、区画漁業権漁業
なし	自由漁業	一本釣り漁業等

＊筆者作成

調整委員会、国内を3つのブロック（太平洋、日本海・九州西、瀬戸内海）に分けて設置されている広域漁業調整委員会というのもあります。内水面には漁場管理委員会が設置されています。

海区漁業調整委員会は、漁場計画や漁業権に関する知事からの「諮問」について審議および公聴会を開催し、知事に対して「答申」を行い、また委員会自らが知事に対して積極的に働きかける「建議」を行い、水産動植物の繁殖保護等に必要な制限、禁止等や漁業調整のための「指示」を行うという役割を果たしてきました。新漁業法の下では、これに加えて、都道府県が策定する「都道府県資源管理方針」や「沿岸漁場管理団体」の指定等について知事に意見することになりました。

海区漁業調整委員会の構成員は、各都道府県が総数10名以上20名以内に定め、過半数以上が漁業者・漁業従事者とし、それに加えて資源管理・漁業経営に関して学識経験を有する者および委員会関連の事項に利害関係を有しない者が含まれることになりました。旧漁業法では漁業者等の委員は公選によるものでしたが、それは廃止となり、すべて知事の選任となりました。漁業者等については自薦・他薦に基づく知事選任によるものになりました。

公的規制・公的管理と自主規制・自主管理

漁業の許認可は漁業法や**水産資源保護法**に基づいて行われています。漁業許可には、禁漁水域や漁具の規制内容など許可制限や条件が付されています。さらに各都道府県または広域の海区ごとにそれぞれの事情に併せた漁業調整規則が設定されています。さらに海区漁業調整委員会による「委員会指示」という規制もあり、それは罰則が伴う漁業規制となります。

公的な漁業規制は、行政庁が監視し続けなければならず、また一度固定されると状況や環境が変わってもなかなか変更できません。自然環境や社会環境の変化に対応した秩序を形成するには規則変更に柔軟性を求める必要があります。

そこで、漁業者らは集団（漁業者集団）を形成して、秩序形成のために紳士協定で自主規制を設けて、自主管理をしています。自主規制の中には漁期、漁場、漁具の規制だけでなく、漁獲量の上限を決めて、船ごとに分配する方式や売上げを平等分配する方式もあります。漁業者集団は互いの利益になる資源保護や相互扶助（海難時の助け合い）などの漁場利用のルール作りをして、漁業者の間で対立が拡大しないように努力しています。また新漁業法では、漁業者間のこうした自主規制が、国が定める「資源管理基本方針」や「都道府県資源管理指針」に従う場合、大臣や知事に認定されることになりました。お墨付きの自主規制と言えましょう。

このように日本の漁業制度は、行政庁による統治機構だけでなく漁業者集団による自治機構も重要視されています。ただし、その効果を疑問視する声があって新漁業法への移行によって資源管理分野において行政の管理領域が拡大し、公権力を行使できる場面が増えました。

用語

水産資源保護法
「水産資源の保護培養を図り、且つ、その効果を将来にわたつて維持することにより、漁業の発展に寄与すること」を目的とする法律である。もっぱら水産動植物の採捕制限や保護に関連した規制内容が記されている。

2 水産行政の役割

水産行政とは

水産行政は、水産関連法の目的に基づいて執行される事務です。その業務を大別すると、非公共部門と公共部門があります。非公共は、漁業法や水産基本法などに基づく漁業管理や水産振興に関わる事務であり、公共部門では、漁港、漁場、漁村の整備に関わる法律に基づいた事務となります。

水産行政機関としては水産庁の他、都道府県、市町村などの地方自治体の水産部局・水産公共部局があります。いずれも議会を通して、政策を策定し、予算を確保して水産事務を行っています。その点では共通していますが、業務範囲や内容は行政庁によって大きく違っています。

水産庁は水域を問わず大臣許可漁業や届出漁業を、都道府県は管轄の水域内において知事許可漁業や漁業権漁業を許認可含め管理しています。都道府県には、漁場計画など**自治事務**がある一方で漁船登録など国の代わりに行っている**法定受託事務**もあります。

市町村は国や都道府県のように漁業の管理監督、許認可の事務を行いませんが、**漁港**の整備・管理や**共同利用施設**の所有者または**卸売市場法**に基づく水産物地方卸売市場の開設者となることがあります。

国の水産振興策は地方自治体にも広く活用されていますが、自治体独自の振興策も行われています。

漁業調整の役割と水産振興

漁業者間のトラブルが発生した場合、管轄する行政庁が仲立ちして調整を行うことがあります。

紛争のケースはいろいろです。同じ都道府県下の漁業者間で発生することもあれば、大臣管理の漁業と都道府県管理の漁業との紛争もあります。あるい

用語

自治事務と法定受託事務
国が本来果たすべき役割に係る事務で自治体が行うものが法定受託事務、自治事務はそれ以外のもの。

漁港
漁港は第一種から第四種まであり、第一種は地元利用のみ、第二種は地元に限らず、県内の漁業者が利用できるもの、第三種は県外漁業者も利用でき、第四種は離島の漁港で漁場開発や避難で特に必要なもの。市町村は主に第1種の管理者になっている。

共同利用施設
例えば、荷捌き場や漁具倉庫あるいは作業場など生産者が共同で利用する施設。主に沿岸

は外国漁船とのトラブルもあります。それゆえ、都道府県が管轄水域を管理し、それ以外の水域や境界水域において水産庁が全国5カ所に**漁業調整事務所**を設置して漁業取り締まりや紛争調停などを担っています。また、それぞれの行政庁は、水産資源保護法に基づいて、許認可を制限したり、漁具や水域や漁期を規制したりして資源管理を実施しています。さらに、魚種によっては総漁獲可能量（TAC）を超えないような漁獲数量の管理も実施しています。

水産振興策として、漁場利用・資源利用や流通面で、新たな取り組み（または技術）を導入する場合、既存の漁業や流通業とどう共存するかが必ず問題になります。このとき、水産行政は水産振興を推し進めると共に既存漁業・流通業との関係が悪化しないように対応します。つまり、水産行政は、漁業が円滑かつ確実に発展するために、中立な立場で水産振興と漁業調整の両面からアプローチしなければならないのです。

水産行政の二本柱

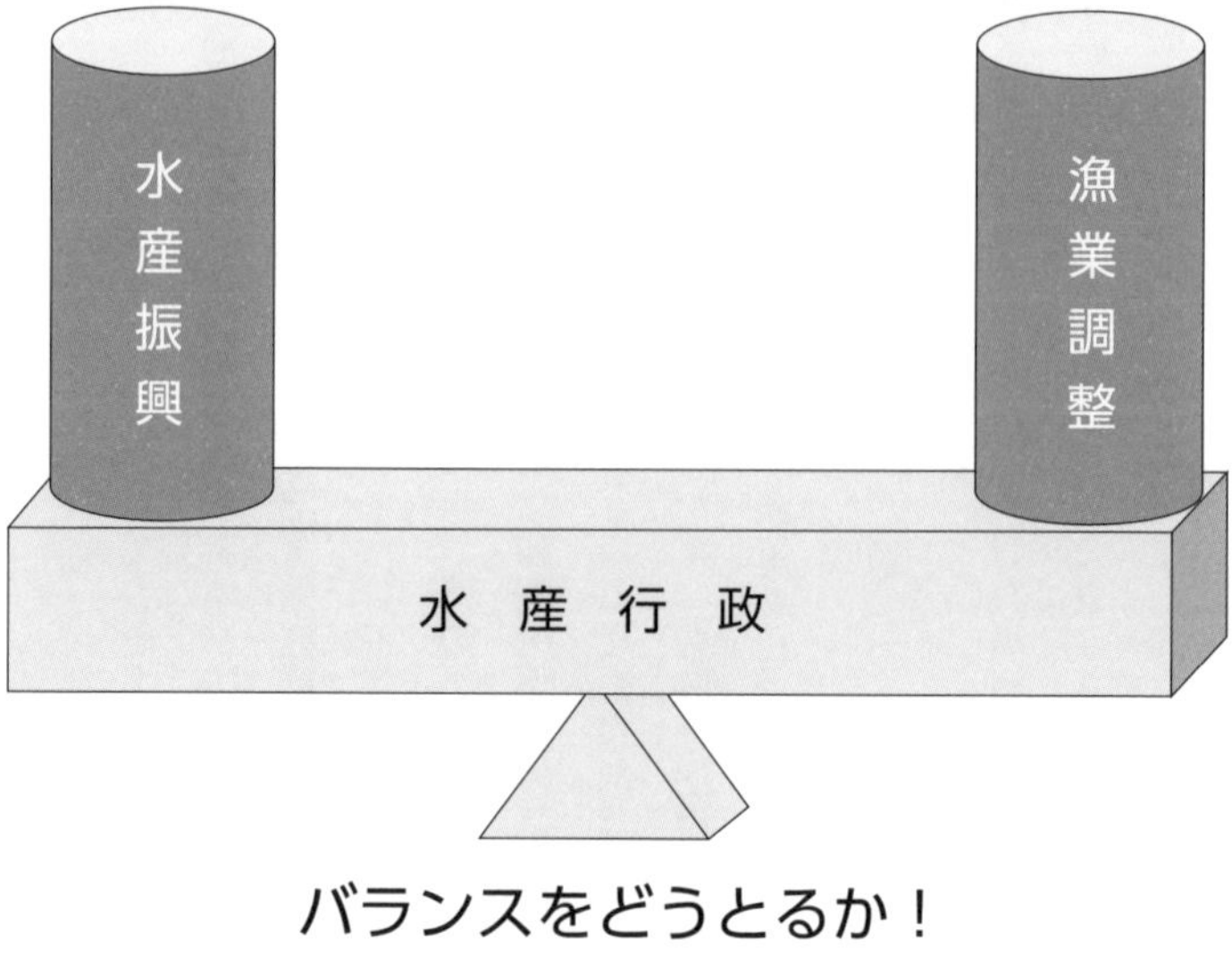

＊執筆者作成

漁業構造改善事業を使って整備される。漁協も所有者となることがある。

卸売市場法
農林水産大臣が認可する中央卸売市場や、都道府県知事が認可する地方卸売市場を規定した法律。

漁業調整事務所
北海道、東北、日本海、瀬戸内海、九州に設置されている。

3 漁業権とは何か

漁業権とは

漁業権は文字通り漁業を営む権利であり、主として漁村に暮らす漁民らが行政庁からの免許によって得るものです。

現行漁業法では、漁業権の大枠を三種類に分けています。共同漁業権、定置漁業権、区画漁業権です。区画漁業権は養殖業を対象にしています。いずれの権利も、区切られた水面の枠に設定され、その場を利用する集団または個人が特定されます。利用者の縄張りが設定されるかのようになります。

共同漁業権は入会《いりあい》集団のもの

共同漁業権は、漁場を共同利用する漁業者集団（＝入会集団）に与えられる権利で、5種あります。特筆すべきは、第1種共同漁業権です。これは集落ごとに与えられた地先の浅海水域に設定されており、現行漁業法が、近世に形成された「一村専用漁場制度」、明治漁業法で定められた「地先水面専用漁業権」を受け継いだものです。主にアワビやサザエなど貝類や海草類など浅海域において海底に定着して生息する水生生物を漁業権の対象種にしています。ただ、地先水面だけでなく他の集落の地先に入漁するという「入漁権」というのもあります。例えば、集落間で相互入漁するケースに使われています。

第1種共同漁業権の沖合には、多くの場合、第2種共同漁業権の水域が設定されています（図参照）。この水域では、主に回遊する魚類を対象にした小型定置網漁や刺し網漁など漁具を敷設する漁が行われ、複数の集落の漁業者が入会っています。

入会集団については組織法がないので、地区漁業協同組合（以下、漁協）という法人を設立しなければ

用語

共同漁業権（第3〜5種について）
第3種共同漁業権は、地びき網漁など、第4種共同漁業権は鳥付こぎ釣り漁など、限定された漁法を利用する漁場に設定される。第5種共同漁業権は、内水面の魚類を捕獲する権利だが、権利に魚種が設定されるとともに増殖の義務が加えられている。

ばならないことになっています。つまり、共同漁業権の主体は入会集団であり、入会集団にとって漁協は法的手続きを進めるための組織に過ぎないのです。

共同漁業権の権利者名義は漁協名になります。このような漁業権は「団体漁業権」と呼ばれています。

個別漁業権と団体漁業権

定置漁業権は、**大型定置網**および北海道ではサケ定置網を営む権利で、区画漁業権は養殖業を営む権利です。経営者は都道府県知事からの免許がなければ営めません。免許されると第三者からの侵害を法的に防ぐことができます。ただし、定置網や養殖の漁場は共同漁業権漁場と重なることが多いため（図参照）、既存の共同漁業権漁業を侵害するわけにはいきません。それゆえ、漁場利用の上で、共同漁業権漁業を営む漁民と協調できない経営者には免許されないことになっています。この免許方式の漁業権は「個別漁業権」と呼ばれています。

ただ、区画漁業権が必要な養殖漁場において複数の漁民が共同利用する場合があります。この場合、共同漁業権のように地区漁協（又は漁連）が区画漁業権の管理者として権利者になることができます。区画漁業権は団体漁業権にもなるということです。

団体漁業権の場合、入会集団が漁業権行使規則を作成し、都道府県知事の認可を受け、それに従って漁業権管理委員会を設置して行使者（＝メンバー）を定めることになっています。入会集団が権利の主体とはいえ、法のもとでは個々のメンバーにも漁業行使権として権利が明確化されています。ただし、権利の形式よりも、メンバーが入会集団の一員として認められる存在かどうかが、大切なのです。

漁業権の免許方式について

漁業権は権利者にとって恒久的なものではありません。定置漁業権、区画漁業権は5年、共同漁業権は10年ごとに更新されます。定期的に漁場利用体制を更新して、よりよい状態に改善するためです。

行政庁は、更新日に併せて、事前に漁場を利用す

用語

大型定置網
網の設置される場所の最深部が最高潮時において水深27メートル（沖縄では15メートル）以上のものであり、瀬戸内海の「ます網」、陸奥湾の「落網」と「ます網」を除く。

沿岸の漁場利用の例

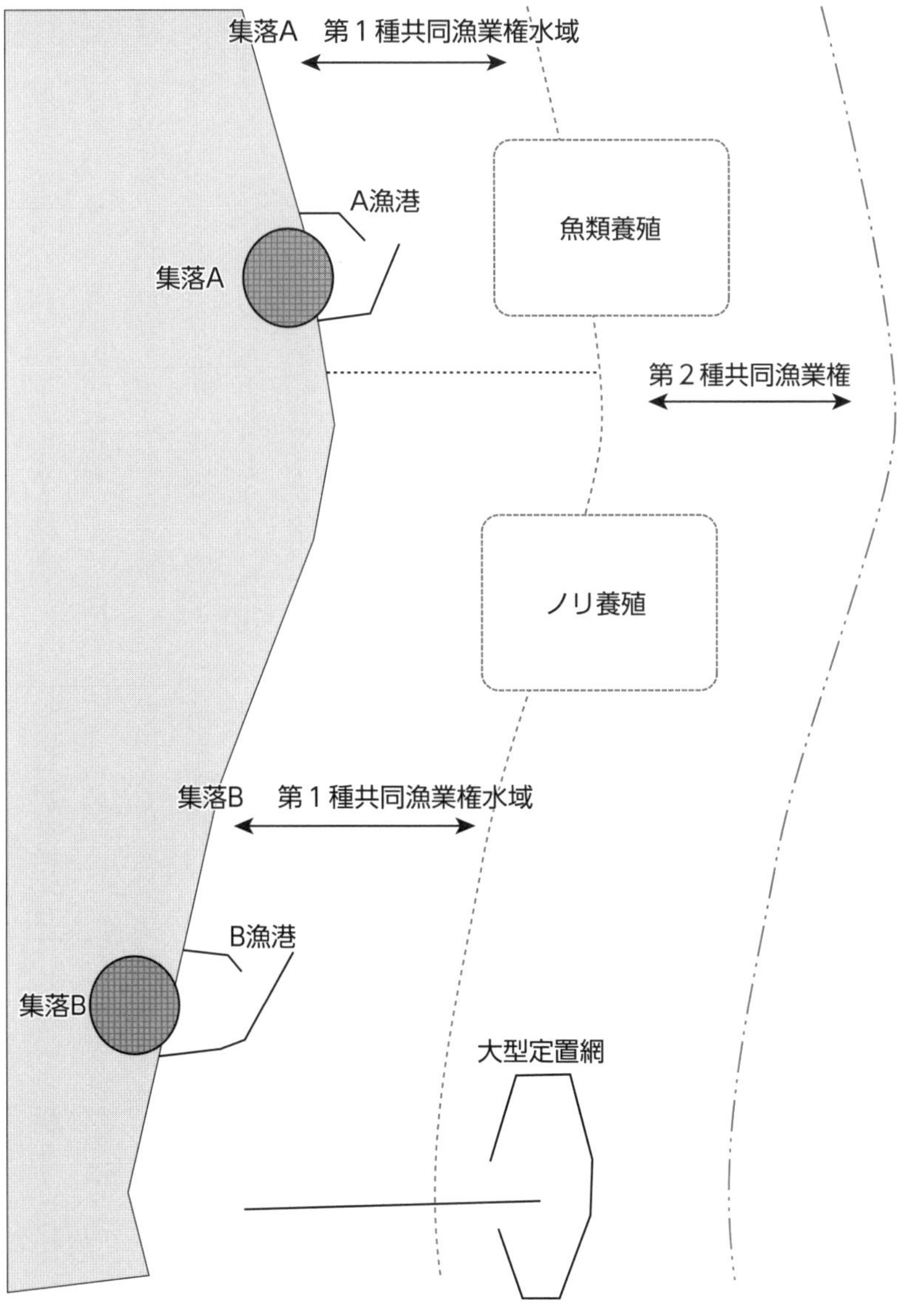

＊筆者作成

る又は利用したい関係者に意見を聞くなどして調査を行い、漁業権に設定されている区割りを見直し、漁場計画を作成、そして海区漁業調整委員会に諮問します。調査の際には、既存の漁業者が「適切かつ有効に漁場を活用しているか」が、確認されることになりました。また、新たな免許の要望があった場合、漁場の活用状況を踏まえ漁業生産力の発展に資するかが問われることになりました。

海区漁業調整委員会は公聴会を開き、利害関係人の意見を開いて答申を出します。問題なく、漁場計画が樹立され、公示されると免許申請を受け付けます。行政庁は、申請者の適格性を審査し、その結果を受けて委員会が答申を出して、問題がなければ漁業権が免許されるということになります。

免許申請で競願者が出たときは？

定置漁業権、区画漁業権の免許申請を受け付け、申請者が複数となり競願が発生した場合、旧漁業法では「優先順位」に従って免許者が決められていました。区画漁業権の場合では、団体漁業権者としての漁協が最優先され、定置漁業権（又は区画漁業権の個別免許）においては例えば地元漁民の7割以上が出資者構成員になっている漁民会社（又は漁協）、次に地元漁民7名以上で出資する漁民会社が優先されるしくみになっていました。もし、定置漁場が空いていて地元漁民に免許申請者がいない場合は地域外の企業にも免許されることがありました。ただし、地域外企業の参入の多くはそこに子会社を配置して地元漁協の組合員となる、又は地元漁協と共同経営の形をとるなどして実現していました。参入企業が地元に悪影響を及ぼす場合、漁協は漁業権の更新時に免許申請し競願状態にすれば、合法的に参入企業から漁業権をとることができました。しかし新漁業法では優先順位が廃止されたため、そのような措置はできなくなりました。競願状態となった場合は「**地域の水産業の発展に最も寄与する者**」に免許するということになったのです。当該行政庁の判断が強く影響する状況となりました。

地域の水産業の発展に最も寄与する者
①生産量や就業者数が多く見込める、②地域の漁業者との調和がとれる、③地元の水産物の流通・加工によい影響を与える者など。

4 漁業協同組合とはどんな組織？

漁業協同組合の制度的分類

水産業協同組合法（以下、水協法）は、漁業協同組合（以下、漁協）とその連合会、漁業生産組合、水産加工業協同組合とその連合会の根拠法です。制定は1948年です。

漁協は地域が限定される地区漁協と漁業種ごとにまとめる業種別漁協に大別され、地区漁協はさらに沿海と内水面に分かれます。

協同組合としての漁協

協同組合とは、経済的弱者（組合員）が必要な事業を利用するために出資して設立する非営利法人です。現代的組織は、組合員が役員を選び、役員が職員を雇い、組合員に奉仕するという関係の中で事業が実施されています。

協同組合である漁協は、営漁指導を行う指導事業、組合員の漁獲物を販売する販売事業、資材や燃油を組合員に供給する購買事業、貯金や貸し付けを行う信用事業など、水協法で制限されている範囲内で事業を実施できます。それらの事業はもっぱら組合員の漁業の営みと生活に奉仕するものであり、総合的に事業を展開している漁協もあります。事業の名称だけみると農協とおおむね変わりないのですが、地区漁協の場合、農協のような事業団体として存立しているだけではなく、漁業権管理団体（団体漁業権の権利者）としての機能をもち合わせています。中には、漁業権管理のみで経済事業を実施していない漁協もあります。

さらに漁協は、漁船登録などの行政代行業務や、種苗放流事業、漁場監視、海難事故対策などいろいろな公益的な役割も背負っています。

用語

水産業協同組合法
この法の目的は「漁民及び水産加工業者の協同組織の発達を促進し、もつてその経済的社会的地位の向上と水産業の生産力の増進とを図り、国民経済の発展を期すること」としている。
２０１９年12月の漁業法の大幅改正に伴い部分改正された。

漁協の成り立ちと組合員

地区漁協の漁業権管理団体としての成り立ちは、明治漁業法下の漁業組合の機能を受け継いでいます。漁業組合は入会集団が自分たちの漁場を第三者から侵害されないよう設立する漁業権管理団体でした。ただし、漁業者が仕込み資本や商人から支配されないように市場事業なども行っていました。そのことから、1933年に経済事業を実施できる出資制の漁業協同組合の設立が可能となり、1938年には信用事業の実施も可能となりました。戦時体制下では、戦争協力を遂行するための漁業会となり協同組合ではなくなりましたが、水協法の制定により、総合事業体としての漁協が設立されることになりました。その翌年に前漁業法が制定されると、政府は、明治漁業法による漁業権を補償金の支払いで消滅させ、新制度に基づいて漁業権を新たに免許しました。こうして現代漁協の原型ができあがりました。

組合員においては共同漁業権との関係が強いゆえに、それに対応した複数の集落を抱えている場合、複数の入会集団の連帯組織であり、同時に管轄内の漁民の調整組織になっています。しかし、一方で地区漁協は、加入・脱退自由の原則を掲げる協同組合です。それゆえに、漁業権漁業を営まず、許可漁業や自由漁業を営む漁業者でも**組合員資格**要件をクリアしていれば事業利用の権利を得るために加入できます。実際にどこの漁協にもそのような組合員が所属しています。中には、准組合員制度を定款で定めて非漁民の准組合員を受け入れている漁協もあります。例えば、信用事業を利用するために水産加工業者が組合員になっているケースがあります。

漁協の事業特性

多くの総合農協では、信用・共済事業を利用する非農民の准組合員が多く、部分的に農協経営を支えています。地区漁協においては、主に漁民である組合員が利用する事業によって支えられています。

ただ、漁協経営のあり方は様々です。組合員の事

用語

組合員資格
組合員は、居住地が漁協の管轄地区内であり、定款で定める漁業従事日数（90日～120日）以上を満たさなければならない。

業利用に依存するのではなく、卸売市場の卸業務を販売事業として実施し、非組合員の水揚げを多く取り扱っている漁協や、定置網など自営漁業を営む漁協もあります。直売所、遊漁船案内事業、ダイビング案内業など観光事業に力を入れる漁協もあります。

なお、各県域では漁業協同組合連合会や全国漁業協同組合連合会が、経済事業を実施して、卸業や共同販売あるいは燃油供給事業などの系統事業を展開しています。信用事業においては、ほとんどの県域で漁業協同組合信用事業連合会に譲渡しており、漁協の信用事業は代理店業務になっています。

漁協合併とこれから

バブル経済が崩壊して以後、漁協の販売事業の取扱高が低迷し続けており、また組合員数も減ることであらゆる事業取扱高が落ち込み、漁協経営は大きく悪化しました。それを受けて行政庁の指導もあって、合併や市場統合などが進められました。そのことで職員が減り、組合員へのサービス力が落ち込み

漁協の事業と組合員のつながり

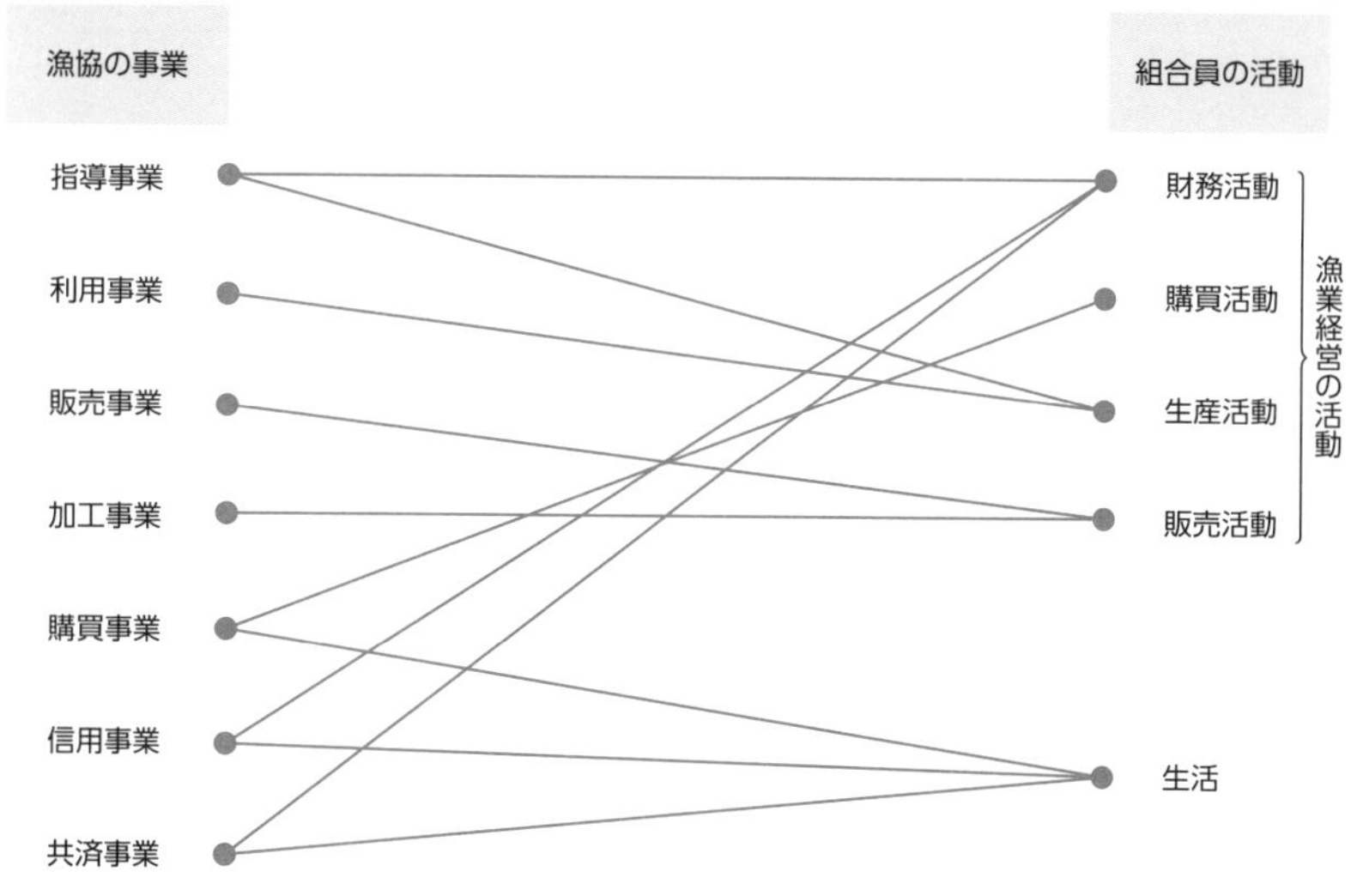

＊執筆者作成

ました。1950年3月に3309あった漁協は2010年には1026、2020年には939にまで減少しましたが、戦後約1万あり、2015年に708まで減らした農協と比較すると合併の進みはかなり遅く、今なお事業基盤が弱く、零細な漁協が多数あります。背景には、経営不振漁協や漁場紛争の経験から隣接する漁協との合併を嫌い、避けられてきたということがあります。そもそも漁業権管理しかしていないので合併の必要がないという漁協も多いです。ただ、近い将来、法定組合員数（20名）を維持できなくなる漁協もかなりあります。

一方で、経営的に優良でかつ組合員数を大きく減らしていないがゆえに、単協として維持できる漁協もあります。合併は、零細な漁業者にとって必要な漁協機能を残すための現実的な対応です。それゆえ合併を目的にすべきではなく、合併後に役・職員と組合員との信頼関係を再構築して、漁場利用のあり方を再考して、組合員ニーズを新たに掘り起こす事業運営を展開することが重要なのです。

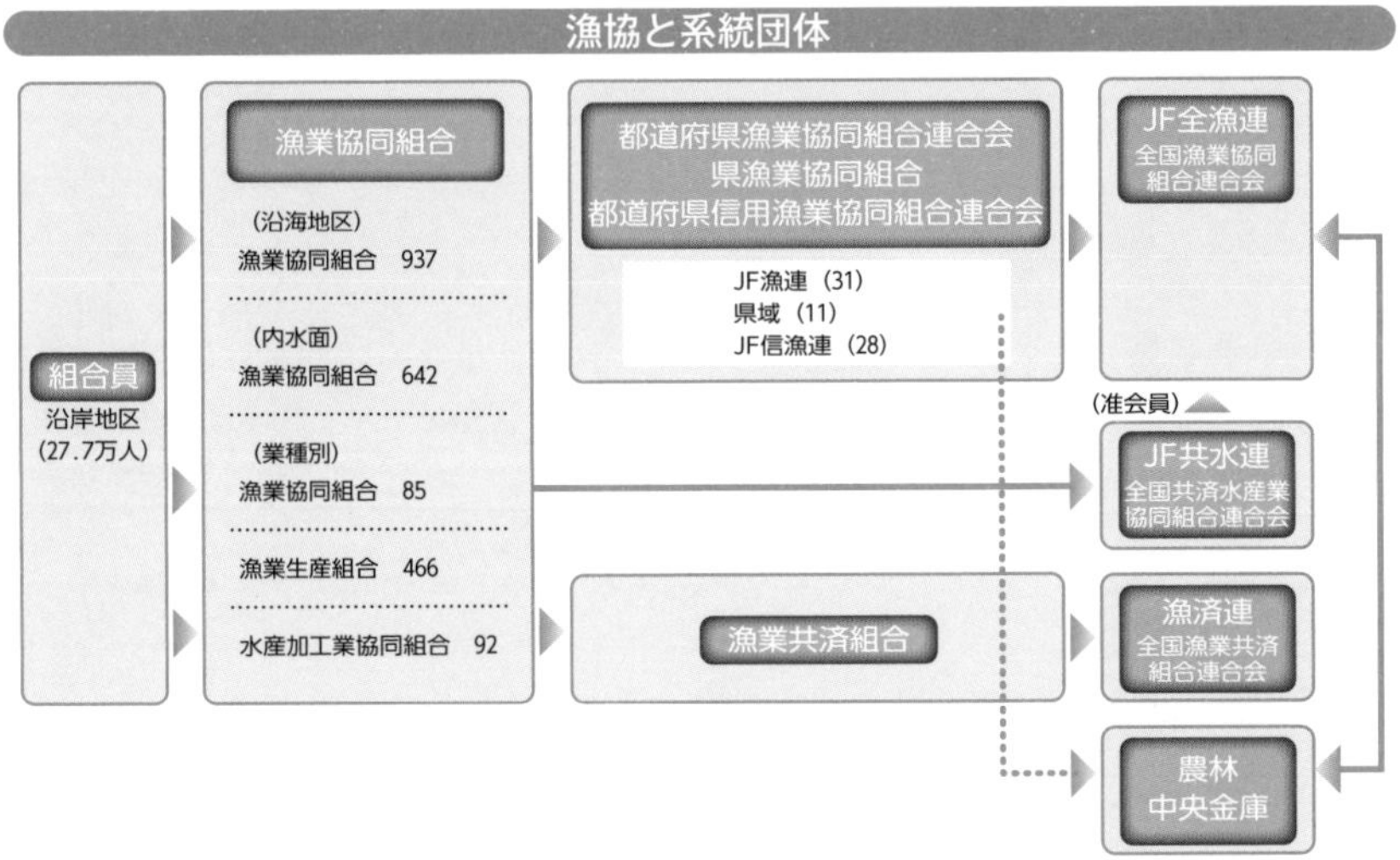

注：数値は水産庁『水産業協同組合年次報告』（2020年３月末現在）を参考。漁業協同組合の数937はJFグループ以外の漁協を含めているが非出資漁協（２漁協）を含めていない。連合会数はJFグループ内の数。

5 沿岸漁業等振興法から水産基本法へ

沿岸漁業等振興法制定の前後

1960年に池田内閣により所得倍増計画が打ち出されました。高度経済成長期に入ってから、過剰人口になっていた農山漁村から経済成長を続ける都市部に大量の人が流れ、都市と農山漁村の経済格差が急拡大していた時期でもありました。

こうした状況を踏まえて、政府は所得倍増計画の翌年に、格差是正のために、農業の近代化、生産性向上を図るべく、打ち出したのが農業基本法でした。やや遅れて、これを追従する形で1963年に制定されたのが沿岸漁業等振興法でした。**沿岸漁業等振興法第一条**には、農業基本法と同じく、漁業と他産業との格差是正を目的とすることが記されており、その後、漁業の近代化・効率化のための様々な施策が打ち出されることになりました。そこには過剰就業の改善や、漁村と都市の格差是正も含まれます。

代表的な施策としては、まずは沿岸漁業構造改善事業です。これにより、漁村に荷捌《さば》き所などの共同利用施設が設置されました。また漁業近代化資金など利子補給型の融資制度が充実化し、漁業生産体系の近代化が図られました。

水産基本法への展開

水産基本法は2001年に廃止された沿岸漁業等振興法に代わる理念法です。この法律と沿岸漁業等振興法との大きな違いは、漁業従事者を対象にするだけでなく、国民の生活・経済の発展を目的としたところにあります。その目的（**水産基本法第一条**）の文言は、1999年に農業基本法に代わって制定された食料・農業・農村基本法とほぼ同様です。ただし、法の大枠は似ていても詳細は異なります。

用語

沿岸漁業等振興法第一条

「この法律は、国民経済の成長発展及び社会生活の進歩向上に即応し、沿岸漁業等の生産性の向上、その従事者の福祉の増進その他沿岸漁業等の近代化と合理化に関し必要な施策を講ずることにより、その発展を促進し、あわせて、沿岸漁業等の従事者が他産業従事者と均衡する生活を営むことを期することができることを目途として、その地位の向上を図ることを目的とする」

水産基本法の制定前には、日本は国連海洋法条約に批准し、水産資源の管理の義務を背負うことになりました。また、そのころ、バブル経済の崩壊や水産物の輸入増加により漁獲量や漁業従事者数の減少が著しくなっていました。水産基本法は、こうした状況から脱却するために制定されました。つまり、水産資源の持続的な利用と、流通加工も含めた水産業の健全な発展を促すところに力点が置かれ、施策の対象が、沿岸漁業等振興法のように漁業に限らず、流通・加工・消費の分野も含め広範になったのです。

　また、漁業の担い手においては、外部からの新規参入を促進し、安定的かつ効率的な経営を広く育成することとし（そのための漁業法改正もあり）、担い手に施策を集中させる、いわゆる、「選択と集中」型の補助事業を実施、その一方で、資源管理に収まらず、水域の環境や生態系保全、あるいは漁業・漁村の多面的機能を守っていく施策も行われてきました。

　具体的な政策の内容は5年に一度見直される「**水産基本計画**」に明記されます。

沿岸漁業等振興法から水産基本法への転換

	沿岸漁業等振興法（1963年）		水産基本法（2001年）
政策目的	○沿岸漁業等の生産性の向上 ○従事者の生活水準の他産業との均衡 ⇩ ○沿岸漁業等の振興 ○従事者の地位の向上	政策目的の転換	○水産資源の持続的利用の確保 ○水産業の健全な発展 ⇩ ○国民に対する水産物の安定供給
施策対象	○沿岸漁業、中小漁業を限定的に対象	施策対象の拡大	○漁業部門に加え、加工・流通も含めた水産業全体を包括的に対象

資料：水産庁

用語

水産基本法第一条
「この法律は、水産に関する施策について、基本理念及びその実現を図るのに基本となる事項を定め、並びに国及び地方公共団体の責務等を明らかにすることにより、水産に関する施策を総合的かつ計画的に推進し、もって国民生活の安定向上及び国民経済の健全な発展を図ることを目的とする」

水産基本計画
→67ページ

6 「水産政策の改革」とは

水産庁は、２０１７年４月に**水産基本計画**を策定し、その約１年後に規制改革推進会議水産ＷＧの承認を得て「水産政策の改革」（２０１８年６月）を策定しました。その内容は「水産資源の適切な管理と水産業の成長産業化を両立させ、漁業者の所得向上と年齢バランスの取れた漁業就業構造を確立することをめざし、水産政策の改革を実施」というものでした。そして同年12月に新漁業法が公布されました。

日本経済をマクロでみると消費は長期にわたり鈍り続けてきました。さらにこれから人口は減少し続けます。内需拡大の見込みは薄いです。そこで政府は、輸出を促進して、拡大する外需を取り込み、水産業を成長産業にするとしたのです。

他方、過剰漁獲の発生や気候変動によって資源量は安定せず、不安定な状況になっています。これを踏まえＴＡＣ魚種を増やし資源量の**ＭＳＹ水準**をめざす資源管理措置が強化されることになりました。

また、今後高齢化した漁業者が大量に離脱します。それに備えて新規就業が少しでも増えるようにするために、生産性の高い水産業を推進することにしました。国はこれをスマート水産業と呼び、ＩＣＴ、ＩｏＴ、ＡＩ、ロボットの導入を推進するとしてそのための施策を進めています。

さらに国は、許可漁業においてＴＡＣ魚種の漁獲割当が大半を占めれば漁船規模など制限条件を緩和し、定置・区画漁業権については水産振興に資するものに免許するという方向性を定めました。特に養殖業を成長産業にするとして養殖技術の研究推進から輸出・販路拡大のためのマーケットイン戦略に関する施策を進めています。一方で漁場環境の悪化を防ぐために漁協など団体に対して**沿岸漁場管理規定**を設定させ保全活動を実行させることにしました。

用語

水産基本計画
水産基本法に基づいて5年に一度水産庁が定める政策目標とその実行計画である。２０１７年４月策定の水産基本計画には「資源管理等による資源管理の充実や漁業の成長産業化などを強力に進めるために必要な施策」を検討すると記載した。

ＭＳＹ水準
→１９８ページ

沿岸漁場管理規定
従来漁協が行ってきた漁場環境の保全活動等の機能を明文化したもので、行政庁がそれを認可して管理することになった。ただし、沿岸漁場管理規定を実行する団体は漁協のほかの非営利法人形態でも可能となっている。

この改革は現在の漁業をすぐに変えるものではありません。中長期的に変えていくものです。

とはいえ、この改革には水産庁、都道府県、研究機関（**国立研究開発法人水産研究・教育機構**など）の連携が不可欠であり、何よりも漁業者を政策にどう巻き込むかが問われることになります。

水産政策の改革の全体像

●水産資源の適切な管理と水産業の成長産業化を両立させ、漁業者の所得向上と年齢バランスの取れた漁業就業構造を確立することを目指し、水産政策の改革を実施。

水産政策の改革

資源管理

科学的・効果的な評価方法・管理方法とする新たな資源管理システムを構築するとともに、国際的な枠組みを通じた資源管理を徹底し、漁業取締体制も強化

⇒ 資源の維持・増大による、安定した漁業の実現

⇒ 国際交渉における発言力の向上等により周辺水域の資源も維持・増大

遠洋・沖合漁業

IQの導入などと合わせて、漁業許可制度を見直し、トン数制限など安全性の向上等に向けた漁船の大型化を阻害する規制を撤廃

⇒ 良好な労働環境の下で最新機器を駆使した若者に魅力ある漁船を建造し、効率的で生産性の高い操業を実現

養殖・沿岸漁業

沿岸における海面利用制度を見直し、漁業権制度を堅持しつつ、プロセスの透明化や、水域を適切・有効に活用している者の継続利用を優先

国内外の需要も見据え、戦略的に養殖を振興

⇒ 安心して漁業経営の継続や将来への投資が可能

⇒ 需要増大にあわせて養殖生産量を増大

資源管理から流通に至るまでICTを活用

水産物の流通・加工

輸出を視野に入れて、産地市場の統合等により品質面・コスト面等で競争力のある流通構造を確立

⇒ 流通コストの削減や適正な魚価の形成により、漁業者の手取りが向上

目指すべき将来像

水産資源の適切な管理と**水産業の成長産業化**の両立

↓

漁業者の所得向上

年齢バランスのとれた漁業就業構造の確立

資料：水産庁

国立研究開発法人水産研究・教育機構　旧国立研究開発法人水産総合研究センターと旧独立行政法人水産大学校が2016年4月1日に統合し発足した。資源調査や資源評価あるいは水産技術に関する研究組織は、政策と一体化している。

第3章

漁業の仕事と経営を知る

1 沿岸漁家の経営

沿岸漁家《ぎょか》の経営実態

漁業はふつう、沿岸、沖合、遠洋のそれぞれに区分できます。沖合・遠洋漁業が、会社組織を中心に行われているのに対し、沿岸漁業は、ほとんどが零細な個人経営体＝**漁家**によって支えられています。

漁家が主要な構成要素である沿岸漁業層の定義は、漁業センサスで「漁船非使用、無動力漁船、船外機付漁船、動力漁船10トン未満、定置網及び海面養殖の各階層を総称したもの」とされ、漁業経営体の総数の約95％を占めています。

漁家は、**漁港背後集落**である漁村を基盤として経営を維持しています。しかし、その漁村は、都市部から離れた条件不利地（僻地や離島）であることが多く、高齢化や若年層の流出で人口の減少が進んでいます。事実、水産庁が２０１９年度末現在で調査したところによると、４０９０ある漁港背後集落のうち68％が過疎地域であり、高齢化率は39・７％に達し、集落そのものも減少傾向にあります。

これは漁家の減少をも意味しています。２０１８年漁業センサス調査の結果、海面養殖層を含む沿岸漁業層は、この30年で6割も減少し、わずか８万８１０１経営体になっています。

沿岸漁家の所得構造

漁家には、専業、**第1種兼業**、**第2種兼業**があります。漁家は、このいずれかの形態を選択し、所得の確保と労働力の再生産（後継者の確保）をめざします。専業か兼業かの選択は、豊かな漁場を利用できるかできないか、また都市近郊であるかないかなどの要因も複雑に関係してきます。

しかし、基本的には、漁家がどのような形態で経

用語

漁家
漁業を家業として営む世帯のこと。漁業センサスでは、漁業経営体とされる。過去1年間に利潤または生活の資を得るために、生産物を販売することを目的として、海面において水産動植物の採捕または養殖の事業を行った世帯または事業所と定義されている。

漁港背後集落
水産庁が用いる言葉で、「漁港漁場整備法」に指定された漁港の背後に位置している、人口5000人以下の集落をいう。

営を維持するかは、自らの漁業就業と、漁業外自営業と漁家外就労を含む漁業外就業から得られる所得の合算＝漁家所得が、生活の維持に十分であるかどうかで判断されます。

漁家では、資本力の拡大はそれほど重視されません。ですが漁家は、漁業就業での所得が、生活の維持、もしくは労働力の再生産に十分でないと判断すれば、漁業外就業を強く意識し、民宿経営や遊漁案内業といった兼業（漁業外自営業）を行うことは当然のことと受け止めます。

沿岸漁家の就労実態

兼業の形態は、地域によって異なりますし、時代ごとの特徴もあります。都市近郊や一定規模以上の漁港周辺であれば、漁家の女性（妻や娘）が漁家外就労で所得を補う機会や場所は多様です。水産加工場はこうした女性を頼りにしてきましたし、役場や郵便局などでも彼女らの姿がみられました。

公共事業が切れ目なくつづくような時代であれば、

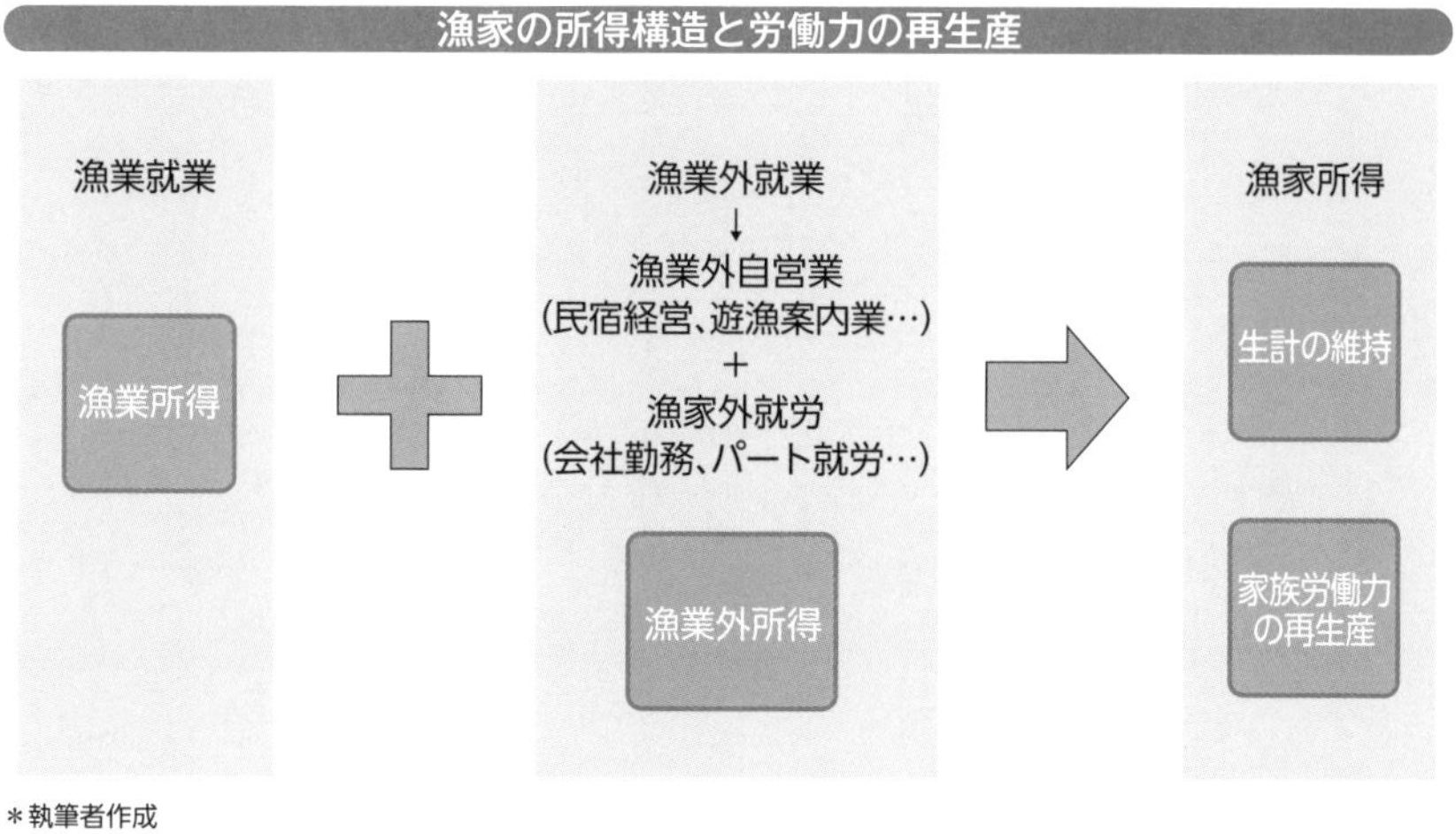

＊執筆者作成

第1種兼業
漁業センサスの定義では、個人経営体（世帯）として、過去1年間の収入が自営漁業以外の仕事からもあり、かつ、自営漁業からの収入がそれ以外の仕事からの収入の合計よりも大きかった場合となる。

第2種兼業
漁業センサスの定義では、個人経営体（世帯）として、過去1年間の収入が自営漁業以外の仕事からもあり、かつ、自営漁業以外の仕事からの収入の合計が自営漁業からの収入よりも大きかった場合となる。

男性も賃金水準の高い建設業や製造業などを中心に家計を維持しやすくなります。かつては、北日本の漁村などでは、冬場の操業環境が悪化する期間に、多くの男性漁業就業者が都市部に出稼ぎに出るところもありましたが、最近では就業者の高齢化や公共事業の減少などから、そうした事例を確認することは難しくなっています。

現在は、北日本側の専業比率が高く、西日本側の兼業比率が高くなる傾向があります。一概にはいえませんが、北日本に高い生産力が期待できる漁業が残存していること、兼業先が確保しづらいことなどがあり、西日本はその逆にあることが指摘できます。

ところで、漁家の高齢化や、若年層（息子や娘）が漁村から流出していることの影響は、専業・兼業の実態からも把握できます。

この10年、沿岸漁業層の個人経営体においては、専業の比率が増加しつづけており、直近では5割を超えました。専業比率の大幅な増加は、漁業所得が十分に高く、兼業をせずとも生活が維持でき、漁船や漁具の更新、さらには後継者を確保できるようになったことを意味するものではありません。

この数字の背景には、漁村や周辺地域の衰退による兼業機会・需要の減少や、漁業者の高齢化、後継者不足・流出によって、民宿や遊漁案内などの兼業事業の廃止や兼業先からの引退などがあります。

高齢者だけが残され、労働力の縮小した専業漁家は、年間の水揚げ金額が数十万円にとどまることも珍しくなく、わずかな利益と年金によって生活を維持しています。漁家の実態からは、漁村を取り巻く様々な環境変化が垣間見えます。

労働力の再生産や経営改善の取り組み

現在、沿岸漁家では、労働力を確保することが難しくなっています。少子化や漁家子弟の都市部への流出などで、家族労働力が減少する方向にあるからです。そこで漁家は、雇用労働力へ依存しようとしています。とりわけ5～10トンの一定規模の漁船を用いて沿岸漁船漁業を営む層でこの傾向は顕著です。

単身操業が容易ではないことが理由です。

　現在、天候や市況に影響を受けやすく、不安定な経営を余儀なくされている沿岸漁家が、所得と後継者を確保し、次の世代にスムーズに経営を移譲していくことは大変難しい課題となっています。

　しかし、現状を放置することはできず、国による打開策が展開されています。漁業人材育成総合支援事業です。そのなかの新規漁業就業者総合支援事業では、毎年2000人の確保を目標に、最長3年間の漁業現場での研修等に必要な経費を提供しています。

　もちろん漁家自身も、経営の安定と後継者の確保のため、施設・設備の共同化や操業の協業化などで、効率的でコストを抑制した経営をめざす努力を始めています。また、所得の向上をめざす「浜の活力再生プラン」の取り組みもスタートしています。漁業所得を5年間で10%以上アップさせることを目標に、燃油費の削減、漁獲物の高鮮度化、新規の販路開拓などの行動計画を策定し、自ら実施しています。

沿岸漁船漁家の経営状況の推移

（単位：千円）

	平成20年 (2008)	25 (2013)	26 (2014)	27 (2015)	28 (2016)	29 (2017)	30 (2018)
事業所得	2,463	2,078	2,149	2,821	2,530	2,391	2,047
漁労所得	2,388	1,895	1,990	2,612	2,349	2,187	1,864
漁労収入	6,645	5,954	6,426	7,148	6,321	6,168	5,794
漁労支出	4,257 (100.0)	4,060 (100.0)	4,436 (100.0)	4,536 (100.0)	3,973 (100.0)	3,981 (100.0)	3,930 (100.0)
雇用労賃	474 (11.1)	503 (12.4)	562 (12.7)	671 (14.8)	494 (12.4)	581 (14.6)	557 (14.2)
漁船・漁具費	325 (7.6)	299 (7.4)	359 (8.1)	392 (8.7)	289 (7.3)	284 (7.1)	298 (7.6)
修繕費	262 (6.2)	302 (7.4)	344 (7.8)	358 (7.9)	396 (10.0)	342 (8.6)	350 (8.9)
油費	984 (23.1)	820 (20.2)	867 (19.5)	717 (15.8)	601 (15.1)	620 (15.6)	675 (17.2)
販売手数料	415 (9.8)	375 (9.2)	420 (9.5)	484 (10.7)	432 (10.9)	409 (10.3)	382 (9.7)
減価償却費	649 (15.2)	576 (14.2)	610 (13.7)	595 (13.1)	568 (14.3)	586 (14.7)	541 (13.8)
その他	1,148 (27.0)	1,186 (29.2)	1,274 (28.7)	1,319 (29.1)	1,193 (30.0)	1,159 (29.1)	1,127 (28.7)
漁労外事業所得	75	184	159	209	181	204	183

資料：水産庁『令和元年度水産白書』

2 会社経営型漁業の経営

日本の漁獲生産を支える会社経営型漁業

会社経営型漁業は、沖合・遠洋漁業や大規模養殖業、定置網漁業などでみられます。主には、株式会社のほか、合名・合資・合同・特例有限の各会社組織、そして漁業生産組合によって運営される漁業経営体で、2018年漁業センサスでは、2548ありました。海面漁業経営体の3・2%しか占めていない会社経営型漁業ですが、わが国の漁獲生産の大部分を担っています。

漁船漁業で会社経営型の典型ともいえる、沖合底びき網漁業と大中型まき網漁業は、この2業種で日本の漁獲生産量の2割以上をまかなっていますし、海外まき網漁業は、毎年16万トンほどのカツオを日本に水揚げし、その約6割がかつお節の原料となってわが国のダシ文化を支えています。

会社経営型漁業は、地域経済への影響も大きく、水揚げ港周辺に集積する水産加工・流通業者にとってなくては困る存在です。漁港都市間では、水揚げする沖合・遠洋漁船の誘致競争が起こるほどです。

会社経営型漁業の労務実態と賃金体系

会社経営型漁船漁業では、漁船の「所有」と会社の「経営」は一体であるものの、「所有・経営」と漁撈活動は必ずしも一体ではありません。すなわち、漁船を所有する船主（経営体）と、その漁船を運航する船員とが組織内で分離されている状態です。**漁撈長**をトップとした船員は、あくまでプロ集団として、会社とは一定の距離を置き、操業に従事するためです。「船主船頭」といわれるような、漁船を所有する者が漁撈長や船長などを務める経営体もなくはないですが、一般的ではないのです。

用語

漁撈長
漁船では、船長の指揮命令のもと、幹部職員のほか、機関部員、通信員、甲板員、司厨員などの船員が乗り組み、船舶の運航を行う。しかし、漁撈活動の指揮命令は、一手に漁撈長が担っており、漁場選択・移動、漁網の投入タイミングなどを独自に判断し、船長以下、船員に指示を出す。漁撈長の権限はきわめて強く、船員の雇用や配置、賃金にまで影響を及ぼす。船主（経営体）も、漁撈長の判断を尊重するのが慣行となっている。

会社経営型の漁船漁業では、普通、船員側にも漁船の操業経費を負担させる「**大仲《おおなか》歩《ぶ》合制《あいせい》**」といわれる賃金体系が採用されています。これは、船主が直接監督できない海上労働を管理していく方法であり、無駄な経費支出を抑制した効率の良い操業を労働者側に期待するものとなっています。

一方、大仲歩合制の賃金体系は、船主には競争力のある漁船を用意し、優れた能力のある漁撈長を雇用しなければ、船員をつなぎとめることができないという現実を突きつけます。船員は、多くの賃金を得るため、たくさんの魚を漁獲できる優秀な漁船と漁撈長を求め、転船することをいとわないためです。

このため船主は、所有する漁船の大型化や機関の高出力化をめざす基幹的な投資はもちろん、高額な魚群探知機や海鳥レーダー、衛星通信設備といった他船との差別化を図るための投資を断続的に求められてきました。

この結果、わが国の会社経営型の漁船漁業は、先行投資・過剰投資が体質として根づき、外部環境の

会社経営型漁船漁業の概念図

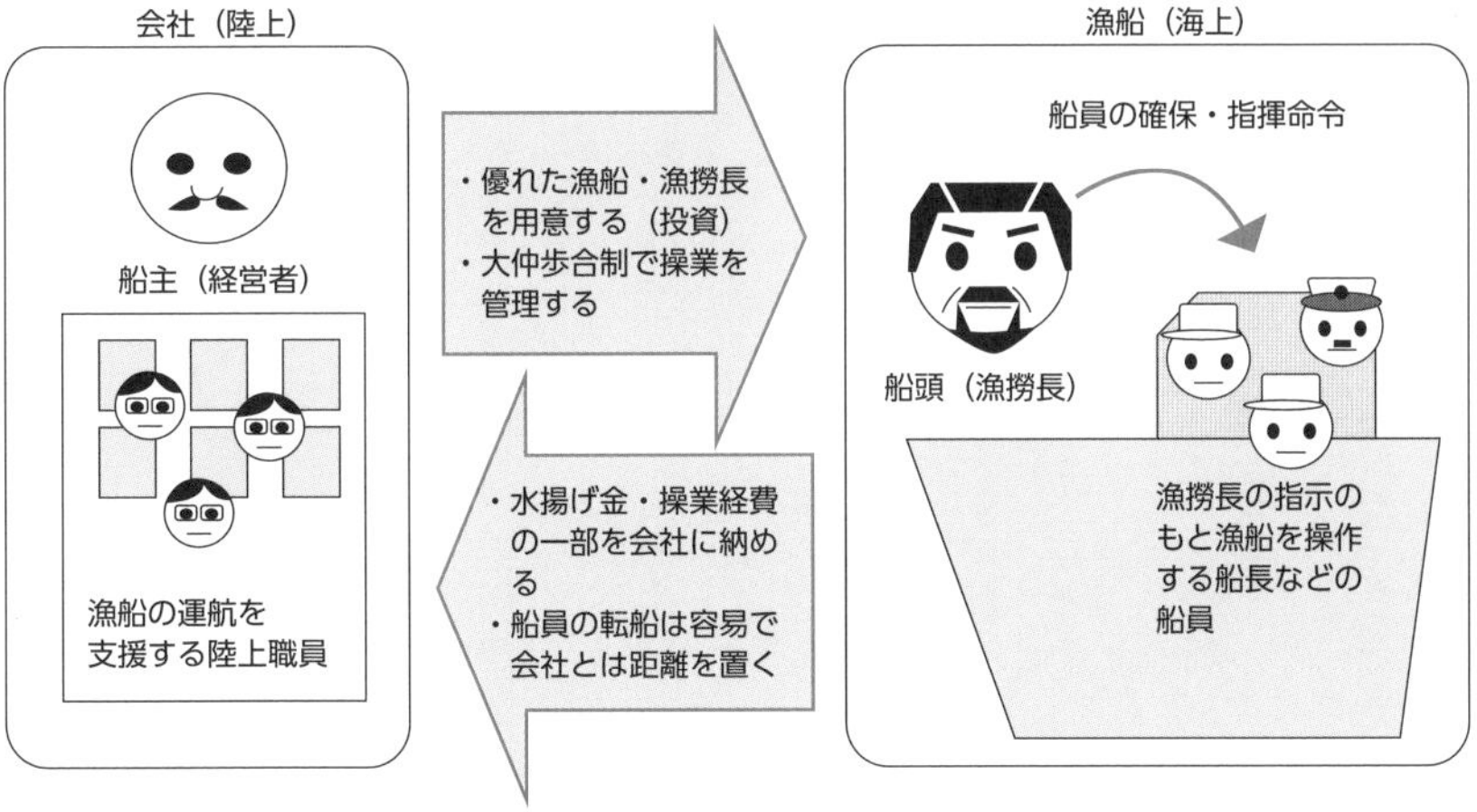
会社（陸上）
船主（経営者）
漁船の運航を支援する陸上職員
・優れた漁船・漁撈長を用意する（投資）
・大仲歩合制で操業を管理する
・水揚げ金・操業経費の一部を会社に納める
・船員の転船は容易で会社とは距離を置く
漁船（海上）
船員の確保・指揮命令
船頭（漁撈長）
漁撈長の指示のもと漁船を操作する船長などの船員

＊執筆者作成

大仲歩合制
燃料費や漁具代、餌代、氷代などを大仲経費として水揚げ額から控除して、その残額を計算の基礎として船主と乗組員とで配分する賃金慣行をいう。詳細は90ページからを参照。

変化に迅速に対応することができない、硬直的な経営体質になりがちとされます。大きな投資の回収を急ぐあまり、資源を保護する意識が薄れ、資源の先取り競争が誘発されますし、漁獲対象の魚種や漁法を転換することも容易ではありません。

会社経営型漁業の資金調達手法

経営体（船主）が、他船との競合の中で生き残るには、漁船や漁撈《ぎょろう》設備への投資を継続するための資金確保が不可欠です。しかし、経営体は融資の担保となる不動産を所有していないことが多く、また漁船の資産価値も償却期間が短く、担保設定が難しい状況にあります。減価償却資産である鋼船（500トン未満）の耐用年数は9年でしかありません。

沖合・遠洋漁業が活発であったころは、「**漁権**」が担保となり得ました。農林水産大臣許可といった指定漁業等の操業許可証は、本来は財産権とみなされず、売買の対象にもなりませんが、現実には、一定の利益が見込める漁業には「漁権」が設定され、経営体の間で売買されていたのです。金融機関は、これに目をつけ、担保を設定し融資したものでした。

しかし、沖合・遠洋漁業が苦境に立たされるようになると、「漁権」はずいぶんと価値を失いました。

現在、代船建造が進まず、漁船の老朽化が著しい背景には、魚価の低迷や燃油費負担の増加といった外部要因のほか、「漁権」の担保価値が低下したことによる資金調達難があります。この結果、わが国では、船齢が20年を超える漁船の割合が7割を超えています。

なお、国が主導する減船事業では、価値をもち売買可能な「漁権」をも抹消することになるため、国はこの目にみえない部分を「のれん代」として評価し、廃船費用に含めて船主に支払うことで、実質的な補償としています。

会社経営型漁業の管理体制

会社経営型漁業は、生産規模や環境負荷などの点で影響力が小さくありませんので、その管理制度の

用語

漁権
漁船漁業における「漁権」とは、漁業権とはことなるもので、高い利益率が見込める許可漁業に付随して発生するものとされる。許可制である許可漁業は自由競争下にはなく、限定された経営体に操業が保障されることで超過利潤が生じやすく、許可が権利化する現実がある。権利化されたものが「漁権」となる。

整備は重要です。特に漁船漁業は、国内沿岸漁業や漁場周辺国と競合するため、許可制度といった**水産資源管理**の体制構築が不可欠となっています。

　また、漁船も船舶の一種ですから、沖合・遠洋漁業で用いられる大型漁船は、様々な法令によって管理されています。厳格な船舶検査は国土交通省、無線通信規格の策定・運用は総務省、機関から出る排ガスなどの環境規制は環境省などといった具合です。

沖合・遠洋漁業の経営課題

沖合・遠洋漁業の経営は、**200海里体制**への移行で大きな打撃を受けました。水産物輸入の増大や魚価の低迷などもあり、経営体は慢性的な赤字体質に陥っています。資金調達もままならず、代船建造費用の捻出ができずに漁船の老朽化が進んでいることは既述したとおりです。

　これに対して政府は、国民への水産物の安定供給の確保に支障をきたすおそれがあるとの理由から、各種政策を打ち出し、経営体の漁船取得を後押しし

漁船漁業を営む会社経営体の経営状況の推移

（単位：千円、％）

	平成25年度 (2013)	26 (2014)	27 (2015)	28 (2016)	29 (2017)	30 (2018)
営業利益	▲9,177	▲7,756	10,416	12,665	18,152	2,817
漁労利益	▲18,604	▲19,508	▲8,256	▲17,308	▲10,389	▲27,666
漁労収入(漁労売上高)	281,446	285,787	327,699	337,238	368,187	331,956
漁労支出	300,050	305,295	335,955	354,546	378,576	359,622
雇用労賃(労務費)	89,355	92,981	105,940	114,969	121,838	111,054
漁船・漁具費	13,778	14,753	18,155	23,187	28,520	21,398
油費	61,745	60,854	54,299	43,119	47,110	54,639
減価償却費	26,570	26,474	34,194	38,361	37,122	33,813
販売手数料	11,889	11,941	14,650	14,073	15,143	14,011
漁労外利益	9,427	11,752	18,672	29,973	28,541	30,483
経常利益	1,698	9,396	27,237	20,441	24,020	13,206

注：漁労支出は、「漁労売上原価」と「漁労販売費及び一般管理費」の合計値。
資料：水産庁『令和元年度水産白書』

水産資源管理
水産庁では、資源を適切に管理するため、漁船隻数や操業日数等の制限（投入量規制）、漁獲可能量の制限（産出量規制）、漁船設備・漁具等の制限（技術的規制）の3つを主要な管理手法に位置づけ、水産資源の管理をおこなっている。

200海里体制
1977年のアメリカの200海里漁業専管水域の設定とそれに続くソ連等の200海里宣言による海洋分割時代の到来を意味した言葉である。それまで公海自由の原則に守られてきたわが国の遠洋漁船団は、漁場を喪失し、急速に勢力を失った。

ました。2002年から開始された「担い手確保・育成漁船建造等推進事業」における漁船リース事業がその始まりでした。2007年からの「もうかる漁業創設支援事業」では、船型の改良や作業の機械化で省エネや省力化をめざした改革型漁船を導入する実証事業を支援しました。東日本大震災の影響で、漁船や関連施設が被災して収益性が悪化した漁業者を対象に、新船導入等を支援する「がんばる漁業復興支援事業」もあります。

2015年からは、TPP対策の一環で「水産業競争力強化漁船導入緊急支援事業」としての漁船リース事業がスタートしました。建造費の半額（上限2億5000万円）を国が負担して造った漁船を、船を所有する漁業団体から漁業者がリースして操業する仕組みです。

いずれも、将来にわたって水産物の安定供給を担う経営体に対して、省エネ・省人型の代船を取得する支援を行い、収益性重視の経営に転換することをうながすものとなっています。

水産業競争力強化漁船導入緊急支援事業の主な内容

取り組み目標	1．5年以内に、漁業所得（個人経営の場合）または償却前利益（法人経営の場合）を10%以上向上させること。新規就業者にあっては、原則、当該地域の平均漁業所得から10%以上向上させること 2．自力で次期代船の取得が可能となる利益の留保を実現すること。
リース対象漁船	1．原則として、中古漁船とする。 2．ただし、十分な努力を払ったにもかかわらず、必要とする規模・仕様の漁船が調達できない場合、中古船の取得・改修費が新船建造費を上回る場合は新造船も可。
助成内容	1．漁船の取得費・改修費：1／2以内（1隻当たり2.5億円が助成の上限） 2．漁船のマッチング等に係る経費（人件費、旅費、役務、消耗品等）：定額
リース事業者	漁協、漁連、中小企業協同組合、財団法人、社団法人、公社、水産庁長官が適当と認める者

資料：水産庁 HP

用語

TPP
↓174ページ

3 大手水産会社とは何か

大手水産とは何か

大手水産の定義は明確ではありません。しかし一般に、日本水産株式会社（以下日本水産）、マルハニチロ株式会社（以下マルハニチロ）、株式会社極洋（以下極洋）の3社を指すことが多く、東証1部の「水産」業種であることをその根拠としています。最近ではこの3社に、東洋水産株式会社と株式会社ニチレイを加えることもあります。水産食品事業の規模が、ほかの食品会社に比べ大きいためです。かつては、株式会社ホウスイや株式会社宝幸も大手水産の一角とされましたが、現在は前者が荷受大手の中央魚類株式会社の、後者が日本ハム株式会社の子会社となっています。

その歴史は明治初期にさかのぼる

大手水産の歴史は古く、おおむね明治の遠洋漁業発達期にまでさかのぼります。日本水産は、1911年創始の田村汽船漁業部が起源であり、トロール漁業に強みがありました。マルハとニチロが2007年に合併して誕生したマルハニチロは、マルハが林兼商店（1924年）に、そしてニチロが、堤商会（1906年設立）を源流とする日魯漁業株式会社（1921年発足）に起源をもちます。極洋は、やや時代がくだった1937年に極洋捕鯨株式会社という社名で設立されました。

マルハは戦後、大洋漁業株式会社に社名変更し、大洋ホエールズという野球球団を持ったことからわかるように、世界的な捕鯨会社としても活動しました。ニチロも、その漢字からイメージできるとおり、露領漁業で業容を拡大し、あけぼののブランドのサケ・カニ缶詰の生産などで大きな利益を上げました。

商社化する大手水産

大手水産は、戦前・戦後と一貫してきわめて利益率の高い特定漁業の生産を独占することで、競合を避け価格決定権を手に入れました。敗戦後の一時期は、戦争により漁場と漁船を一気に喪失して疲弊していましたが、戦後の経済成長の中、戦前をゆうに上回るほど勢力を急速に回復していきました。

ところが、遠洋漁業が自由にできなくなる**200海里体制**への移行により、独占的な権益利用の条件が失われ、経営環境は悪化していきます。そして自ら漁船を保有して操業する漁撈事業を縮小し、船を持たない水産会社となることを選びました。

現在は、極洋や、マルハニチロの子会社である大洋エーアンドエフが、**海外まき網漁業**などで自ら漁獲活動をしていますが、大手水産の稼ぎ頭となる中核事業は、食品加工事業に移りつつあります。水産事業の利益率が、ファインケミカル事業などの陸上部門に比べて不安定なためです。

その水産事業では、輸入原料を買い付けて加工・販売する商社化が進んでいます。食品加工では、水産物以外の商品も積極的に扱い、レトルト食品や冷凍食品、健康食品や医療品まで幅広く製造・販売するようになっています。

大手水産の次なる一手

近年のクロマグロ養殖ビジネスが拡大する中で、大手水産の子会社が養殖事業を大規模に展開するようになったことは注目されます。生簀の設置やヨコワ（クロマグロの稚魚）の確保・飼養に巨額の投資・資金が必要で、**斃死**《へいし》リスクも高いクロマグロ養殖は、大手水産が強みを発揮できる分野となっています。

同時に、グローバル化で進む**水平分業**型の生産・加工・流通形態に対応するため、大手水産が海外の水産資本を子会社化する動きも活発になっています。変化の激しい時代を乗り越えようとする大手水産の経営戦略は、漁業の未来を推し量るリトマス試験紙といえるかもしれません。

用語

200海里体制
→77ページ

海外まき網漁業
国際トン数1000トン型の漁船を用いた1そうまきであり、北緯20度以南の太平洋中央海区の水域で通年操業する。わが国のかつお節の原料は、7割程度がこの海外まき網漁業で漁獲されたものである。

斃死
家畜や養殖された魚類の突然死をいう。

水平分業
大手水産における水平分業は、水産加工品の原料となる魚を国内外の漁撈子会社や養殖子会社を通じて調達し、その後の一次加工も別のグループ会社が担うなどして外部化を進め、経営の効率化を図るものとなっている。

ニッスイの事業種別売上高

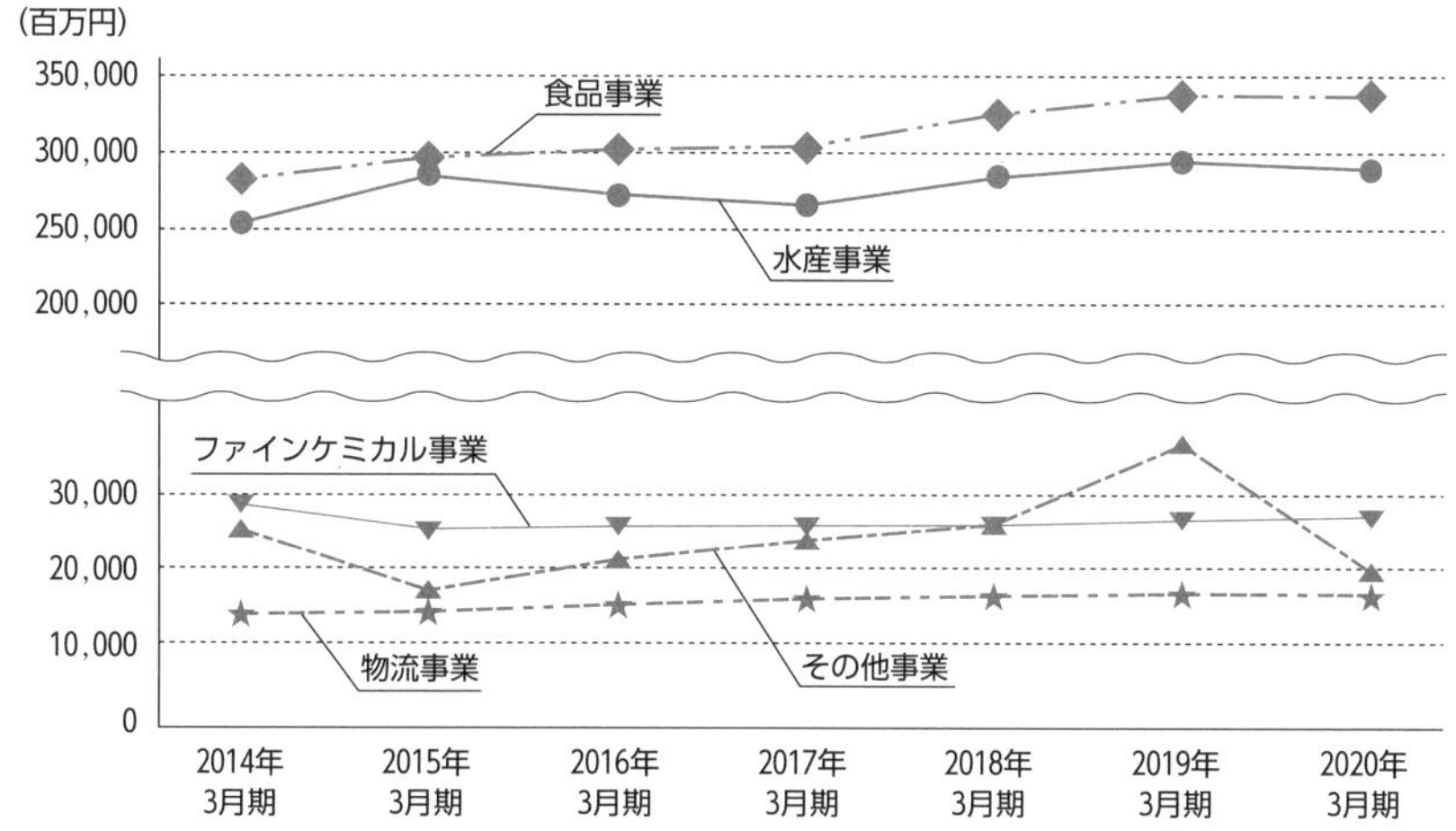

ニッスイの事業種別営業利益

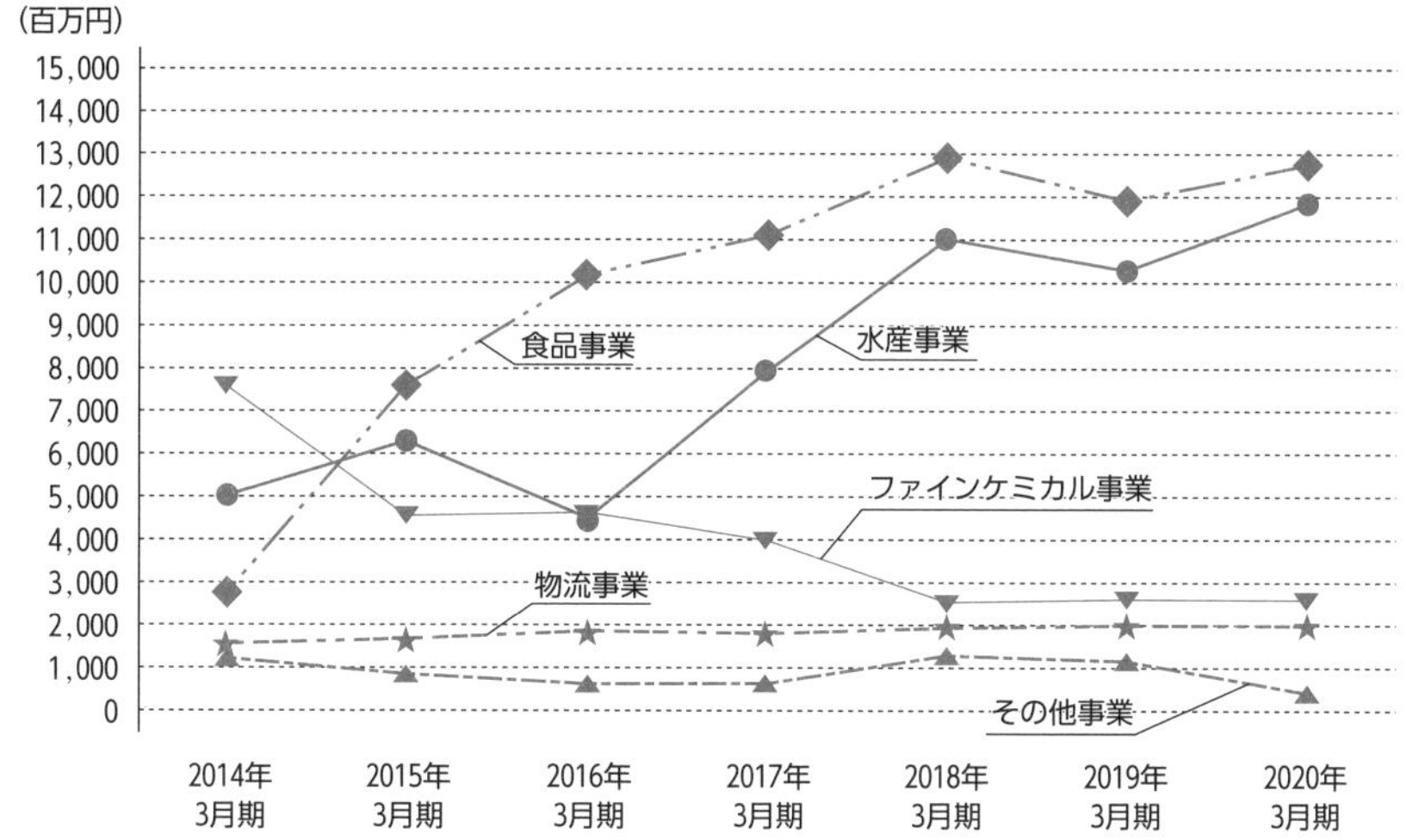

資料：いずれも日本水産株式会社 HP より

4 漁業経営を安定させる制度

漁業の限界を乗り越える

漁業は、大変不安定な産業です。正確な資源量の把握も困難で、魚が獲れるか獲れないかは、科学の進歩した現在でも確実なことはわかりません。そればかりか、海水温や潮流など、様々な環境要因の変化から逃れることもできません。

養殖業では、**斃死**《へいし》の原因となる台風や赤潮、魚病などもリスク要因となります。生産者にとっては、販売価格が日々変動することも悩みの種です。

このような宿命を背負う漁業を安定させるために設けられた制度が、漁業災害補償制度（漁業共済）と漁船損害等補償制度（漁船保険）です。

多種多様な異常事態や不慮の事故による損失を補てんし、漁業経営の基盤強化を図ることを目的としています。

漁業共済制度の2つの保険方式

漁業共済制度（本共済事業）には、「漁業災害補償法」を根拠として、漁獲共済、養殖共済、特定養殖共済、漁業施設共済の4種類が用意されています。制度は、相互救済の精神を基礎としながらも、国や都道府県が後ろ盾となって維持されており、掛け金の補助を受けることができます。

漁獲共済は、漁獲金額が不漁などにより減少した場合の損失を補償するもので、養殖共済は、魚類や貝類の養殖中に、飼育生物が死亡・流失することにより受けた損害を補償するものです。特定養殖共済は、ノリやワカメ、コンブなどの不作により生産金額が減少した場合の損失を補償するものです。最後の漁業施設共済は、その名のとおり、漁業に用いる漁具や養殖施設が損壊・流失した場合に損害を補償

用語

斃死
→80ページ

漁業共済の機構図

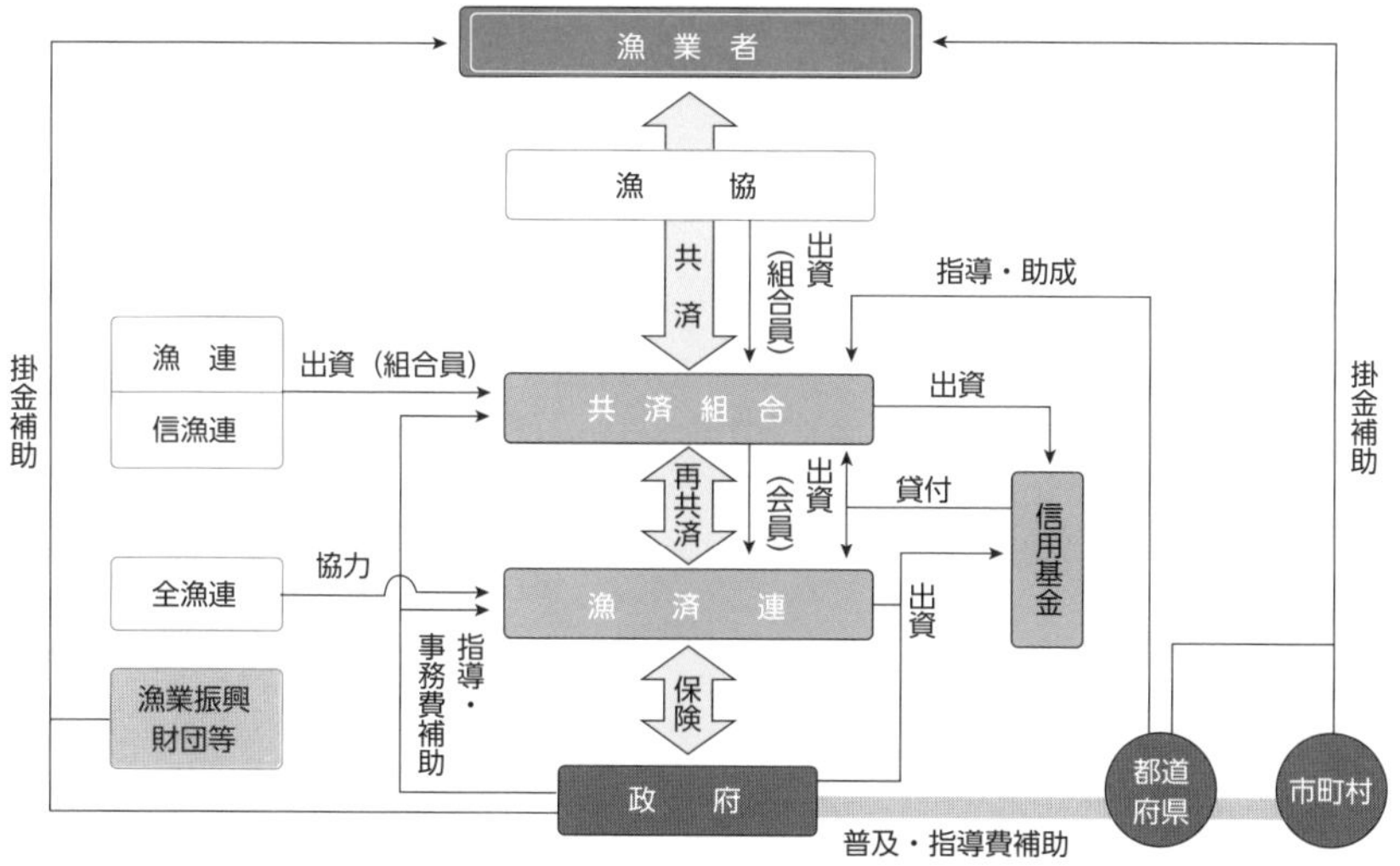

資料：全国漁業共済組合連合会 HP

共済事業の種類と概要

共済事業の種類		補償のあらまし
本共済事業	漁獲共済	【収穫高保険方式】 不漁、魚価安、海況異変、自然災害などにより漁獲金額が減少した場合に、漁業経営を円滑に継続できるよう、共済金を支給します。
	養殖共済	【物損保険方式】 台風、低気圧、津波といった自然災害や赤潮・病虫害などにより養殖物に損害が発生した場合に、養殖経営を円滑に継続できるよう、共済金を支給します。
	特定養殖共済	【収穫高保険方式】 不作、価格安、海況異変、自然災害などにより生産金額が減少した場合に、養殖経営を円滑に継続できるよう、共済金を支給します。
	漁業施設共済	【物損保険方式】 台風、低気圧、津波といった自然災害などにより漁業施設に損害が発生した場合に、漁業・養殖経営を円滑に継続できるよう、共済金を支給します。

資料：全国漁業共済組合連合会『「ぎょさい制度」の手引』

するものとなっています。

補償の考え方となる保険方式は2つあります。漁獲共済および特定養殖共済は収穫高保険方式を採ります。契約期間中の漁獲金額あるいは生産金額が、過去の実績等をもとに定められた金額に達しない場合に、その減収分を一定割合で補償する保険方式です。対して、養殖共済と漁業施設共済は、物損保険方式を採ります。共済対象物の損害に対して、その損害額を査定し補償する保険方式です。

画期的な「積立ぷらす」

日本の漁業は、高い潜在力をもちながらも、燃油等の資材価格の急激な変動、資源量の変動による漁獲水準の不安定化などに直面しており、経営を維持することは容易ではありません。

このため、計画的に資源管理や漁場改善に取り組む漁業者を対象として、漁業共済の経営安定機能をさらに強化し、漁業者の収入安定をめざす「**積立ぷらす**」制度が考案されました。プラスとは、漁業共済制度を一階部分とするならば、その二階部分にあたる制度との意味から名づけられました。漁業者の収入が不漁や市場価格の低迷で減少した場合に、漁業者と国が拠出した積立金によって補てんする制度で、国の補助が手厚いのが特徴です。

積立金は、漁業者1の割合に対して国が3を積み立てます。また加入することで、基礎部分にあたる漁業共済の補助率もアップする特典があります。積立部分は、掛け捨て方式ではなく、積立金を繰り越すことができるようになっていることもメリットで、漁業者から高い支持を得る要因となっています。

漁船漁業を支える政策もある

今日、燃油の急騰が漁船漁業経営を脅かす最大の要因となっています。燃油費が操業経費の中で大きな位置を占めているからです。そこで考案されたのが、水産庁の漁業経営セーフティーネット構築事業です。漁業用燃油のほか、養殖用配合飼料の価格変動にも備えた事業で、価格高騰時に補てん金を交付

用語

積立ぷらす 漁業収入安定対策の一つで、漁業者の収入が減少した場合に、国と漁業者が拠出した積立金によって補てんする事業をいう。具体的には、漁獲金額・生産金額の減少に応じての補てん（漁獲・特定養殖）、ならびに出荷した養殖物の出荷価格の下落に応じての補てん（養殖）に大別される。

し、経営の安定を図るものです。

また残念ではありますが、漁船漁業では転覆、衝突、火災などの事故は避けられません。毎年500隻以上の漁船が事故に遭遇しています。漁船乗組員の死者・行方不明者も毎年50人前後にのぼります。

漁船事故の多くは、転覆・沈没事故となっています。漁船は多少の荒天でも操業せざるを得ず、荒波の中、船の重心や傾斜角度、復原力を変化させる漁獲活動を行えば、必然的に転覆・沈没の危険性が高まります。また大きな魚倉を船体に抱えており、乗組員の居住スペースが事故の際に脱出しにくい船底付近になることも、人的被害を誘発しています。

そこで、「漁船損害補償法」などに基づく漁船損害等補償制度（漁船保険）が整備されています。漁船そのものに生じた損害に対応するだけでなく、漁船の運航に伴って発生した、不慮の事故などで必要となった損害賠償責任に対しても補償します。漁船に積載した漁獲物等の流失や損傷等の事故もてん補されます。

漁船の船舶海難隻数および海難に伴う死者・行方不明者の推移

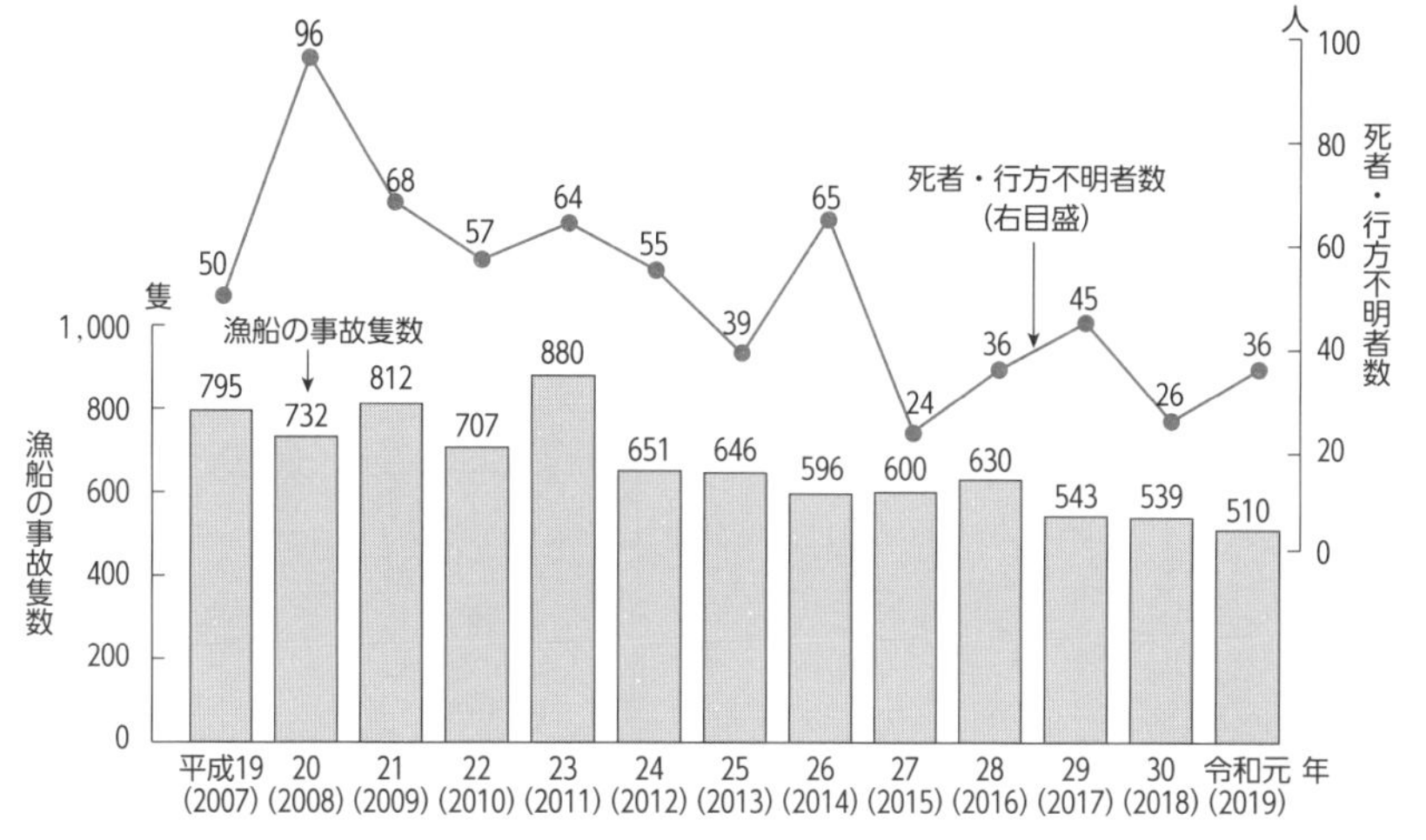

注：平成22年および23年の山陰地方の豪雪関連の漁船の事故（平成22年２隻、平成23年215隻）を除く。
資料：水産庁『令和２年度水産白書』

5 漁業就業者の減少と高齢化

漁業就業者の定義

私たちは、漁業を仕事とする人々のことを漁師や漁業者などと呼びます。

政府の統計では、国勢調査の産業分類「漁業」の就業人口、もしくは漁業センサス調査の「漁業就業者」数として把握されます。

前者が、養殖業を含む漁業を営む事業所およびこれらに直接関係するサービス業務を行う事業所に就業している者の人数をとらえるのに対して、後者では、満15歳以上で過去1年間に年間30日以上海上作業に従事した者と定義されています。一般的に後者の漁業就業者数が、私たちがイメージする漁師や漁業者の人数として公表されます。ただし後者は、海上作業をカウントの要件とするため、陸上から操業を支援する者を反映しないという問題があります。

急速に減少する漁業就業者

漁業就業者は、ハイペースで減少をつづけており、漁業という産業を維持できるかの瀬戸際にあります。１９９３年の32万４８８６人から、２０１８年には15万１７０１人まで減少しました。わずか四半世紀で半減したのです。２００８年からの10年間でも、3割以上減少しています。

後継者が育たない理由は、**漁家**に生まれ育った子弟が、より良い雇用環境や居住環境を求めて都市部に流出し、家業を継がなくなったことがあります。また、漁村の衰退や少子化が進み、漁家子弟自体も減りました。その結果、２０１８年現在の40歳未満の漁業就業者は2万７０００人ほどしかいません。

著しく減少している漁業就業者ですが、後継者が育たないことで高齢化も進んでいます。２０１８年

用語

漁家
→70ページ

には、高齢化率（65歳以上の割合）が38・3％に達しました。

就業者確保策の必要性

漁業は重要な食料供給産業ですので、その生産活動を維持することは大切なことです。就業者が減少する中では、生産性の向上と新規就業者の確保をめざす必要があります。

ただ生産性の向上は、機械化や自動化が簡単ではない漁業操業の性格上、すぐに成果は出ません。費用対効果の問題もあります。

そこで現在、水産庁や各都道府県が取り組む、新規漁業就業者総合支援事業が注目されています。その内容は多岐にわたりますが、①就業情報の提供や就業相談会の開催、②**公立漁業研修所**などで学ぶ若者に対する資金給付、③漁家子弟を含む新規就業希望者の漁業現場での長期研修に対する支援などがあります。

漁業就業者数の推移と高齢化

（単位：人、％）

	計	年齢階層別				
		15～24歳	25～39歳	40～59歳	60～64歳	65歳以上
平成5年 (1993)	324,886 (100.0)	10,515 (3.2)	51,457 (15.8)	155,217 (47.8)	49,326 (15.2)	58,371 (18.0)
平成10年 (1998)	277,042 (100.0)	7,233 (2.6)	36,392 (13.1)	117,418 (42.4)	42,658 (15.4)	73,341 (26.5)
平成15年 (2003)	238,371 (100.0)	6,743 (2.8)	28,119 (11.8)	93,356 (39.2)	30,664 (12.9)	79,489 (33.3)
平成20年 (2008)	221,908 (100.0)	6,618 (3.0)	28,545 (12.8)	82,897 (37.4)	28,038 (12.6)	75,810 (34.2)
平成25年 (2013)	180,985 (100.0)	5,485 (3.0)	25,145 (13.9)	60,764 (33.6)	25,958 (14.3)	63,633 (35.2)
平成30年 (2018)	151,701 (100.0)	5,092 (3.4)	21,791 (14.4)	48,698 (32.1)	18,003 (11.9)	58,117 (38.3)

＊各年の漁業センサスより執筆者作成

公立漁業研修所
公立漁業研修所は、水産高校ではない漁業就業者を養成するもう一つの「学校」として、全国に4か所設置されている。ホタテ養殖やサケ定置網を営む漁家の後継者を育てる北海道立漁業研修所は、道南の鹿部町にあって、毎年多くの若者が道内各地の漁村から集ってくる。このほかには、海技士養成で遠洋・沖合漁業を支える静岡県立漁業高等学園、カツオ一本釣り漁船やマグロはえ縄漁船の乗組員を養成する宮崎県立高等水産研修所、ノリ養殖漁家の再生産に貢献する佐賀県高等水産講習所がある。

水産高校への期待と課題

わが国には、漁業や水産加工業に人材を送り出す水産に関する学科を設置する高等学校（いわゆる水産高校）が41校（令和2年度学校基本調査）設置されています。普通科の10倍ともいわれる運営費が必要なため、そのすべてが公立となっています。

現在、水産高校には、８１６１人（うち女子１８７２人）の生徒が在籍し、将来の水産業を支えるための知識・技能を学んでいます。

ただ水産高校は、戦前・戦後と遠洋漁業への人材供給を重視してきたため、２００海里体制下で遠洋漁業が縮小するとそれと歩調を合わせ、１９６７年の設置数58校・在籍者数2万２８８７人をピークに、規模を縮小させているのが現状です。

卒業生が漁業作業者になる割合も、5～10%での推移となっています。漁協との連携を深化させるなどして、沿岸・沖合漁業の持続的発展に貢献するための努力を続けることが求められています。

漁業研修所研修生の実習の様子

北海道立漁業研修所の実習船にて行われる底建網漁業実習の様子。
陸上で学んだロープワークや網を仕立てる技能を活用した実習。
写真提供：北海道立漁業研修所

6 漁船漁業の労使関係

特殊な漁船漁業労働

近年、漁船乗組員の不足が深刻になっています。港町の岸壁には、**海技士**《かいぎし》を確保できないために、一時的に操業を停止せざるを得なくなった漁船が係留されているのを目にすることがあります。少なくない経営者は、魚が獲れなくなることと同じくらい、乗組員が確保できなくなることによる倒産を心配しなければいけなくなっています。この倒産を労務倒産といいます。

通常の企業倒産が赤字を出しつづけることで資金繰りに困窮し、経営が立ちいかなくなることで起こるのに対して、こちらは、労働力の不足や人件費の増大、そして労使関係の悪化などの問題が主な要因として起こる企業倒産となります。

こうしたことが起こりかねない要因には、漁船漁業の厳しい労働環境が指摘されています。同じ海上労働でも、商船と漁船とでは労働環境は大きく異なります。商船は、旅客もしくは貨物を目的地まで運搬することで業務が完了しますが、漁船では魚介類の漁獲、処理、運搬（水揚げ）の一連の複雑な業務が伴います。一般的に規模の小さい漁船では、これらの業務に船長や機関長といった幹部職員も携わります。

労働集約的な手作業が多い漁船漁業

しかも漁撈活動は、機械化や自動化になじまない作業も多く、重労働です。人手に依存する労働集約的な作業が、けっして珍しくありません。カツオ一本釣り漁業では、一匹一匹、丁寧に竿で釣り上げますし、何種類もの魚が一度に漁獲される網漁業では、手作業でしかできない魚種ごとに箱詰めする選別作

用語

海技士
「船舶職員及び小型船舶操縦者法」を根拠法とする、大型船舶を運航するために必要な国家資格である。海技士の免許は、航海（1～6級）・機関（1～6級）・通信（1～3級）・電子通信（1～4級）のそれぞれに区分されている。

業が長時間続きます。漁港へ水揚げする際も、一部でフィッシュポンプやクレーン、ベルトコンベアなどの機械が導入されていますが、基本は手作業で船倉から搬出します。

また、労働集約的な手作業が多いことで、労働時間や労働環境は天候や漁模様に簡単に左右されます。不規則で長時間化しやすく、決まった休息時間を確保するのもひと苦労です。

容易ではない労働環境の改善

プライベート空間の確保も課題です。長時間労働に加え、狭い漁船内では職場とそれ以外の場所を分ける空間的余裕がありません。休息の場となる居住スペースは、幹部以外、個室であることはほとんど皆無です。多くの乗組員は、狭小なカーテン1枚で仕切られたスペースが唯一のプライベート空間となっています。

風呂や温水シャワーが未整備な船もけっして珍しくありません。沖合漁業で多く用いられている19トン船では、真水の搭載量も限られ、一日の終わりに海水や汗で汚れた体をタオルで拭くのがやっとといった船も散見されます。若い乗組員からは、沖合でスマートフォンが使えないことへの不満の声も聞こえてきます。

漁船漁業の賃金制度

漁船乗組員が直面する問題は、過酷な労働環境だけではありません。賃金が安定しないのです。最近では、若年層を確保するため、最低賃金制度を設定する漁船も増えてきましたが、貨物船などの乗組員と異なり、漁船乗組員については、船員法（第60条から第69条）に基づく労働時間（1日8時間・週40時間）、休憩、休日の各規定が適用除外とされており、残業という概念もありません。これは、労働基準法でいえば、第32条から第38条に該当する、きわめて重要な部分が漁船乗組員には適用されないという状態を意味しています。

その代わり、水揚げ額に応じた大仲《おおなか》歩合制＋**代分《しろわ》**

用語

代分け制
燃油費や漁具代、餌代等の経費を大仲経費として水揚げ額から控除した後、労使で配分し、さらに労働者部分について、職位や職務内容（役代）に応じて再度配分する賃金慣行をいう。

大仲歩合制＋代分け制の仕組み

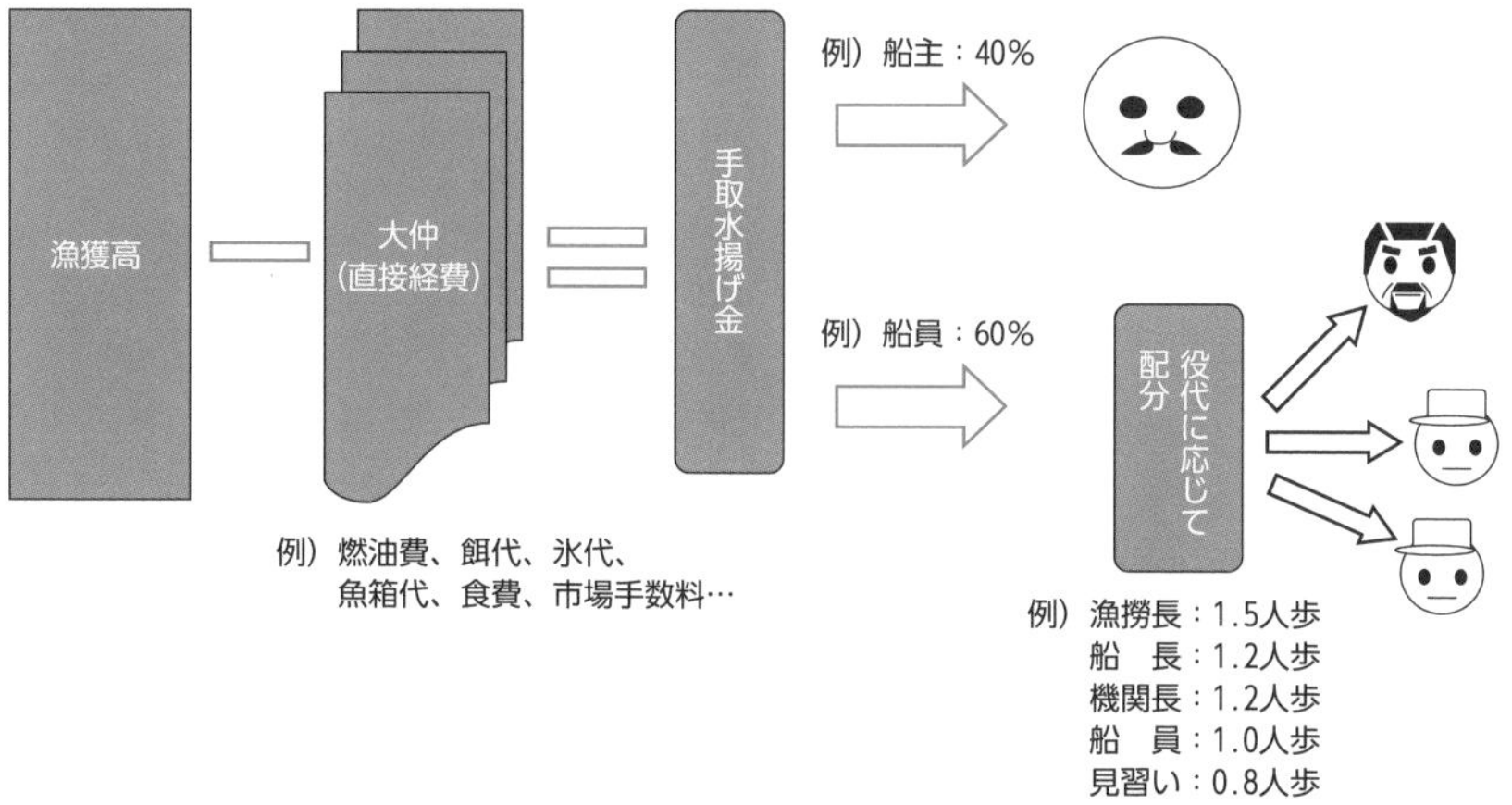

＊執筆者作成

け制で賃金が算出され、たくさん魚が獲れたときはそれに見合った割増し賃金が、職位に応じて支払われる漁船も多数存在しています。

歩合制については、船主と乗組員が利益を共有し、労働意欲を維持できる点は評価することができます。しかし、漁業の特質である経営の不安定性を労働者に転嫁しているともいえ、水揚げ額を追求した無理な操業や、賃金が定額化されないことでの生活上の問題を引き起こしかねません。乗組員の安定的な確保のためには、こうした賃金制度についても、議論の俎上に載せる必要があるのかもしれません。

漁業労働者の労使関係

漁船漁業に従事する労働者の雇用環境は、その賃金体系からして不安定ですが、漁業種類によってはさらに、資源保護のための禁漁期間が設定されているものもあり、漁期外での雇い止めが発生するなど変則的です。例えば、沖合底びき網漁業は、多くの地域で7～8月が禁漁期間となっており、この間、漁船は停泊し保守整備などを受けます。一部の幹部や機関部員らは、その作業を担うこともありますが、甲板員などは船を降りることになります。

また、禁漁期がない漁船でも、法令で決められた定期検査のため、年間1か月程度は造船所のドックに入って検査・整備・修繕を受ける必要があり、どうしても漁船を運航できない期間が生じます。

この間、船を降りた船員は、漁網などの漁具整備作業のために再雇用される場合もありますが、失業保険を受給して当座の暮らしを維持する者もいます。

このような不安定で変則的な漁船就業の実態もあり、私たちに水産物を供給してくれる漁船乗組員が安心して働けるよう、彼らの権利を守ることは重要となります。その役割を担っているのが、全日本海員組合（全日海）や地方の漁船労働組合です。

全日海は、日本で唯一の産業別労働組合であり、この中に漁船乗組員が加入する水産部が設置されています。近年増加している外国人漁船員も、非居住特別組合員として加入できるようになっています。

漁船漁業労働の様子

手作業で行われる冷凍カツオの水揚げ作業。
資料：北海道大学水産学部佐々木貴文研究室管理資料

7 漁業における外国人労働

外国人が日本漁業を支えている

　漁業就業者が減少する中で、欠くことができなくなっているのが外国人労働者です。遠洋漁業では、30年近く前より**海船協方式**による外国人混乗制度がつくられ、その後、漁船マルシップ制度が導入され、多くの外国人が働くようになりました。また沖合漁業でも、この20年ほどで外国人技能実習制度を利用して働く外国人の姿がみられるようになっています。

　日本の漁業で働く外国人の数は、２０１８年の**漁業センサス**によると、６６４４人となっています。遠洋・近海マグロはえ縄漁業が３２２９人と5割弱を占め、遠洋・近海カツオ一本釣り漁業が６０４人などとなっています。

　近年の特徴としては、養殖業や定置網などの沿岸漁業でも外国人に依存するようになったことが挙げられます。カキ類養殖業を例にとると、２０１８年統計では１０３５人が従事しています。

遠洋漁業を支える漁船マルシップ制度

　漁船マルシップ制度の歴史は古く、１９７０年代後半にまでさかのぼります。もともとは、世界的な運賃競争の激化にさらされていた商船における、人件費を含む運航コスト削減をめざした外国人混乗制度でした。

　外国人混乗への要望が、燃油費や入漁料などの操業コスト増、および乗組員不足に直面していた漁船漁業分野にも拡大して誕生したのが、１９９０年開始の海船協方式でした。しかし、同方式での混乗率上限の40%を不満とする船主は多く、上限のない漁船マルシップ制度が１９９８年に導入されます。

　マルシップ制度では、日本法人が所有する船舶を、

用語

海船協方式
国土交通省、水産庁、大日本水産会、全日本海員組合などにより海外漁業船員労使協議会が設置され、日本船籍の遠洋漁船に乗り組むことができる外国人船員を審査したことからこの名称となった。当初の混乗率上限は25%であったが、１９９５年から40%に拡大された。

漁業センサス
→25ページ

外国法人に貸渡し（＝裸用船）、その外国法人が外国人船員を乗り組ませたものを、貸渡した日本法人がチャーターバック（＝定期用船）して操業します。遠洋マグロ漁業などの公海や外国２００海里内で操業する漁業において広く導入されています。

外国人船員の賃金水準は、外国法人に貸渡していることで日本の労働法規に影響を受けません。一方、日本法人が有している漁業許可は、外国法人に貸渡しても失効しない決まりになっています。

活躍の幅を広げる外国人技能実習生

漁業における技能実習制度は、１９９３年に導入され、最長5年間、実習生が働きながら技能・生産技術を学ぶことで、開発途上地域の発展に貢献しようとするものとなっています。労働時間や賃金などは、日本の法令が適用され、日本人と同様の雇用関係のもと就業します。

2年以上の実習対象となるのは、「かつお一本釣り漁業」「延縄漁業」「いか釣り漁業」「まき網漁業」「ひき網漁業」「刺し網漁業」「定置網漁業」「かに・えびかご漁業」「棒受網漁業」と、「ほたてがい・まがき養殖作業」です。

かつてはフィリピンや中国からの実習生が多くいましたが、現在は漁船漁業を中心に、ほとんどがインドネシアからの労働者となっています。

彼らは、現地の水産高校を卒業してすぐの若者で、実習修了後は、帰国して漁業を始めたり、マルシップ制度を利用してまた日本の漁業に貢献したりしています。

日本漁業を支えているインドネシア人は、すでに不可欠な人材となっています。水産高校で学んで日本にやってきた彼らは、就学率が低くて小学校や中学校卒業の学歴が一般的なインドネシアでは高学歴者であり、日本語や仕事もすぐに理解します。担当する業務も日本人乗組員とほとんど変わりません。

なお、水産加工業にも多くの技能実習生が働いており、例えばかつお節の製造では、中国やベトナムからの実習生が生産現場を支えています。

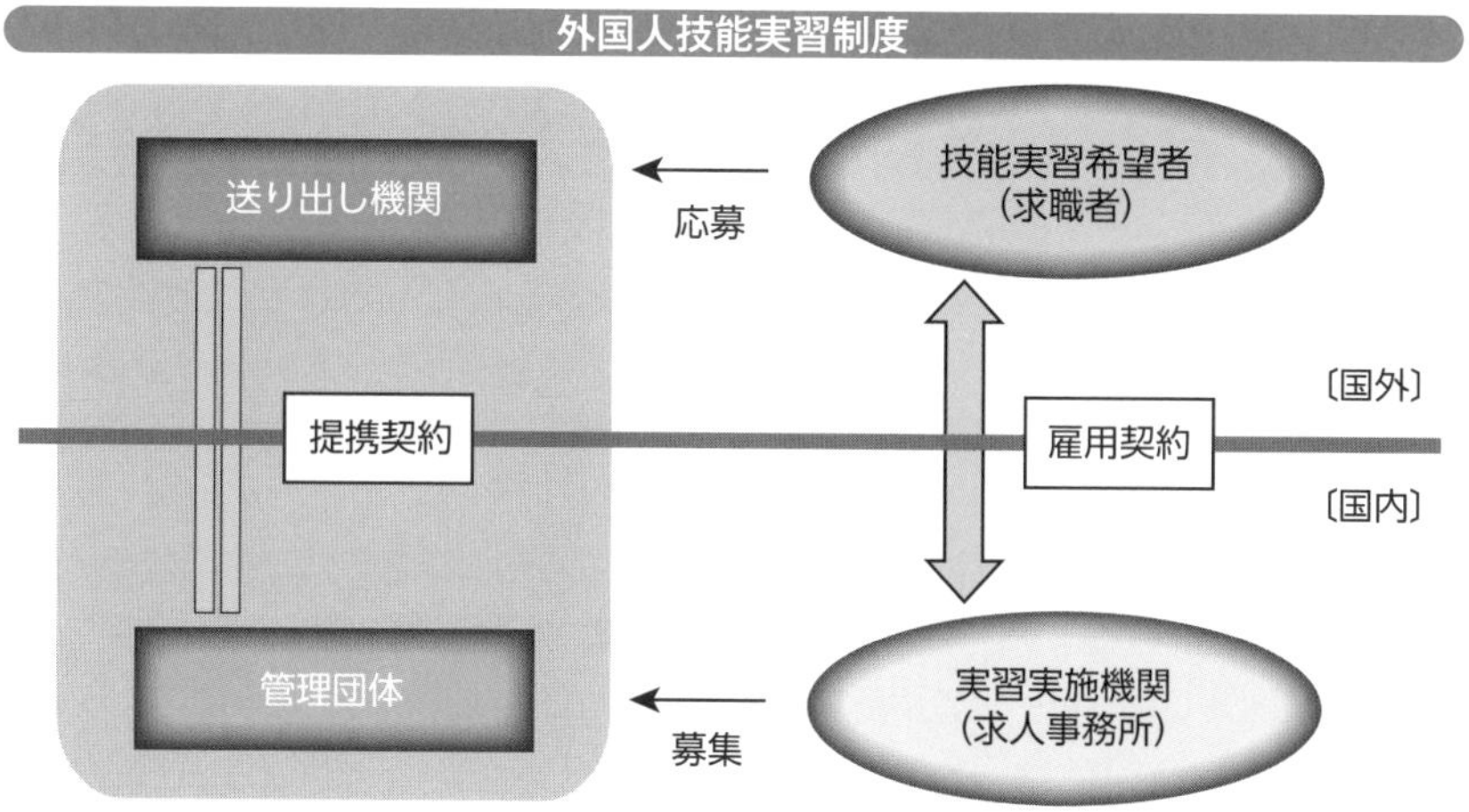
外国人技能実習制度
送り出し機関
応募
技能実習希望者
（求職者）
〔国外〕
提携契約
雇用契約
〔国内〕
管理団体
募集
実習実施機関
（求人事務所）

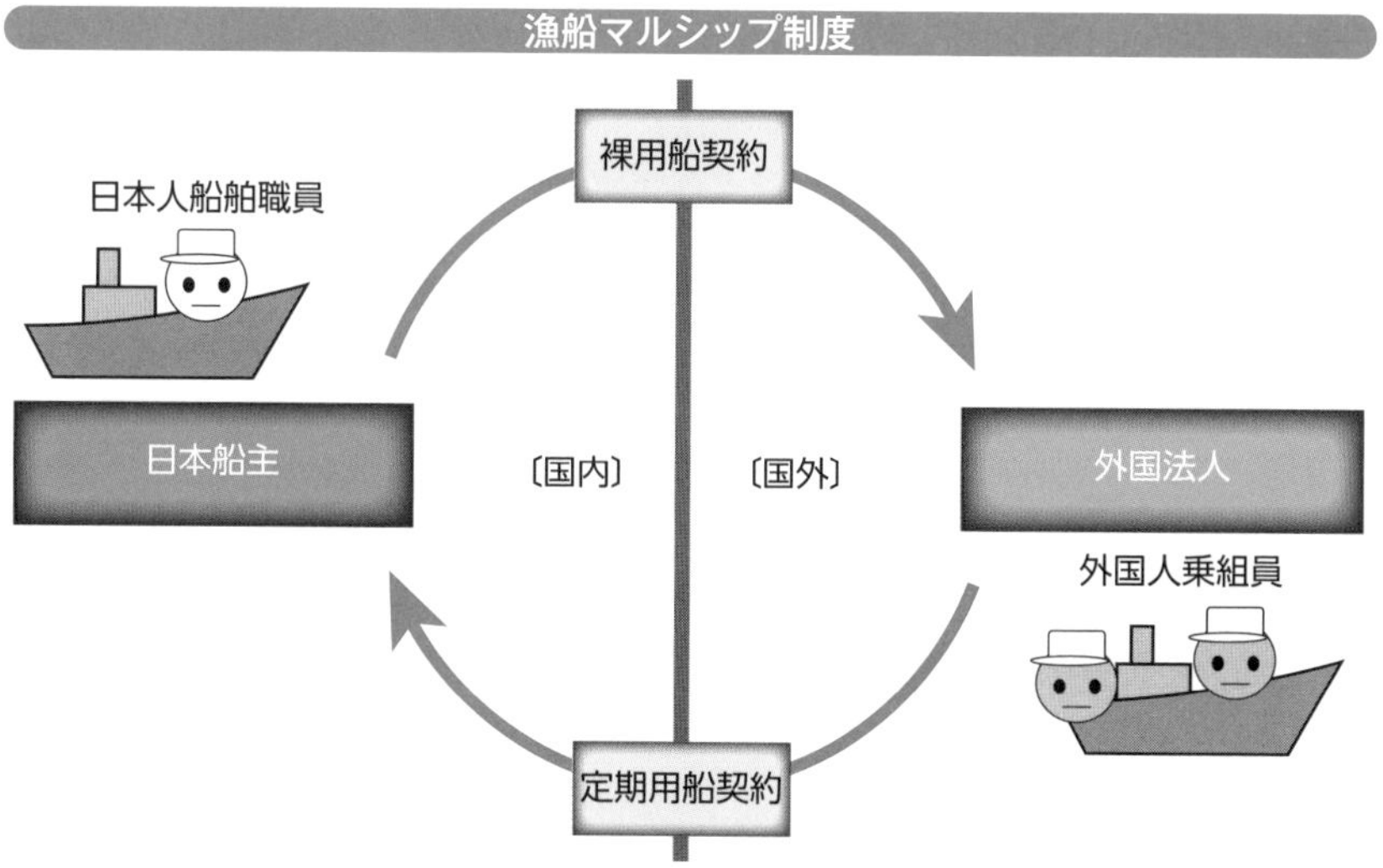
漁船マルシップ制度
裸用船契約
日本人船舶職員
日本船主
〔国内〕
〔国外〕
外国法人
外国人乗組員
定期用船契約

＊いずれも執筆者作成

コラム 2

「地魚」「雑魚」の魅力と魚食文化

◆獲った魚をムダなく活かす

漁港や海辺の町では、市場食堂、港食堂、地魚料理が人気です。ピカピカに新鮮で安く盛りのいい料理のイメージには、港町の活気と潮風の香りも漂い、旅情さえ誘われます。

しかし旅先で買った干物の原産地が外国でがっかり、ということもよくあります。サバ街道で有名な福井県の小浜では、脂たっぷりで仕入れも安定的な輸入サバが多く扱われています。富山名物「ますの寿司」も本来はサクラマスですがほとんど獲れなくなり、北海道産や輸入した別種のマスが使われています。大量消費向けでは致し方のないことです。

一方、地元でしか流通していない多種多様な「雑魚」(ザコではなくザツギョと読みます) を「地魚」として観光客に紹介したり、数量や大きさのそろわない魚を地産地消とからめて活用する取り組みが各地で進んでいます。付加価値をつけ、せっかく獲った魚をムダなく活かして売上げ向上につなげようという試みです。

例えば、山口県萩市では2009年に「萩の地魚もったいないプロジェクト」をスタートさせました。萩漁港に水揚げされる魚は250種にのぼりますが、地元でしか消費されない雑魚も多くあります。そんな魚を観光客でにぎわう道の駅の店舗や食堂で「地魚」として提供するようにしました。また、味がよく漁獲量も多い金太郎 (ヒメジ) や、この地域独特の食文化がある平太郎 (オキヒイラギ) などの小魚を、有名シェフとのコラボで加工品に開発。地元のみならず首都圏のレストランでの利用や販売にもつなげています。

◆全国画一的ではない固有の文化

神奈川県小田原市では、2013年に協議会を立ち上げ「地魚のある町」づくりを進めています。小田原漁港で水揚げされた新鮮で多様な魚をブランド化し、観光客だけでなく魚離れが進む市民もターゲットに、地元の魚をもっと知ってもらい食べてもらおうという取り組みです。

地魚とその加工品を扱う商店や飲食店に「地魚愛用店」登録を募り、情報発信や幟旗などでアピール。漁港での定期的な朝市や、魚の料理教室、食育なども行っています。

全国チェーン店の展開で食文化も画一的になりつつある今、地魚や雑魚の利用は地域固有の文化伝承にもつながります。地元の雑魚を出す食堂や居酒屋のある町は、それだけで行ってみたくなります。

新鮮で美味しい魚介類や郷土料理を食べる、そのことを旅の目的にする人も多いのではないでしょうか。

第4章

日本の養殖と栽培漁業を知る

1 養殖の歴史

最も古くから行われていたカキ養殖

カキの養殖は、諸説ありますが17世紀の後半から始まったようです。当初の養殖法は**石まき法**と呼ばれる原始的なものでした。その後、**ひび**に付着したカキの稚貝を掻き落として小石を敷いた干潟に並べて育てるひび建て法が普及しました。この方法は昭和初期まで続きます。

カキ養殖に革命をもたらしたのが垂下式《すいかしき》の発明でした。1924年に宮城新昌らによってカキの殻を付着器とする**垂下式採苗法**が考案され、翌年には妹尾秀実らが種《たね》カキを水中に吊るして養殖する方法を開発しました。

カキの**種苗**を安定的に確保できるようになり、これまで平面的だった養殖が立体的になったことで、生産量は飛躍的に増大しました。

垂下式養殖が普及した当時は簡易垂下式と呼ばれる養殖方法でしたが、1950年代半ばになると、カキ養殖の漁場は沖合に向かって拡大します。**筏式《いかだしき》**が普及し、さらに化学繊維のロープや合成樹脂製のブイなどの新素材の登場により**延縄式《はえなわしき》**が広まり、波浪条件の厳しい海でも養殖が可能になりました。

技術革新が支えたノリ養殖

ノリ養殖もカキ養殖とほぼ同時期に始まっています。カキ養殖と同様、自然発生したノリの胞子をひびに付着させ、これを育てて収穫し、板海苔《のり》に加工しました。

1900年ごろからはノリの胞子をとる場所と育成場が分離し、分業化が進むようになります。さらにひびを横にして張り込む方法に改良され生産量が増えました。戦後、化学繊維が普及すると網ひび

用語

石まき法
カキの稚貝が自然に付着した石を干潟に並べて大きく育てる方法。

ひび
カキの浮遊幼生やノリの胞子などを付着させるために木の枝や竹などでつくった資材。

垂下式採苗法
海水中に付着器を吊るし、浮遊するカキの幼生を付着させて種を確保する方法。

種苗
→46ページ

筏式
竹や木などを使って筏を組み、ここに種カキを吊るす方法。波の少ない内湾域に限定。117ページ参照

（海苔網）に変わり、作業が大幅に改善されました。

長い間、天然種苗に依存する時代が続きましたが、ノリ養殖に革命をもたらしたのがキャスリーン・メアリー・ドリュー・ベーカー女史による**コンコセリスの発見**でした。この発見でノリの全生活史が解明されると、国内でノリの人工採苗技術開発の競争が始まり、発見からわずか10年後の１９５９年ごろからは人工的にノリの種苗を得る技術が確立され、瞬く間に全国に普及しました。

野生種を対象にしていた時代はアマノリ属の11種が養殖対象になっていましたが、人工採苗が可能になると**選抜育種**が進み、現在は生長がよく耐病性に優れたスサビノリ系の品種が広まっています。

種苗生産技術の開発に続いて、１９６０年ごろからは**浮き流し養殖法**が普及、さらに１９６５年ごろからは種網《たねあみ》の**冷蔵保存法**が普及し、これらの３つの技術は、ノリ養殖の三大発明と呼ばれています。また、１９７５年代には板海苔製造の全自動製造機が普及し、海苔製造の効率化が図られるようになりま

カキ養殖の養殖方法別施設数の推移

養殖法	筏	延縄	簡易垂下	そだひび	地まき
	1000㎡	台数	1000㎡	1000㎡	1000㎡
1960	1,499	3,735	2,793	692	7,702
1965	2,010	4,629	3,274	5,023	4,567
1970	2,305	8,486	2,724	1,816	2,096
1975	2,839	10,934	6,447	239	1,585
1980	3,275	15,473	7,991	251	1,412
1985	4,010	25,997	2,818	260	1,403
1990	3,909	26,984	513	96	1,000
1995	3,646	28,902	487	0	1,150
2000	3,878	31,368	451	0	147
2005	3,706	37,287	328	0	147
2006	3,686	37,875	323	0	147

注：2007年以降は養殖方法別の施設数の統計は廃止されている。
資料：農林水産省「漁業・養殖業生産統計」（各年版より）

延縄式
海にロープを張り、このロープにカキを吊るす方法。漁場は深い海や外海に広がった。

コンコセリスの発見
アマノリ属の果胞子は貝殻に潜りこんで糸状体として夏を過ごし、この糸状体から胞子が出てひびに付着することを発見した。

選抜育種
有用な形質をもつ品種の掛け合わせを繰り返し、よい品種をつくること。

浮き流し養殖法
ノリ網をアンカー等で固定し、浮かした状態で養殖する方法。沖でも養殖が可能になり、漁場が一挙に拡大した。

冷蔵保存法
ノリ網を冷蔵保存し、必要な時期に張り込めるようにした技術。

した。しかし、機械化はノリ産地の淘汰と集約化を進めました。

日本人が発明した真珠養殖

真珠は高価な宝飾品であり、天然にはまれにしか存在しません。この真珠を養殖できれば大きな利益を得ることができることから、明治時代になると盛んに技術開発が行われるようになりました。そして1893年に御木本幸吉《みきもとこうきち》が半円殻付真珠の産出に成功します。しかし、この真珠は今日みるような丸い球状のものではありませんでした。その後、西川藤吉が小さな核を貝に挿入して、真円の遊離真珠を形成することに成功します。ほぼ同時期に、三重県の的矢湾《まとやわん》で研究を始めていた見瀬辰平《みせたつへい》も成功し、真円真珠形成の原理が解明されました。

大正期に入ると、産業的規模で真円真珠が生産されるようになり、輸出産業として開花しました。

戦争中に一時中断しますが、戦後間もなく**天然採苗**の技術が開発されます。それまでは天然のアコヤガイを採取して「**核入れ**」をしていましたが、種苗生産技術が普及すると、アコヤガイの供給は飛躍的に増大しました。さらに母貝をつくる母貝養殖と、真珠をつくる真珠養殖への分業化も進みました。

1967年には過去最高の125トンを生産するに至ります。その後一転して真珠不況になり、バブル期にいったんもち直しますが、1996年には**赤変病**がまん延して、アコヤガイの大量死が発生、再び減少し、現在は20トンほどで低迷しています。

戦後普及したブリ養殖

内水面養殖は長い歴史をもっていますが、海面での魚類養殖は遅れていました。これは陸域に比べ管理が大変だったからです。

野網和三郎《のあみわさぶろう》が、1928年に香川県の安戸池《あどいけ》で、ハマチ養殖に成功したのが、海での養殖の始まりでした。安戸池は海水が流入する小さな湾で、飼育管理に適していたのです。

当初の魚類養殖は、築堤式《ちくていしき》や網仕切り式でしたが、

用語

真珠
真珠をつくる貝は、アコヤガイ、シロチョウガイなどの海産と淡水産がある。わが国ではアコヤガイが圧倒的に多い。

天然採苗
→102ページ

核入れ
丸く加工した淡水産二枚貝類を真珠貝に挿入すること。

赤変病
アコヤガイの肉が萎縮、衰弱して死に至る病気。

内水面養殖
→内水面については25ページ、内水面養殖については46ページも参照

小割生簀
鉄や材木などでできた角形や円形の枠に網を下げて囲った中で魚を飼う施設。

これらの方式では養殖可能な場所が限られていました。1960年ごろに**小割生簀**《こわりいけす》が普及すると、ブリの養殖場所は西日本各地に飛躍的に拡大しました。

ところが、高度経済成長期には海の**富栄養化**が進み、沿岸域の各地で**赤潮**が発生、養殖したブリが大量**斃死**するなどの深刻な被害が発生しました。

ブリの餌は当初冷凍魚でしたので、解凍時のドリップの流失や食べ残しが多かったため、海の環境汚染が発生しました。その後、環境負荷の少ない**モイストペレット（MP）**、さらに**ドライペレット（DP）**が普及、近年では水面に浮く**EP**を使う養殖業者も増えています。

1980年代後半には漁網の**防汚剤**による奇形魚の発生がセンセーショナルに取り上げられました。その後、原因として疑われた薬剤の使用禁止、さらに防汚剤を使用しない金網生簀が使われるようになっています。こうした養殖業者の日々の努力によって、近年養殖ブリの品質は格段に改善されています。

真珠養殖業の歴史

1893	明治26	御木本幸吉が半円殻付真珠の産出に成功する。
1907	明治40	見瀬辰平・西川藤吉がほぼ同時に真円真珠づくりを発明、特許を出願して今日の真珠養殖技術が確立した。
1916	大正05	予土水産㈱の藤田昌世技師によって真円真珠が産業的に初めて生産される。
1919	大正08	垂下式養殖技術が普及し始める。
1940	昭和15	戦争の影響で、農水省令により真珠養殖が禁止される。
1947	昭和22	天然のアコヤガイに依存していた母貝生産から天然採苗の実用化が始まる。（天然母貝から天然採苗へ）
1949	昭和24	アコヤガイの人工授精による人工採苗技術が実用化する。
1953	昭和28	日本経済の戦後復興とともに真珠の生産量は戦前のレベルに回復。
1967	昭和42	拡大する海外需要に支えられ、過去最高の125トンを生産。
1974	昭和49	供給過剰による真珠不況で生産量は29.9トンに。ピーク時の23%に減少。
1996	平成08	アコヤガイの赤変病がまん延し、全国規模での大量死が発生、真珠生産は激減する。

＊執筆者作成

富栄養化
窒素やリンなどの栄養塩類の濃度が高くなった状態。

赤潮
プランクトンが異常に増殖し、海水が赤色などを呈する現象。

斃死
→80ページ

モイストペレット（MP）
水分を含んだ固形飼料のことで、生魚と粉末の配合飼料を混ぜて粒状にしたもの。

ドライペレット（DP）
乾燥した固形飼料のこと。

EP
エクストルーダーという機械で処理されたペレット。

防汚剤
小割生簀の網に付着生物が付かないように塗る薬剤のこと。

2 種苗生産技術の確立

養殖は**種苗**がなければ成り立ちません。種苗を安定的に確保する技術が確立されたことにより、養殖業が発達しました。種苗を生産する技術は、天然採苗による方法と人工採苗による方法に大別されます。

自然の再生産をうまく利用する天然採苗技術

天然採苗は、自然に発生する幼生や幼魚を効率よく採捕して、ある程度の大きさまで育てて種苗とします。天然に比較的豊富に存在し安定的に確保できるか、人工種苗生産の技術が確立されていない生物が対象です。

藻類は胞子が、貝類やホヤ類では浮遊幼生が発生する時期に**コレクター**を海に吊るして採取します。

魚類の場合は、採捕した稚魚や幼魚を**中間育成**します。ブリの稚魚であるモジャコは流れ藻に集まっていますので採捕は容易ですが、ブリ以外の魚類は曳釣りなどの漁業で漁獲した幼魚を活用しています。

親を飼育して人工ふ化させる人工採苗技術

人工採苗は、親を飼育して成熟させ、人工的授精によって種苗を得る技術です。

クルマエビは、藤永元作《ふじながもとさく》が戦前に人工ふ化に成功しており、戦後まもなく商業的生産に結びつきましたが、クルマエビ以外の魚種の人工採苗技術はすべて戦後になって開発されたものです。特に1960年代以降、後述する**栽培漁業**が政策として導入されると、全国各地で種苗生産技術の研究開発が進みました。

一方で人工種苗生産には、施設や設備などの初期投資が不可欠ですし、ランニングコストもかかります。また、少数の親から種苗を得ることから、**感染症**などがまん延するリスクも抱えています。

用語

種苗
→46ページ

コレクター
胞子や浮遊幼生を付着させるために海中に設置させる資材。

中間育成
餌づけなどをして養殖用の種苗に育てること。

栽培漁業
→104ページ

感染症
ウイルスや細菌等の病原体によって引き起こされる病気。かつてクルマエビ、シマアジ、アワビなどで広範囲に発生したことがある。

天然および人工種苗生産の特徴

	天然種苗生産	人工種苗生産
種苗生産コスト	生産施設が不要なので相対的に安い	初期投資、施設のランニングコストが必要で、相対的に高い
生産の安定性	相対的に不安定 (自然条件に左右される)	相対的に安定 (自然条件に左右されない)
量産性	量産が可能	量産のためには、施設の規模拡大が不可欠
疾病の発生	発生の危険性は低い	感染症のまん延等のリスクを抱える
育種	対応不可	育種が可能
天然資源への影響	クロマグロの幼魚のように一部で危惧されるものもある	影響は少ない
生産主体	漁業者・養殖業者が中心	栽培センター等の公的機関 民間会社

＊執筆者作成

種苗生産方式からみた主な養殖種

	海藻類	貝類	魚類	その他
天然種苗	コンブ（一部） モズク	カキ ホタテガイ	ブリ カンパチ ヒラマサ クロマグロ マアジ	ホヤ
人工種苗	ノリ ワカメ コンブ モズク（一部）	イワガキ アコヤガイ アワビ	マダイ ヒラメ トラフグ ギンザケ シマアジ	クルマエビ

＊執筆者作成

3 栽培漁業とは

養殖と増殖の違い

養殖は、区画された水域を専用して水産生物を所有し、生物を積極的に管理して収穫する経済行為のことです。これに対して増殖は、①繁殖保護、②移殖、③人工種苗の放流、④生息場所の造成、などの人為的関与によって資源を増やして獲る、漁業の一つの形態です。

わが国の増殖には、サケの種苗放流や二枚貝類の移殖放流などの長い歴史があります。この旧来の増殖事業に加えて、1960年代に入ると、人工種苗を増産して放流、積極的に資源を増やそうとする行政レベルでの新たな取り組みが始まりました。行政上は旧来の増殖事業と区別して「栽培漁業」と呼んでいます。人が関与して水産資源を増やして獲る増殖は、広い意味で栽培漁業と捉えることもできます。

サケの種苗放流と漁獲量の飛躍的増加

サケは、わが国で最も古くから増殖に取り組まれてきた魚です。新潟県の三面川《みおもてがわ》では、すでに1750年ごろにサケが遡上する期間に産卵場を区切って禁漁とする繁殖保護が行われました。また、1876年にアメリカの養魚事情を見聞して帰国した**関沢明清**《せきざわあけきよ》はサケ・マス類の人工ふ化法の普及に努め、わが国の増殖事業に大きな役割を果たしました。

1970年代に入ると北海道を中心に東北、北陸の各県でサケのふ化放流事業が実施され、1980年代から20億尾前後の稚魚が毎年放流されてきました。しかし東日本大震災後、東北での放流数は減少します。

一方来遊数は近年急速に減少し、ピーク時（1996年）の4分の1以下になってしまいました。放

用語

関沢明清
1843〜1897年。旧加賀藩士で、明治初期の水産政策に尽力。水産伝習所（現東京海洋大学の前身）の初代所長。

サケの来遊数と放流数

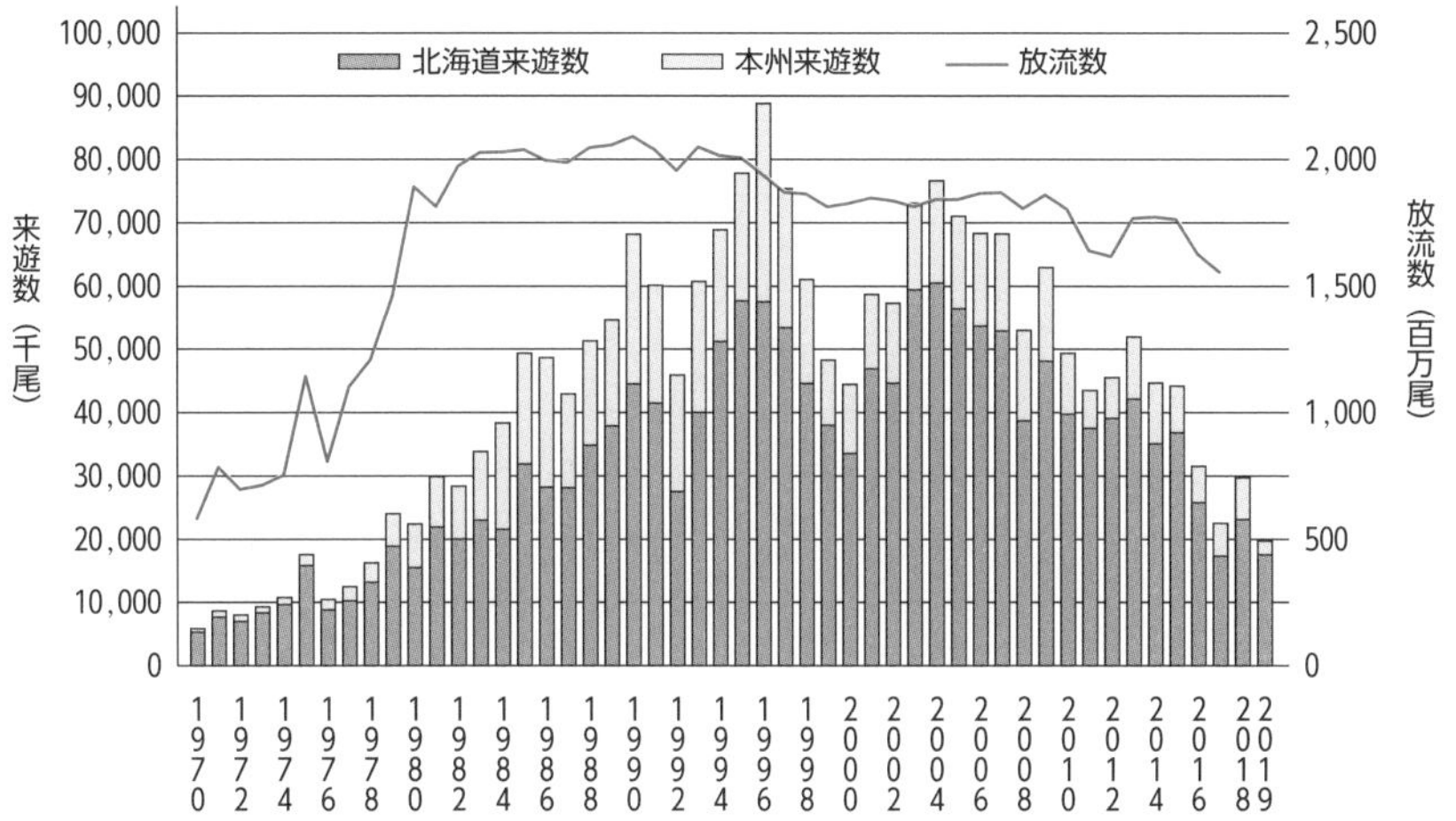

注：2018年以降の放流数はまだ集計されていない。
資料：水産研究・教育機構 北海道区水産研究所 HP

流数が若干減ったとはいえ、これほど大きく減少したのはサケが育つベーリング海や日本周辺の環境変化が影響していると考えられています。つまり人の手で種苗を添加しても、必ずしも増えるわけではなく育つ環境が重要なことを示しています。

ホタテガイの増殖事業と輪番制による漁獲

定着性の高い貝類などは江戸時代から稚貝の移殖放流が行われていました。例えば、東京湾の二枚貝類の**種場**《たねば》は現在ディズニーランドになっている浦安の地先海域でした。ここでアサリなどの稚貝を採取し、東京湾各地の干潟に放流していたのです。愛知県の三河湾では豊川河口の六条潟がアサリ稚貝の種場になっていて、ここで稚貝を採取し、三河湾全域に供給しています。

移殖放流で最も成果を上げてきたのが、ホタテガイの増殖事業です。ホタテガイの天然種苗を北海道・オホーツク岸の猿払で放流したのが最初で、1971年のことでした。ヒトデなどの**害敵生物**を駆除し

種場
二枚貝類は、1か月ほどの浮遊幼生期を経て、海底に沈着するが、水の流れなどにより稚貝が溜まりやすい場所のこと。

害敵生物
目的とする生物を捕食するなど、資源を減らす恐れのある生物。

てから稚貝を放流し、漁場を3～4つの区画に区切って育った成貝を輪番で漁獲するなど、徹底した管理が行われてきました。

その後、この増殖事業は北海道や青森県に普及し、ホタテガイの生産量は飛躍的に増えました。毎年30億個以上の稚貝が放流され、年による変動はあるものの生産量は30万トン前後で推移しています。

栽培漁業センターの設立と種苗放流

栽培漁業という考えが提起されたのは1960年のことです。1973年から県営栽培漁業センター、1977年から**国営栽培漁業センター**の整備が始まり、全国各地に種苗生産施設が設立されました。これらの施設を中心に、水産生物を人工的に生産して、放流する事業が展開され、現在に至っています。

このように国の施策として栽培漁業が進められた背景には、高度経済成長期に内湾域を中心に漁場環境が急速に悪化し、さらに1977年の200海里時代の到来とともに海外の漁場から締め出され、わ

ホタテガイの放流個数と生産量の関係

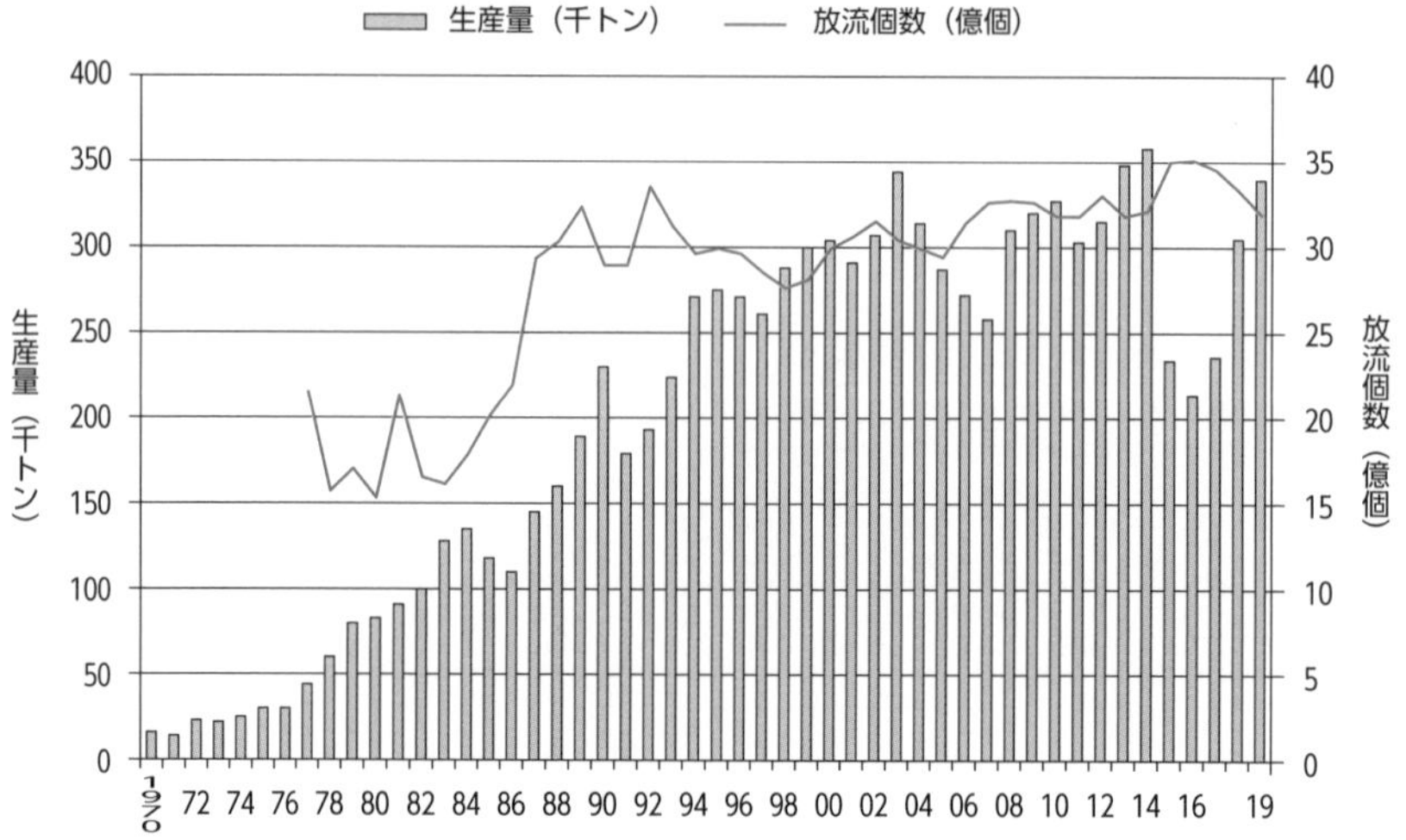

資料：農林水産省「漁業・養殖業生産統計」（各年版より）、全国豊かな海づくり推進協会 HP

用語

国営栽培漁業センター
広域回遊する魚種の種苗生産や放流に関わる技術開発を担うために設立されたセンター。全国に8事業所が整備されたが、2003年に水研センター（現国立研究開発法人水産研究・教育機構）に統合されている。

が国の**排他的経済水域**（EEZ）内で漁業生産を確保する必要性に迫られたからです。

現在、全国には、都道府県、市町村、漁協などが運営する種苗生産施設が135か所にあります。2019年度は58種、38億尾（個）の種苗がつくられました。

魚類ではシシャモ、ヒラメが、甲殻類ではクルマエビとヨシエビ、貝類ではホタテガイとアワビ類、その他ではマナマコが多く生産されています。

1990年代を通じて栽培漁業は着実に定着し、沿岸漁業振興の中心的政策になりました。ところが2000年代に入ると栽培漁業を支えてきた国の財源が地方に税源移譲されることになり、地方財政の悪化とあいまって栽培漁業の財政基盤が悪化しました。

このため、民間が生産するホタテガイが大部分を占める貝類は例外ですが、甲殻類、魚類、その他は2000年代に入って軒並み種苗生産量が減少しています。

全国の種苗生産実績（2019年度）

種名		種苗生産数 千尾（千個）	種数
魚類	シシャモ	29,821	
	ヒラメ	18,944	
	マダイ	10,983	
	その他	27,525	27種
	小計	87,273	30種
甲殻類	クルマエビ	97,332	
	ヨシエビ	26,748	
	ガザミ	26,256	
	その他	7,063	6種
	小計	157,399	9種
貝類	ホタテガイ	3,286,059	
	アワビ類	20,120	
	その他	35,742	14種
	小計	3,341,921	16種
その他動物	マナマコ	143,424	
	ウニ類	57,145	
	その他	2	
	小計	200,571	3種
合計		3,787,164	58種

資料：水産庁

排他的経済水域（EEZ）
→25ページ

4 養殖業の種類

自然に依存する無給餌養殖

養殖業は、餌を与えない無給餌養殖と餌を与える給餌養殖に大別されます。

無給餌養殖は、①海水中の**栄養塩類**をもとに光合成によって生長する海藻類と、②海水中の**プランクトン**などを餌として成長する二枚貝類や**ホヤ**などのろ過食性動物に大別されます。

藻類養殖は野菜の生産に、二枚貝養殖は草地で牛や羊を飼う放牧業に似ていますが、基本的に肥料も餌も自然任せである点で異なります。

つまり、無給餌養殖は自然環境に大きく依存しています。餌代がまったくかからず、また給餌作業などの管理の労力も少なくて済むという低コスト型の養殖ですが、海の**環境条件**の変動に左右されるため生産は不安定になりがちです。

魚で魚を育てる給餌養殖

魚類とアワビ類、クルマエビ、ウニ類などは餌を与える養殖で、豚や鶏を育てる畜産業に似ています。

アワビ類とウニ類の餌は海藻類ですが、魚類の餌は魚です。畜産業の餌は穀物などの植物なのに対し、魚類養殖は「魚で魚を育てている」ことになります。餌は、生餌、**MP**、**DP**、**EP**と進化してきましたが、生餌に依存しているクロマグロ養殖の場合の**増肉係数**は15前後ですので、1kgのマグロを育てるのに15倍の魚を与えていることになります。

給餌養殖が無給餌養殖と大きく異なる点は、①生産コストの6～8割を占める餌料代が経営を大きく左右すること、②給餌作業などの管理の労力負担が大きいこと、③残餌や排せつ物が水質悪化の原因となることから適正な飼育密度を遵守するなどの配慮

用語

栄養塩類
農業でいう肥料に相当する。肥料の3要素は窒素、リン、カリウムだが、海水中はカリウムが豊富に含まれ逆にケイ素が欠乏しがちなため、海では窒素、リン、ケイ素が肥料の3要素。

プランクトン
水の中に浮遊している生物のことで、植物と動物に分けられる。

ホヤ
脊索動物門に分類される動物で、貝類ではない。三陸地方で盛んに養殖されている。

養殖種類別の主な養殖対象種

	海藻類	貝類	魚類	その他
無給餌養殖	ノリ類 コンブ類 ワカメ類 モズク類 海ぶどう	ホタテガイ マガキ イワガキ ヒオウギガイ アコヤガイ	—	ホヤ
給餌養殖	—	アワビ類	ブリ カンパチ ヒラマサ マダイ ギンザケ ヒラメ トラフグ シマアジ マアジ クロマグロ	クルマエビ ウニ類

＊執筆者作成

養魚飼料の主要原料の使用状況

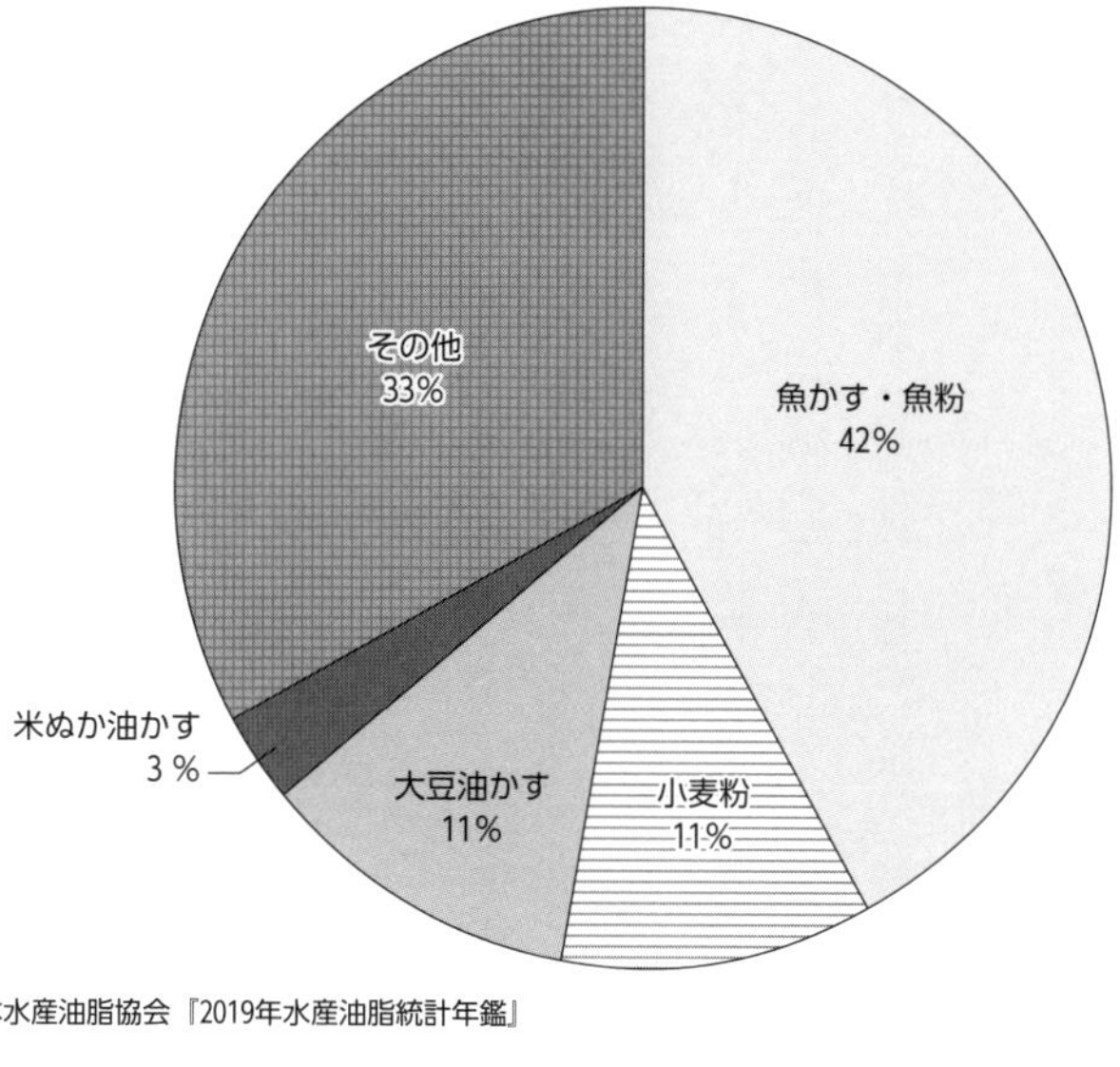

資料：日本水産油脂協会『2019年水産油脂統計年鑑』

環境条件
水温、潮流、栄養塩の濃度、プランクトン量、溶存酸素（海水中に溶けている酸素の量）などの諸条件のこと。

MP
→101ページ

DP
→101ページ

EP
→101ページ

増肉係数
与えた餌の重量を増えた魚の体重で割った係数。サケ類では1・3前後と高効率なことが指摘されるが、この値は分子が乾重量、分母が湿重量なので、マグロの生餌の係数とは単純に比較できない。

が求められること、などです。

養殖の主体は海面養殖

養殖業は、海面で営まれるものと陸上に施設をつくって営まれるものに大別されます。

無給餌養殖は海の生産力を利用することから海面養殖が大前提です。ただ、最近養殖が始まった海藻類の**海ぶどう**やスジアオノリは陸上の施設でつくられています。

無給餌の海面養殖は、いわば農業の露地栽培に相当しますので、自然変動や災害のリスクをより多く受けることになります。ただし、自然の力をうまく利用していますので、生産コストは相対的に安価なのが特徴です。

給餌養殖の場合も一部の例外を除いて、海面養殖が主体です。対象生物を小割生簀などに収容、逃げないようにして給餌します。潮流などの海水流動によって酸素が供給され、排せつ物は拡散し、コストをかけなくても健全な飼育環境が維持されています。

設備費やランニングコストがかかる陸上養殖

陸上養殖が最初に行われたのは、**廃止塩田**などを活用したクルマエビでした。その後、海水をポンプアップして陸上で養殖するケースが増えています。動きの少ないヒラメやトラフグ、アワビなどです。

陸上養殖は、区画漁業権をもたなくても事業ができ、民間の資本でも自由に参入できることから、漁業者以外の参入が目立ちます。

大部分の陸上養殖施設は、農業の施設園芸や植物工場に相当し、飼育管理や環境制御などが可能で、効率よく生産できる点がメリットです。しかし、海水をくみ上げ、循環させる動力費や施設の減価償却費がかさむため、単位面積当たりの生産額が高い生物が対象とされてきました。また、バクテリアを活用した完全循環型の養殖施設もあります。

かつてアワビの陸上養殖が注目され、全国に類似の施設が広まり、ブームになったことがありましたが、結局採算が合わず挫折しています。

用語

海ぶどう
標準和名をクビレズタという緑藻。近年、沖縄県や鹿児島県で養殖が始まっている。

廃止塩田
塩田とは、海の近くで海水を導入して塩を生産していた施設。1971年度、わが国にあった塩田のすべてが廃止された。クルマエビ養殖の普及と塩田の廃止時期が重なっていたため、施設の有効活用からクルマエビ養殖が始まった例が多い。

養殖施設分類と主な対象種

海面養殖	無給餌型	網式	ノリ類、モズク類など
		延縄式	ワカメ、コンブ、カキ、ホタテガイ、アコヤガイなど
		筏式	カキ、アコヤガイなど
	給餌型	小割式	ほとんどの魚類
		築堤式	クルマエビ、ブリ類などの一部
		網仕切式	ブリ、マダイ、クロマグロなどの一部
陸上養殖	無給餌型	水槽	海ぶどう、スジアオノリ（肥料を添加）
	給餌型	廃止塩田	クルマエビなど
		水槽	トラフグ、ヒラメ、アワビなど

＊執筆者作成

海面養殖と陸上養殖の特徴の比較

	海面養殖	陸上養殖
漁業権	不可欠	不要
施設管理	しにくい	比較的容易
環境制御	不可	ある程度可能
動力費	不要	必要
自然災害等のリスク	高い	低い
生産コスト	低い	高い

＊執筆者作成

5 海面養殖業の生産量の推移

生産量は頭打ち

戦前の海面養殖業は、カキ、ノリ、アコヤガイ（真珠）などに限られていましたが、戦後のクルマエビ養殖に端を発した養殖生産技術の発展で、対象種は拡大しました。

1960年代までの養殖生産量は、貝類と藻類を中心に50万トンを下回る水準でしたが、1970年代に著しく伸び、1980年代初めには100万トンを超えました。1960年にほぼゼロだった魚類は約30年間に30万トンに急成長したのです。しかし、生産量のピークは1995年の約130万トンでその後は下降線を辿っています。さらに東日本大震災により三陸地方が壊滅的打撃を受けたことから無給餌養殖を中心に減少しました。

これは沿岸域の養殖漁場の適地がほとんど開発され、新たな事業展開が難しくなっていること、1990年代後半からの産地価格の低迷・下落による生産意欲の低下、生産者の高齢化が原因です。

海面養殖業は海面総産出額の3分の1

ところでわが国の漁業生産は、1990年以降減少の一途を辿っています。マイワシ資源が豊富だった1980年代末の半分以下になっています。一方、海面養殖生産は下降線を辿っているものの、漁業生産が近年極端に落ち込んでいるために、漁業生産全体に占める養殖業のシェアは相対的に上昇しました。2019年時点では漁業生産に占める養殖業のシェアは22・1%で頭打ちになっています。

金額ベースでみますと、2019年の海面の総産出額1・4兆円のうちの3分の1に相当する0・5兆円に及んでいます。

海面における養殖生産量の推移

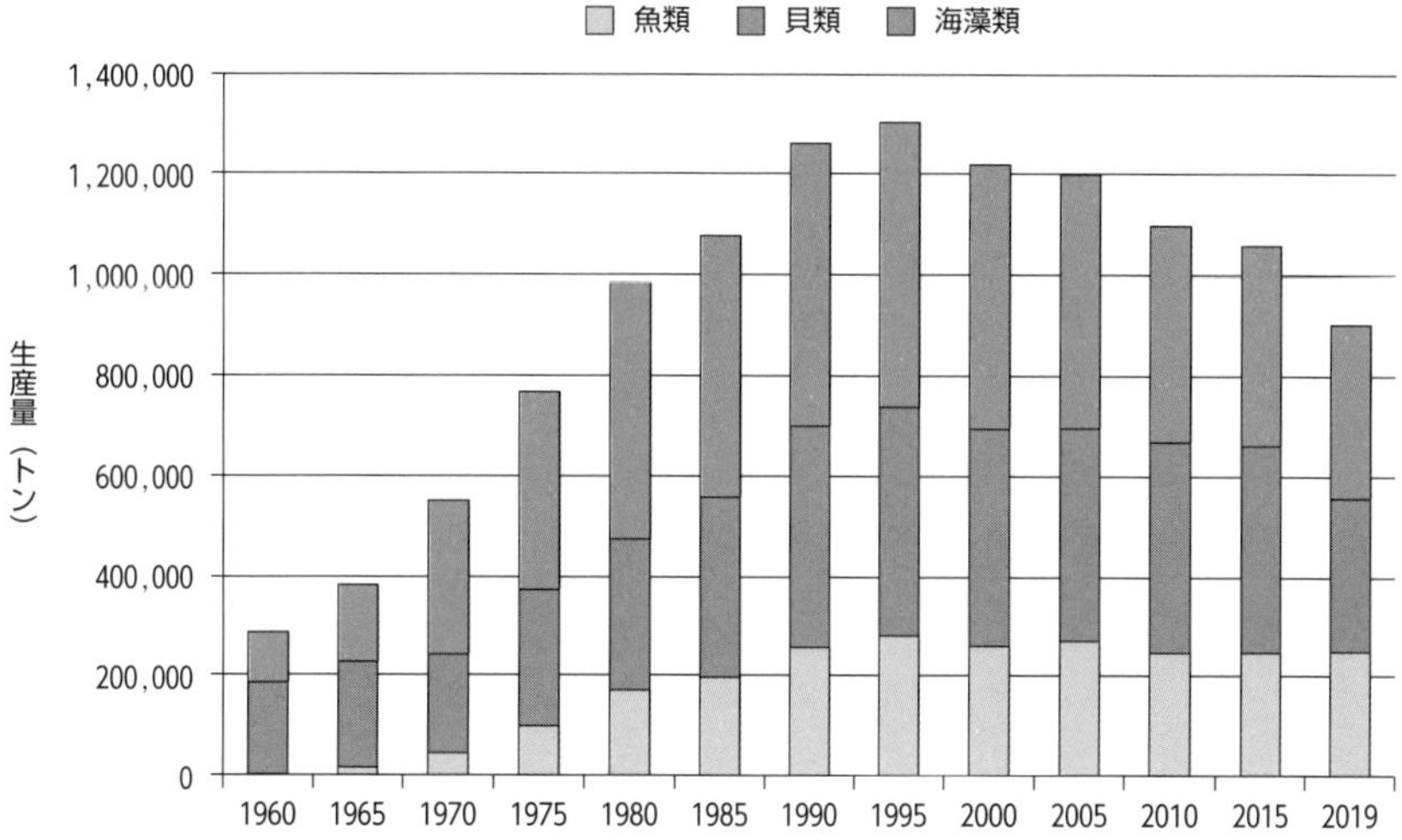

資料：農林水産省「漁業・養殖業生産統計」（各年版より）

海面漁業と養殖業の生産量および養殖生産のシェアの推移

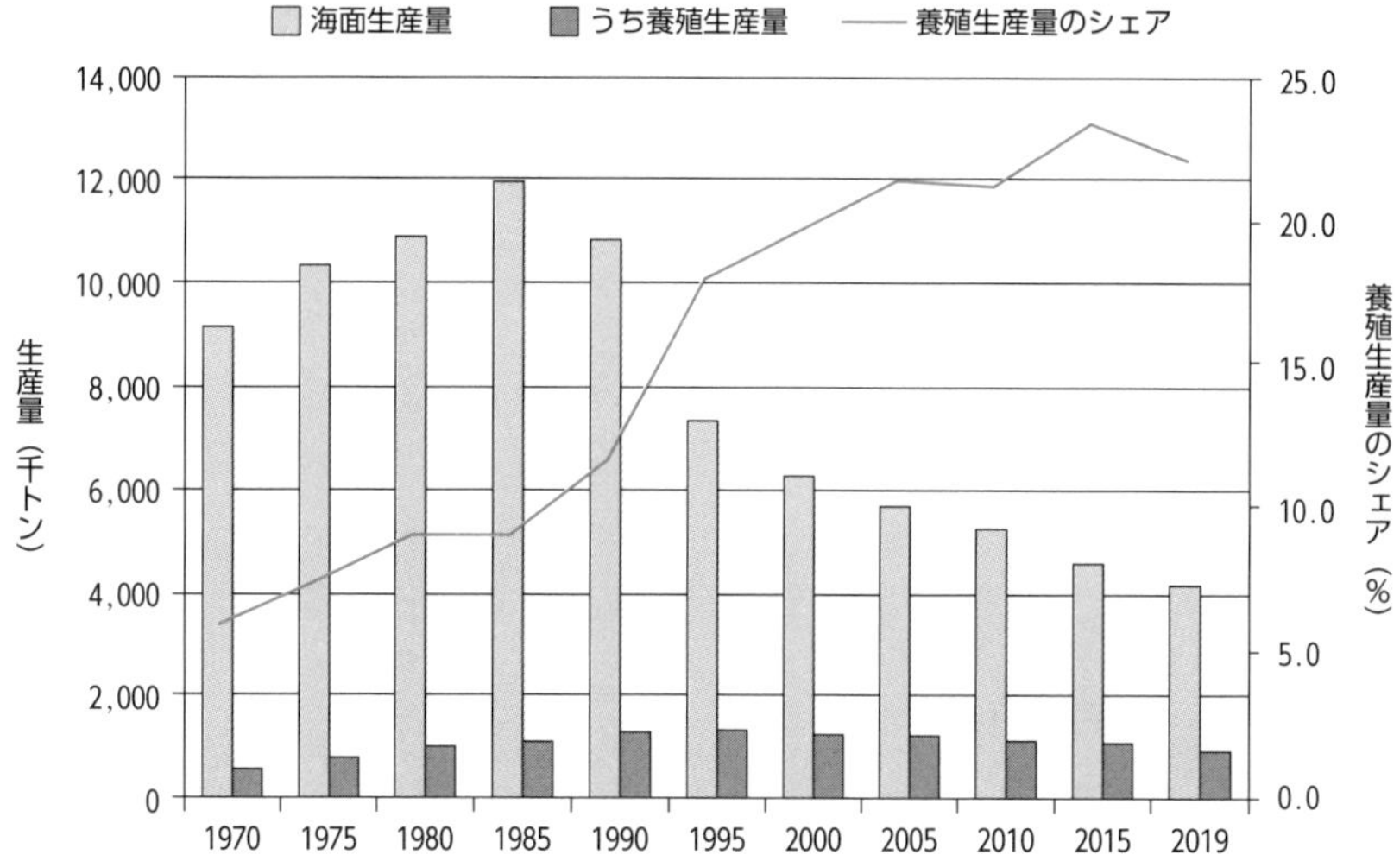

資料：農林水産省「漁業・養殖業生産統計」（各年版より）

カキは海のミルク、ホタテは海の牛肉

貝類の主な養殖対象種は、カキと、１９６０年代から始まったホタテガイの2種類です。カキには**イワガキ**が含まれています。このほかに、二枚貝類のヒオウギガイ、アカガイ、トリガイ、アカザラガイ、イガイ、また**腹足類**のアワビなども養殖されていますが、その生産量はわずかです。

カキは古くから海のミルクと呼ばれ、滋養強壮に富む食品として知られてきました。ホタテガイは人が利用できないプランクトンを肉に換える役割を果たしていますが、草を肉に換える牛に似ています。

カキは瀬戸内海、ホタテガイは北海道と陸奥湾が産地

カキの養殖生産量は１９６０年以降、20万トン前後で推移していましたが、宮城、岩手の両県が東日本大震災で壊滅的打撃を受けたことや主要産地の広島県が近年海域環境の悪化から生産量が減少していることを反映して、２０１１年以降は20万トンを下回ったままの状態が続いています。主産地は広島県を中心とする瀬戸内海と三陸沿岸ですが、ホタテガイと異なり、北海道から長崎県まで全国の広い産地で養殖されています。

ホタテガイは地まき放流（増殖）と**耳吊り**や篭《かご》による養殖の両方で生産されていますが、養殖生産量は１９７０～１９９０年にかけて急成長しました。１９９５年以降の生産量は20万トンを超えていましたが２０１７年から減少に転じています。主要な産地である北海道の噴火湾で原因不明のへい死が増えているためです。

ホタテガイは**玉冷**《たまれい》や**干貝柱**《ほしかいばしら》などに加工されていますが、カキは生鮮品が主体です。むき身作業は手作

用語

イワガキ
別名夏カキともいわれ、初夏が旬で、マガキより大きいカキの一種。主な産地は隠岐諸島。

腹足類
軟体動物門腹足綱に属する貝類で、巻貝のこと。

耳吊り
ホタテガイの殻に穴をあけて一個体ずつテグス糸で垂下するロープに吊るすこと。

玉冷
ホタテガイの貝柱の部分をむき身にして凍結した製品。

干貝柱
ホタテガイの貝柱を干して保存性を高めた製品。

貝類の養殖生産量の推移

単位：トン

年	合計	ホタテガイ	カキ	その他
1960	182,778	—	182,778	—
1965	210,603	—	210,603	—
1970	196,563	5,675	190,799	—
1975	271,573	70,256	201,173	114
1980	302,094	40,399	261,323	372
1985	360,095	108,509	251,247	339
1990	442,321	192,042	248,793	1,486
1995	456,767	227,823	227,319	1,625
2000	433,628	210,703	221,252	1,674
2005	424,680	203,352	218,896	2,432
2010	420,732	219,649	200,298	784
2015	413,028	248,209	164,380	439
2019	306,561	144,466	161,646	449

資料：農林水産省「漁業・養殖業生産統計」（各年版より）

ホタテガイとカキの主要産地と生産シェア（2019年）

	ホタテガイ			カキ		
		生産量（トン）	シェア（%）		生産量（トン）	シェア（%）
1	青森県	98,448	68.1	広島県	99,145	61.3
2	北海道	40,884	28.3	宮城県	21,406	13.2
3	岩手県	3,343	2.3	岡山県	12,168	7.5
4	宮城県	x	—	兵庫県	7,361	4.6
5	神奈川県	x	—	岩手県	6,341	3.9
	その他	0	0	その他	15,225	9.4
	合計	144,466	100	合計	161,646	100

資料：農林水産省「令和元年漁業・養殖業生産統計」

業のため、季節的に大量の労働力が必要なことから、その確保が大きな課題になっています。

天然発生の稚貝に依存する種苗

養殖用の種苗は天然発生した稚貝に依存しています。人工的につくることも可能ですが、天然のものを活用した方が安いからです。ところが種苗を生産できる海域は限られています。

カキの種苗は、一般的にホタテガイの殻を海水中に吊るして発生した浮遊幼生を付着させて種を得ます。その最大の産地が宮城県です。**地種**《じだね》を確保できる広島県などを除く全国のカキ養殖産地は宮城県から種を購入しています。東日本大震災では、この種苗の供給地が大打撃を受けたことから、日本のカキ養殖生産に大きな影響がでるのではないかと危惧されましたが、幸い種苗を確保することができ、事なきを得ました。

ホタテガイの種苗も地種だけでまかなうことはできませんから、外部から仕入れています。最大の種苗の供給地は北海道の日本海北部とオホーツク海です。稚貝は、海水中に吊るした採苗器（ネット）に付着した種を育成用の篭に入れて育てます。これを北海道各地や東北方面に供給しています。

このように、貝類養殖は種苗生産と成貝養殖が分業化されているのです。

漁場環境に大きく左右される養殖生産

カキもホタテガイも養殖の原理は一緒です。稚貝を海に吊るして育てるのです。カキは稚貝が付着したホタテガイの原盤をロープに挟む方法やワイヤーに連結する方法で、ホタテガイは耳吊りや篭の中に入れて海水中に吊るします。

二枚貝類は海水中のプランクトンや有機物を餌として取り込んで成長します。したがって、餌の量によって成長が大きく左右されますから、収穫までの期間は漁場環境（餌の量や海水の流れなど）によって大きく異なります。カキは1年～3年、ホタテガイは2年～3年を要します。

用語

地種
養殖地の地元で確保できる種のこと。多くは養殖中の母貝から放卵・放精した受精卵を付着器に付着させるが、海域に高密度に分布していないと種を得ることができない。

カキが付着した原盤をロープに取り付ける作業

＊執筆者撮影

カキ、ホタテの養殖方法の一例

延縄式《はえなわしき》（ホタテ）

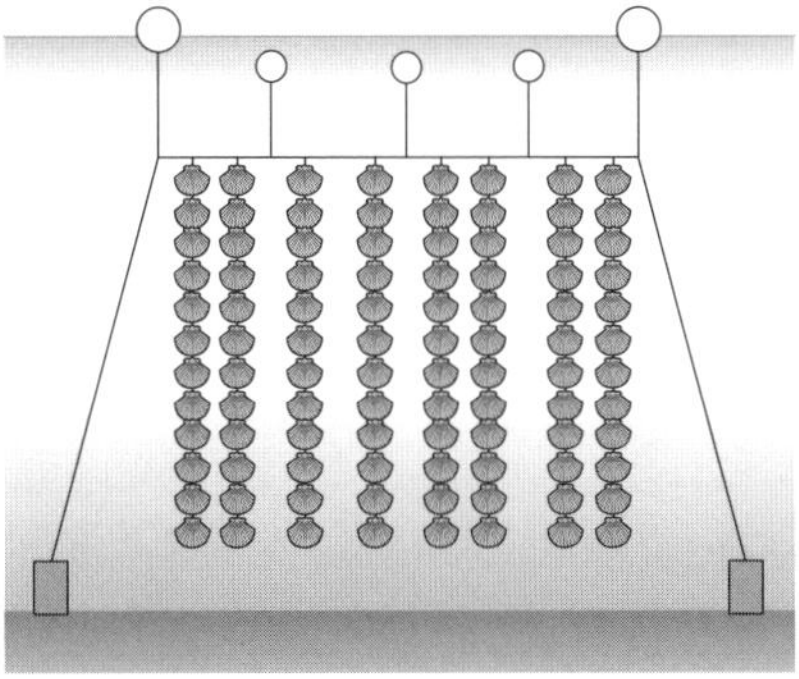

筏《いかだ》式（カキ）

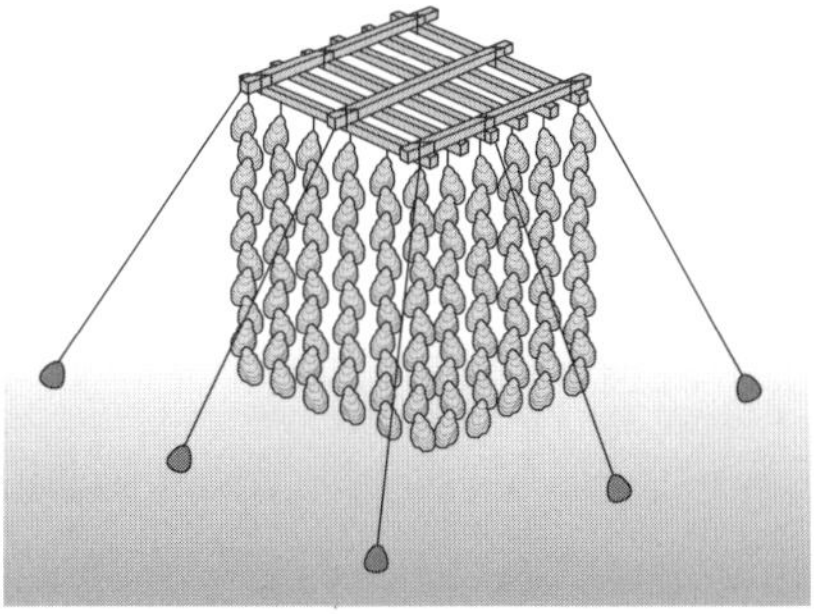

資料：水産庁 HP

7 魚類の養殖

小売業態の変化が養殖魚の普及を後押し

わが国の鮮魚の小売形態は、1970年代に入ると個人の鮮魚店から量販店へと、劇的な変化が始まりました。この量販店の普及により、いわゆる**四定条件**を満たす水産物を求めるようになります。

養殖魚は海面などにつねにストックされていて、同じ餌、同じ環境で育てられることから品質やサイズも一定、また、注文に応じて安定的に供給できる特性がありますから、量販店のニーズに適合していたのです。

1960年代から産業規模になった魚類養殖は、量販店拡大の後押しを受けて1970~80年代にかけて生産量が急拡大しました。1990年には25万トンを突破し、わずか四半世紀の間に水産物供給の中心的役割を果たす産業に成長したのです。

多様化が進む魚類養殖の対象種

魚類養殖が始まった当初はブリ（ハマチ）が中心でしたが、その後、マダイ、ヒラメ、ギンザケ、フグ類、クロマグロなどが養殖の対象になり、年々、養殖対象種の多様化が進んできました。その他の魚類の中には、サバやハタ類などの新しい魚種も登場しており、種苗の確保が進めば、魚種の多様化はますます進むことになるでしょう。

2019年の養殖生産量全体に占めるブリ類のシェアは55％に低下しています。ブリ類はブリ、カンパチ、ヒラマサなどのその他のブリ類を合わせたものですが、1990年代から鹿児島県を中心にカンパチの養殖が増えていますので、ブリだけのシェアをみるとさらに低く42％です。

マダイやヒラメの生産量は、2000年代に入っ

用語

四定条件
定量、定質、定時、定価という4つの条件。大量販売を特徴とする量販店で扱う商品の基本条件とされた。

魚類養殖の生産量の推移

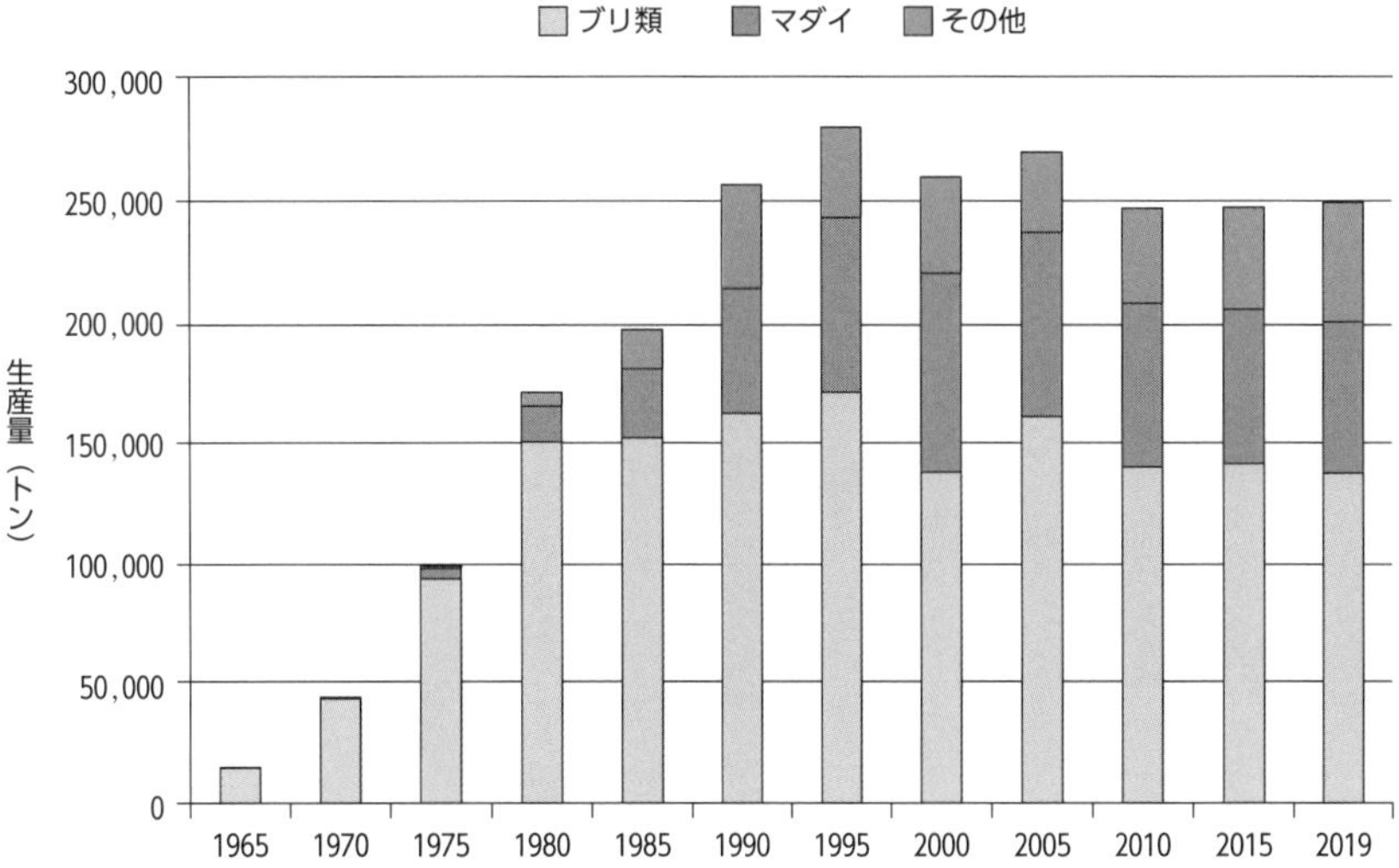

資料：農林水産省「漁業・養殖業生産統計」（各年版より）

魚類養殖の生産量（2019年）

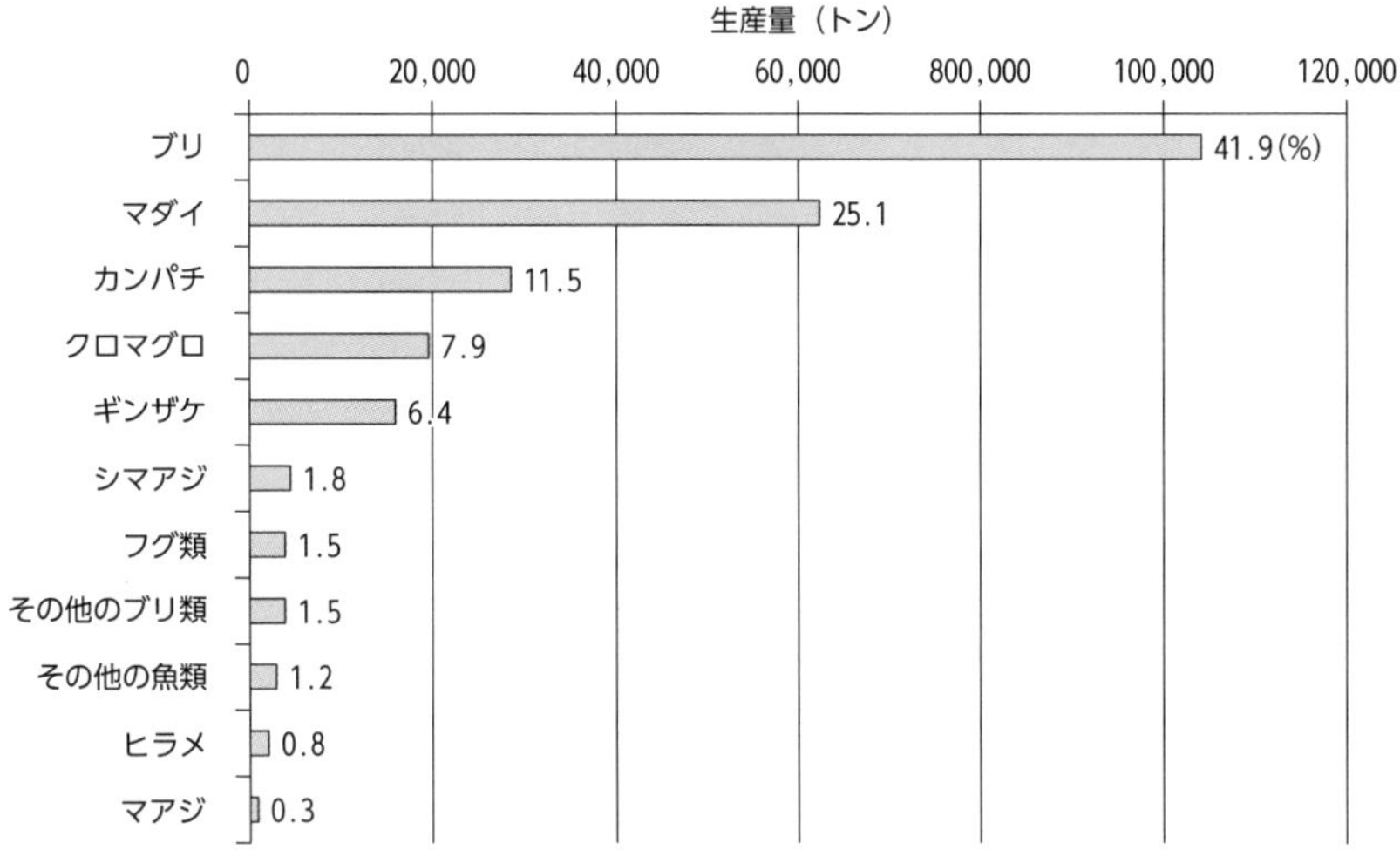

資料：農林水産省「令和元年漁業・養殖業生産統計」

て減少しています。一方、漁獲量が低下しているクロマグロの養殖生産量は近年急増しています。

魚類養殖は西日本が中心

魚類養殖の産地は九州、四国を中心とする西日本各地です。水温が高く魚類の成長が早いことが産地形成につながりました。ブリ、カンパチは鹿児島県、クロマグロとフグ類は長崎県、マダイは愛媛県が日本一の生産県です。

ただし例外は冷水性のギンザケで、愛媛県や新潟県、石川県、鳥取県の一部で行われていますが、宮城県が全国の生産量をほぼ独占しています。東日本大震災で、養殖施設が壊滅的打撃を受けましたが、みごとに復興を果たしました。

魚類養殖を担う漁村の多くは、もともと漁船漁業で生計を立てていましたが、養殖産地化されることにより、収入が相対的に安定しました。一方、養殖に関連する関連産業も形成され、養殖業が地域経済を支えているところが多くなっています。

養殖魚は私たちの食生活に欠かせない存在

ギンザケはわが国周辺には生息していない魚ですので、国内供給量のすべてが養殖魚です。

ブリ類、マダイ、クロマグロはすでに国内の供給量の半分以上を養殖物が占めています。フグ類も高級魚のトラフグに限れば、供給量の9割は養殖魚です（下関の**南風泊市場**《はえどまり》の取扱量）。このように、今や養殖魚は私たちの食生活に欠かせない存在になっています。

ひところ、養殖魚の奇形や薬漬けがセンセーショナルに報道され、養殖魚のイメージが傷つきましたが、近年は、**防汚剤**を使用しない金網生簀の採用、海を汚さない**EP**などへの餌の改良、低密度飼育による健康な魚づくりが進められています。餌の改良や地域色豊かな生産方法も導入され、地域ブランドづくりも活発です。肝心の肉質も改善し、わが国の魚類養殖はずいぶん進化し、美味しい魚が提供されるようになっています。

用語

南風泊市場
下関市にあるフグに特化した産地市場。わが国のフグ類の約半分を取り扱う。

防汚剤
→101ページ

EP
→101ページ

生産量が多い主な養殖魚の産地（2019年）

単位：トン

ブリ（全国生産量　104,055）		
1	鹿児島県	26,654
2	大分県	17,766
3	愛媛県	16,508
4	宮崎県	9,638
5	高知県	8,329
カンパチ（全国生産量　28,494）		
1	鹿児島県	15,096
2	愛媛県	3,965
3	宮崎県	1,958
4	大分県	1,946
5	香川県	1,903
ギンザケ（全国生産量　15,938）		
1	宮城県	14,179
2	愛媛県	69
3	—	—
4	—	—
5	—	—

マダイ（全国生産量　62,301）		
1	愛媛県	35,350
2	熊本県	8,338
3	高知県	6,334
4	三重県	3,809
5	長崎県	2,368
クロマグロ（全国生産量　19,584）		
1	長崎県	7,188
2	鹿児島県	3,362
3	高知県	2,017
4	三重県	1,390
5	和歌山県	1,080
フグ類（全国生産量　3,824）		
1	長崎県	1,801
2	熊本県	639
3	大分県	284
4	佐賀県	267
5	香川県	187

資料：農林水産省「令和元年漁業・養殖業生産統計」

主な養殖魚の国内総供給量に占める割合（2019年）

単位：トン、％

	天然漁獲量	養殖生産量	総供給量	養殖魚の割合
ブリ類	108,957	136,367	245,324	55.6
マダイ	15,953	62,301	78,254	79.6
クロマグロ	10,236	19,584	29,820	65.7
ギンザケ	0	15,938	15,938	100.0
フグ類	4,956	3,824	8,780	43.6
ヒラメ	6,920	2,006	8,926	22.5

資料：農林水産省「令和元年漁業・養殖業生産統計」

8 海藻の養殖

減少しつづける海藻類の養殖生産

戦前まで海藻類の養殖は、ノリ類に限られていました。戦後、ワカメ養殖が始まり、同じ原理でコンブ類の養殖ができるようになりました。１９７０年代に沖縄県で**モズク類**の養殖方法が普及、さらには海ブドウやマツモ、スジアオノリなど養殖の対象種は多様化が進んでいます。

天然物の減少や養殖技術の発達が対象種を広げることになりました。

海藻類の養殖生産量は、１９７０年代に急成長し、１９８０年には50万トンを超えましたが、２０００年代に入ると一転して減少に転じました。ノリに代表されるように家庭での海藻の消費が減ったからです。ワカメ類の場合は、輸入品が増えたことも一因です。

集中する養殖産地

海藻類の産地は特定の海域に集中する傾向があります。ノリは兵庫県（瀬戸内海側）と有明海が主産地で、全国の7割強を生産しています。ノリは全国各地で生産されていましたが、自動乾燥に巨額の投資が必要になると零細な産地が淘汰されたためです。

ワカメは三陸沿岸と徳島県が主産地ですが、前者が全国の約7割を占めています。コンブ類は北海道と三陸沿岸、モズク類は沖縄県が主産地です。神奈川県や長崎県で養殖されているコンブ類は、夏を越すことができない**一年生コンブ**です。

コンブ類は今でも天然物が全供給量の59%ほどを占めています。しかし、ノリ類とモズク類は、天然物はごくわずかで、ほとんどが養殖物です。ワカメ類は年々養殖物の割合が増えています。

用語

モズク類
当初はオキナワモズクという太いモズクだけだったが、近年は糸モズクという細いモズクもつくられるようになっている。

一年生コンブ
コンブは二年生の海藻だが、成熟する前の1年で収穫するコンブ。葉が柔らかく、ダシには向かないが煮物に最適。水温が上昇する春までは暖かい海でも養殖できる。

海藻類の養殖生産量の推移

単位：トン

年	合計	コンブ類	ワカメ類	ノリ類	モズク類	その他
1960	100,457	—	—	100,457	—	—
1965	153,290	—	12,537	140,753	—	—
1970	308,105	282	76,360	231,464	—	—
1975	395,881	15,696	102,058	278,127	—	—
1980	512,670	38,562	113,532	357,672	—	2,904
1985	522,636	53,593	112,375	351,788	—	4,880
1990	565,060	54,297	112,974	387,245	—	10,544
1995	569,114	55,056	99,571	407,005	7,400	83
2000	528,574	53,846	66,676	391,681	16,324	47
2005	507,741	44,489	63,082	386,574	13,459	138
2010	432,796	43,251	52,393	328,700	8,100	352
2015	400,181	38,671	48,951	297,370	14,574	614
2019	346,389	32,812	45,099	251,362	16,470	646

注：ノリは生重量換算
資料：農林水産省「漁業・養殖業生産統計」（各年版より）

生産量が多い主な海藻類の産地（2019年）

単位：トン

ノリ類（全国生産量　251,362）		
1	佐賀県	65,187
2	兵庫県	53,093
3	福岡県	39,458
4	熊本県	33,409
5	宮城県	11,616
コンブ類（全国生産量　32,812）		
1	北海道	23,913
2	岩手県	7,666
3	宮城県	1,122
4	神奈川県	68
5	長崎県	17

ワカメ類（全国生産量　45,099）		
1	宮城県	18,309
2	岩手県	12,647
3	徳島県	5,975
4	兵庫県	3,289
5	長崎県	1,021
モズク（全国生産量　16,470）		
1	沖縄県	16,402
2	鹿児島県	x
3	福岡県	x

資料：農林水産省「令和元年漁業・養殖業生産統計」

9 養殖業が抱える問題

過密養殖と自家汚染

無給餌養殖のうち、海藻類は海水中の栄養塩類の濃度に、二枚貝類やホヤなどのろ過食性動物は海水中の餌（プランクトンなど）の量に生（成）長が左右されます。海面に高密度に養殖施設を設置したり、種苗を投入したりすることを過密養殖といいます。過密養殖になると、栄養不足や餌不足によって生（成）長が悪くなり、品質の低下や疾病の発生を招きます。

畜産業の場合は、発生した糞尿は処理され、環境中に排出されることはありません。一方、養魚施設では発生した糞や残餌が海底に堆積し、その分解に伴って酸素が消費され、**貧酸素水塊**を形成、あるいは**富栄養化**が進みます。海の汚染を自ら招いていることから自家汚染と呼ばれます。

餌料価格の高騰

畜産業は基本的に植物性の餌料を与えて動物性たんぱくを得ていますが、給餌養殖は魚から魚を生産する点で、植物から肉をつくる畜産業とは大きく異なります。給餌養殖が成立するためには餌を獲るための漁業の存在が不可欠なのです。

マイワシ資源が豊富であった１９９０年代は、餌の原料は自給できましたが、国内の漁業生産が減少すると、餌の**魚粉**を海外に依存するようになりました。この魚粉の価格はペルーなどの輸出国の資源状況や国際市況を受けて変動します。

近年この魚粉の価格は高止まりしています。給餌養殖のコストの半分以上を餌代が占めますので、餌の原料価格の動向に養殖経営は大きく左右されることになるのです。

用語

貧酸素水塊
水中に溶けている酸素の濃度が極端に低くなった水塊。ほとんどの生物は酸素がないと生きていけないので、生物が死亡する原因になる。

富栄養化
→１０１ページ

魚粉
フィッシュミールとも呼ばれる魚を加工した粉。配合飼料の原料となり、主としてチリやペルーが生産国。マイワシが豊富な時代はわが国でも多くつくられていた。

自家汚染の概念図

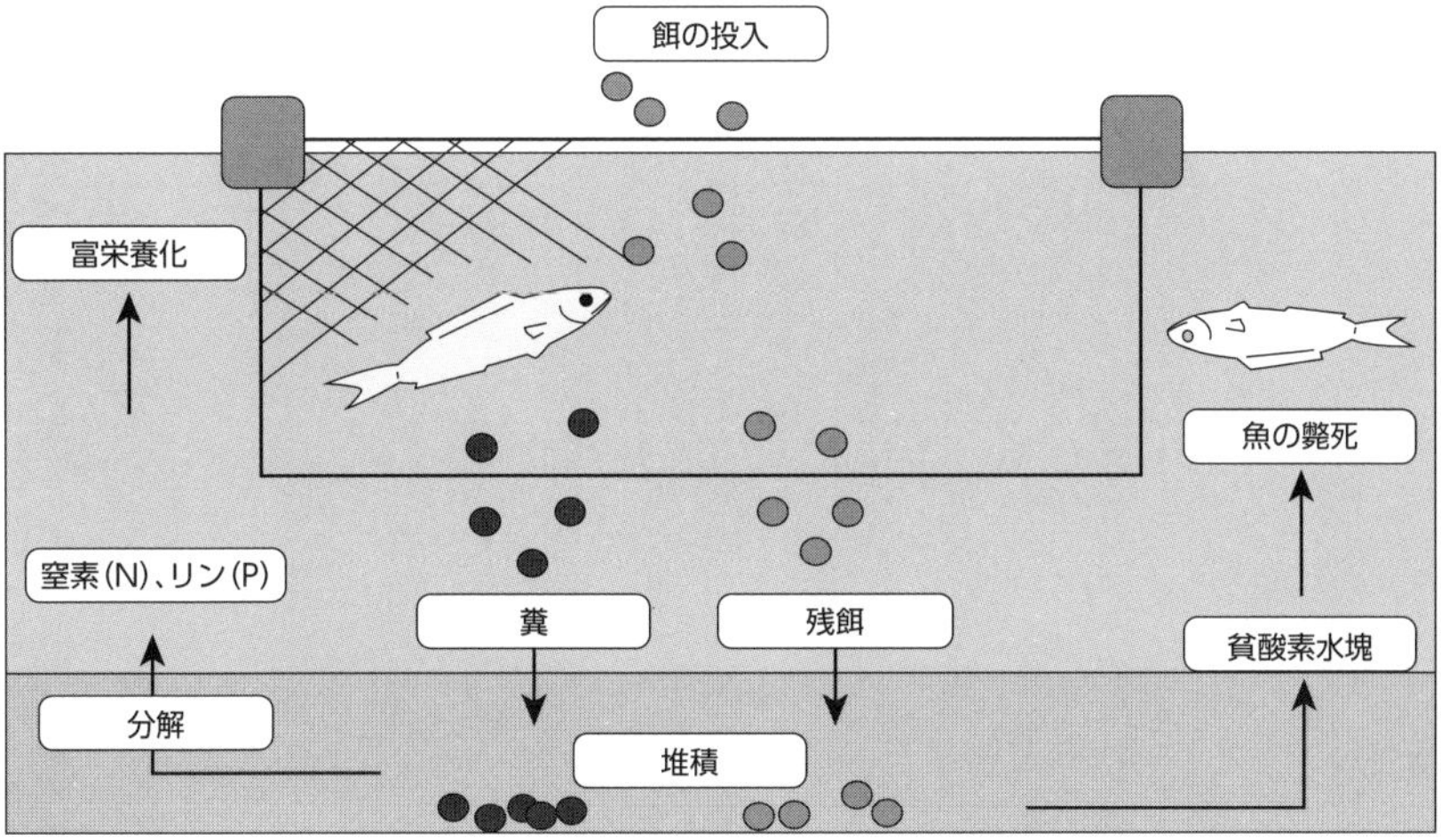

＊執筆者作成

魚粉の国内価格の推移（1997～2019年）

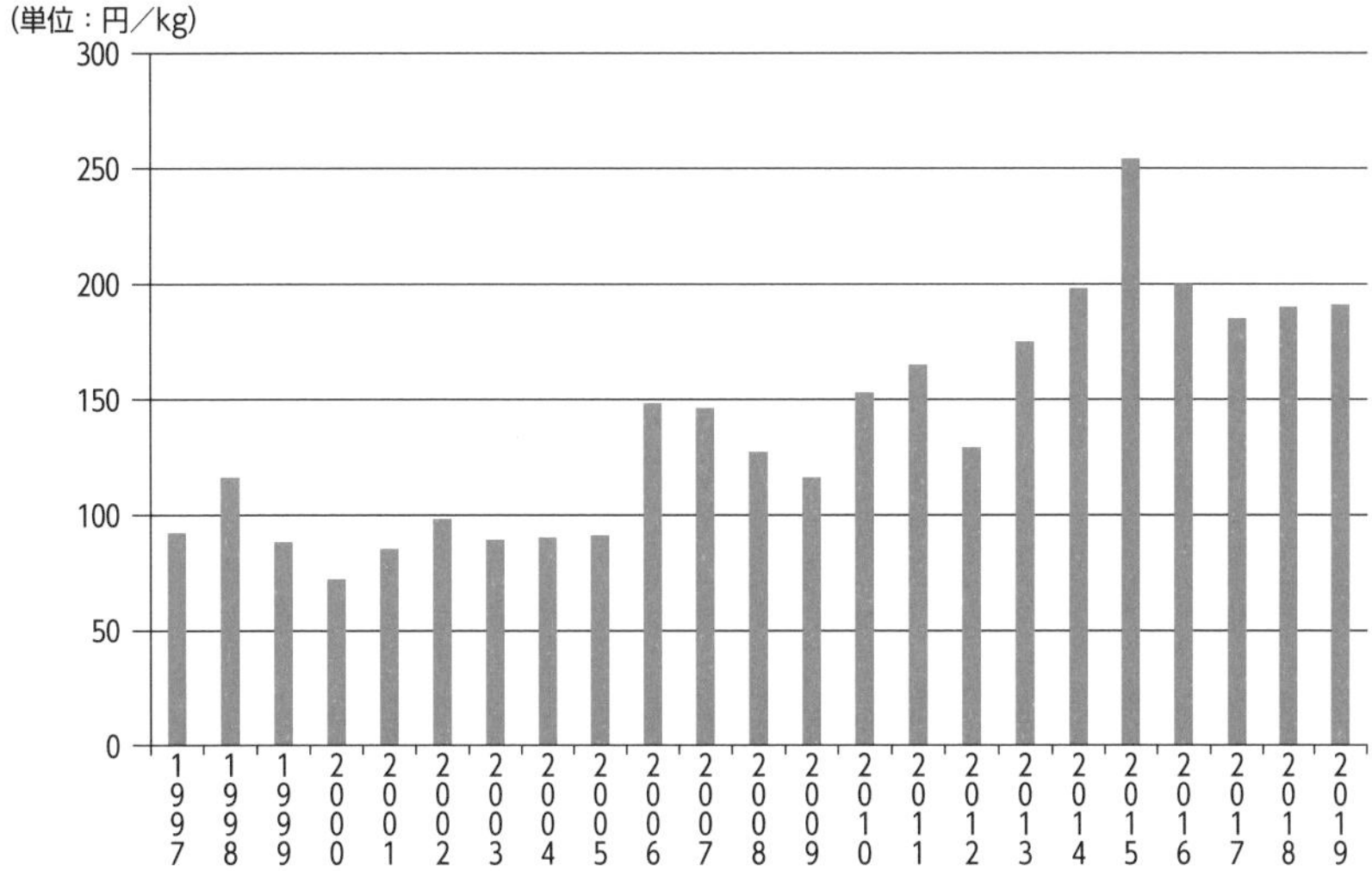

資料：日本水産油脂協会『水産油脂統計年鑑』（各年版より）

10 養殖業の未来と可能性

成長産業化の期待を集める養殖業

人にとって有用な生物種を漁獲する漁業は、海の生態系や環境の変化を受けて大きく変動するのできわめて不安定です。また資源を持続的に利用するためには、抑制した利用が求められます。つまり「成長産業化」は原理的にありえず、漁業は「脱成長」の典型的な産業なのです。

これに対して、養殖業は農業に近いため、海の環境の制約を受けながらも「成長産業化」が一定程度可能です。国民的需要への対応、水産物の安定供給、漁家経営の安定の面でも養殖業への転換が求められるところです。

水産庁は水産政策の改革の一環として、2020年7月に「養殖業成長産業化総合戦略」を策定し、生産が頭打ち状況にある養殖業を成長産業化の軌道に乗せようとしています。

ところでわが国の養殖業は個人経営体が中心で零細です。大規模な投資を要するクロマグロやクルマエビの養殖は企業経営が多いのですが、無給餌型の養殖は個人経営が大部分を占めています。

養殖業を成長軌道に乗せるためには、会社等の団体経営の参入を促す必要があるとの認識から、2018年に改定された新漁業法では、区画漁業権の優先順位を撤廃しました。

しかし問題は養殖漁場の確保です。例えば静穏で潮通しのよい場所が一般的に養殖の適地になりますが、こうした優良漁場はすでに既存の経営体によって養殖が営まれています。したがって新規参入が受け入れ可能な漁場は相対的に条件が不利な場所になります。この問題を解決するには、消波施設などの漁場整備が必要になるのです。

用語

物質循環型複合立体養殖の展開

本格的な海面養殖はここ半世紀ほどの歴史しかありません。そして、これまでの歩みは単一種の養殖が中心でした。一方、陸域では、**アグロフォレストリー**などの複合的な土地利用や生産システムが提案されるようになっています。海面での養殖生産も、立体的、複合的な生産システムの導入が求められるでしょう。

例えば、カキは海水中のプランクトンなどの有機物をろ過摂餌して体内に取り込み、糞や**擬糞**として体外に排せつし、海底に堆積します。この排せつ物はナマコやゴカイ類などの**泥食《でいしょく》性動物**の餌になります。一方、カキを吊るす垂下連はナマコの浮遊幼生の**コレクター**の役割を果たし、ここでトラップされ成長した稚ナマコはやがて海底に落下します。養殖場の海底には餌が豊富にありますから、カキとナマコの生産という一石二鳥の効果が期待できます。さらにゴカイなどの餌が増えますから、魚が集まってきます。また、給餌養殖の場合は、排せつ物が養殖施設の周りに供給され、栄養塩類の濃度が高まります。この周囲で栄養塩類を利用する海藻類やろ過食性動物を複合養殖すれば、単位面積当たりの収益の増大をもたらすとともに自家汚染を防止し、持続的漁場利用を可能にするでしょう。

両方とも物質循環の発想に基づく将来の養殖業の姿ですが、この実現のためには、科学的データに基づくシステム設計と、地域の漁業関係者の一体的な取り組みが不可欠になります。

魚類資源に依存しない餌の開発

給餌養殖の餌は魚を原料としていますが、このことが経済的に成り立つには、餌の魚と養殖の魚に大きな価格格差があることが大前提です。魚種間の価格格差が縮小すれば餌にするよりも人間が直接食べることになりますから、餌に回す魚はなくなります。バブル期の1990年代は、1kg当たり10円のマイワシと1万円を超えるトラフグまで、魚種間の価格

アグロフォレストリー
林業と農業の複合的、立体的経営で、資源循環型の持続的利用システム。

擬糞
ろ過食性動物が水中から取り入れた懸濁物のうち食物として利用できないものを排出したもの。

泥食性動物
泥の中の有機物を餌とする動物。陸上ではミミズがその典型。

コレクター
→102ページ

格差は実に千倍以上に及んでいました。このような経済的条件のもとで給餌養殖は発展してきたのです。しかし、今日魚粉価格の高止まりが顕著です。

給餌養殖を将来にわたって成り立たせるためには、①魚類資源に依存しない餌の開発、②魚類の加工残滓の徹底利用システムの構築が求められています。

淡水魚のコイは江戸時代から養殖されてきましたが、コイの餌は当時盛んだった養蚕の副産物であるサナギでした。地域資源を有効に利用する物質循環の利用システムがあったのです。

化石燃料の大量消費によって増え続ける大気中の二酸化炭素を、有効に活用できるのが水中の微細藻類です。植物は二酸化炭素を光合成によって吸収しますから**カーボンニュートラル**を実現する手段として期待できます。生産した微細藻類をもとに餌生物を生産する新たな物質循環型のシステム（例えばろ過食性のハクレンを培養しミール化など）を検討していくべきでしょう。

物質循環型複合立体養殖の概念事例

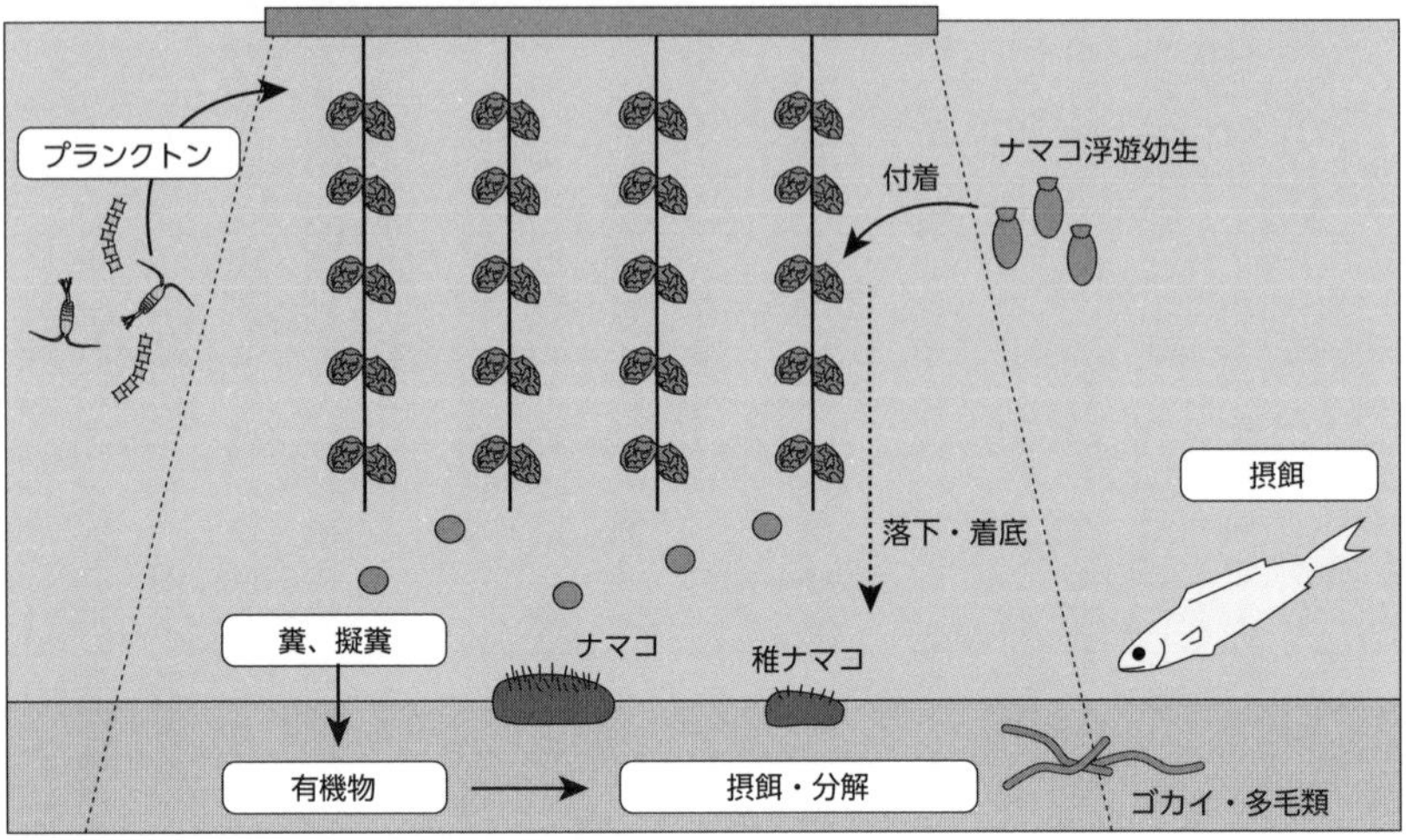

＊執筆者作成

用語

カーボンニュートラル　排出した炭素を吸収や除去によって差し引きゼロにすること。

コラム
3

「絶滅危惧種」は絶滅寸前なの？

◆絶滅危惧種とは？

ウナギやマグロが食べられなくなる――。そう心配するニュースが最近よく聞かれます。2014年、国際自然保護連合（IUCN）が、ニホンウナギと太平洋クロマグロを絶滅危惧種としてレッドリストに掲載したからです。

レッドリスト自体には、法的な拘束力はありません。しかし、ワシントン条約（絶滅のおそれのある野生動植物の種の国際取引に関する条約）附属書掲載の参考とされ、もし掲載されると国際的な取引が禁止もしくは制限されます。懸念されているのはそこです。

しかし、絶滅危惧種には数段階のランクがあります。また国内でも環境省のほか、水産庁、地方公共団体などが独自にレッドリストを作成しています。IUCNは世界最大の国際的な自然保護ネットワークで、絶滅危惧種のカテゴリーは次の3つです。

絶滅危惧ⅠA類：ごく近い将来における野生での絶滅の危険性が極めて高いもの

絶滅危惧ⅠB類：ⅠA類ほどではないが、近い将来における野生での絶滅の危険性が高いもの

絶滅危惧Ⅱ類：絶滅の危険が増大している種。現在の状態をもたらした圧迫要因が引き続いて作用する場合、近い将来「絶滅危惧Ⅰ類」のランクに移行することが確実と考えられるもの

このランクの上に「絶滅」「野生絶滅」、下に「準絶滅危惧」「軽度懸念」があります。問題のニホンウナギはⅠB類、太平洋クロマグロはⅡ類で、明日にも絶滅というわけではなく、刺激的な報道と事実はやや異なります。

◆難しい海洋生物の資源評価

資源の保全と利用を巡る国際会議には、自国の利益を守ろうとする政治的なかけひきも介在するといわれます。

もちろん水産資源の持続可能な利用は国際的な重要な課題です。日本では国際水産資源研究所など国の機関が、国際連携のもと資源量の把握（資源評価）に努めています。しかしこれはとても難しい作業だといいます。

海の自然環境は絶えず変動し、生物資源はその影響で大きく増減を繰り返します。また、広い海を回遊する魚の生態は未解明のものが多く、食物連鎖を含め生態系全体で捉える必要もいわれています。漁獲量のモニタリングと管理は進んでいますが、自然資源の把握が不十分なため、漁獲の影響との関係性はいまだ明らかではありません。

こうしたことから、人間が漁獲する以前の資源量（初期資源）との比較で絶滅危惧種を選ぶこと自体が疑問だ、という議論もあります。

コラム 4

東日本大震災からの復興と水産業

震災の被害と復興

2011年の東日本大震災により、岩手・宮城・福島の「被災3県」の水産業は、壊滅的な打撃を受けました。加えて、福島県の原子力発電所の事故は、自然災害とはまったく性質の異なる大きな被害を及ぼしています。

震災から10年がたち、漁船や漁港、市場などの漁業インフラはほぼ復旧。防潮堤の建設や集落移転にもめどが立ち、各地に震災遺構や伝承施設が整備されるなど、早くも震災は「歴史」になりつつあります。

この10年、震災からの復興を水産業成長の好機にしようと、さまざまな挑戦が行われてきました。魚市場や水産加工施設は高度衛生管理施設の機能を備え、輸出を視野に国際競争力をつけています。

また、たとえば宮城県南三陸町戸倉地区のカキ養殖は、2016年に国際的な水産エコラベルのASC認証を日本で初めて取得しました。認証の基準にしたがい養殖台数を3分の1に減らしたところ、漁場環境が大幅に改善されました。震災前は2，3年かかった養殖期間がわずか1年になり、出荷時期の労働時間は半分以下に。しかも水揚げ金額は震災前を上回りつつあります。

他にも、漁業者による直接販売、地域ぐるみの民泊や体験交流事業など、新たな動きも生まれています。

漁業や漁村の復興は道なかば

とはいえ、被災地の水産業全体をみると、厳しい状況にあります。

震災後、岩手と宮城の漁業者は6割前後にまで減り、高齢化も進んでいます。また、被災3県の主要魚市場の水揚げ金額（2020年）は、サケやサンマの不漁も影響し、岩手は被災前の64%、宮城は81%、福島では51%にとどまります。

岩手と宮城の養殖品目の漁協共販数量（2019年）は、ワカメが震災前年の65%、ホタテガイは33%、カキは51%と足踏み状態です。養殖施設の整備は震災後3年で完了しており、停滞の原因のひとつは人手不足です。町づくりの遅れやコミュニティーの崩壊で沿岸の人口が減ったことも、担い手や人手不足の大きな要因です。

福島では、原発事故の深刻な影響が続いています。震災後、漁業再開に向けて「試験操業」と漁獲物の放射能検査が行われてきましたが、2021年3月にようやく試験操業が終了。本格的な操業再開に向けて期待が高まりました。ところがその矢先の4月、政府はトリチウムを含む原発の処理を海に放出すると決定。漁業者は十分な対話のない一方的な決定だと強く反発しています。とらえどころのない風評への不安は大きく、復興への道は遠く険しいといえます。

第5章

水産物の流通・消費を知る

1 日本人の魚の消費量

肉と魚の消費量が逆転、魚離れ続く

日本人の食用魚介類の1人当たり年間消費量は減少傾向にあり、２０１９年度は、ピーク時（２００1年、40・2kg）に比べ41％も少ない23・８kgとなっています。一方、同じ重要なタンパク源である肉類の消費量は増加しつづけており、２０１１年度には魚介類と肉類の年間消費量は逆転し、その後も肉が魚を上回っています。

その背景には、戦後まれにみる高度経済成長を経て低成長に変貌した日本の、先進国で最も急速な高齢化社会の到来があります。また、働きざかりの生産年齢人口（15～64歳）の減少による食料消費の縮小、コメと魚に象徴される日本型食生活の減退などが影響しています。今後も社会経済環境の条件によって長期的な変化が予想されます。

生鮮魚介類の購買意欲は？

生鮮魚介類の1世帯当たり年間消費額は近年、４万1千円前後で横ばいないし漸減で推移していました。しかし、２０２０年は新型コロナウイルス感染症の拡大防止のため、外食需要が激減し、いわゆる「巣ごもり消費」で家庭内食が増加しました。生鮮魚介類も金額、数量ともに伸びています。今後もこの現象が継続するかはコロナいかんと言えそうです。

魚の消費に関しては、40代、50代になると消費が伸びる**加齢効果**が指摘されていましたが、近年の現象はそれを否定しています。

また、長期的には**食の外部化**が進み、外食や調理食品において水産物消費が増えています。特に回転寿司では世代を問わず、生鮮魚介類や魚卵、調味品が人気を集めています。

用語

加齢効果
年齢が進むことでライフステージが移行し、一定の嗜好変化がみられること。例えば、若いときには脂肪分の高い欧米型の食事を好むが、年を取るにつれ、コメと魚の伝統的な日本型食生活に落ち着くなど。

食の外部化
日本人の食生活で最も変化したのが、家庭内での食事や調理で、大きく外部に依存するようになり、外食のウエイトが増加。さらに惣菜やお弁当などの「中食」が大きな市場を形成し、食の外部化率は約45％に達する。

食用魚介類と肉類の1人当たり年間消費量の推移

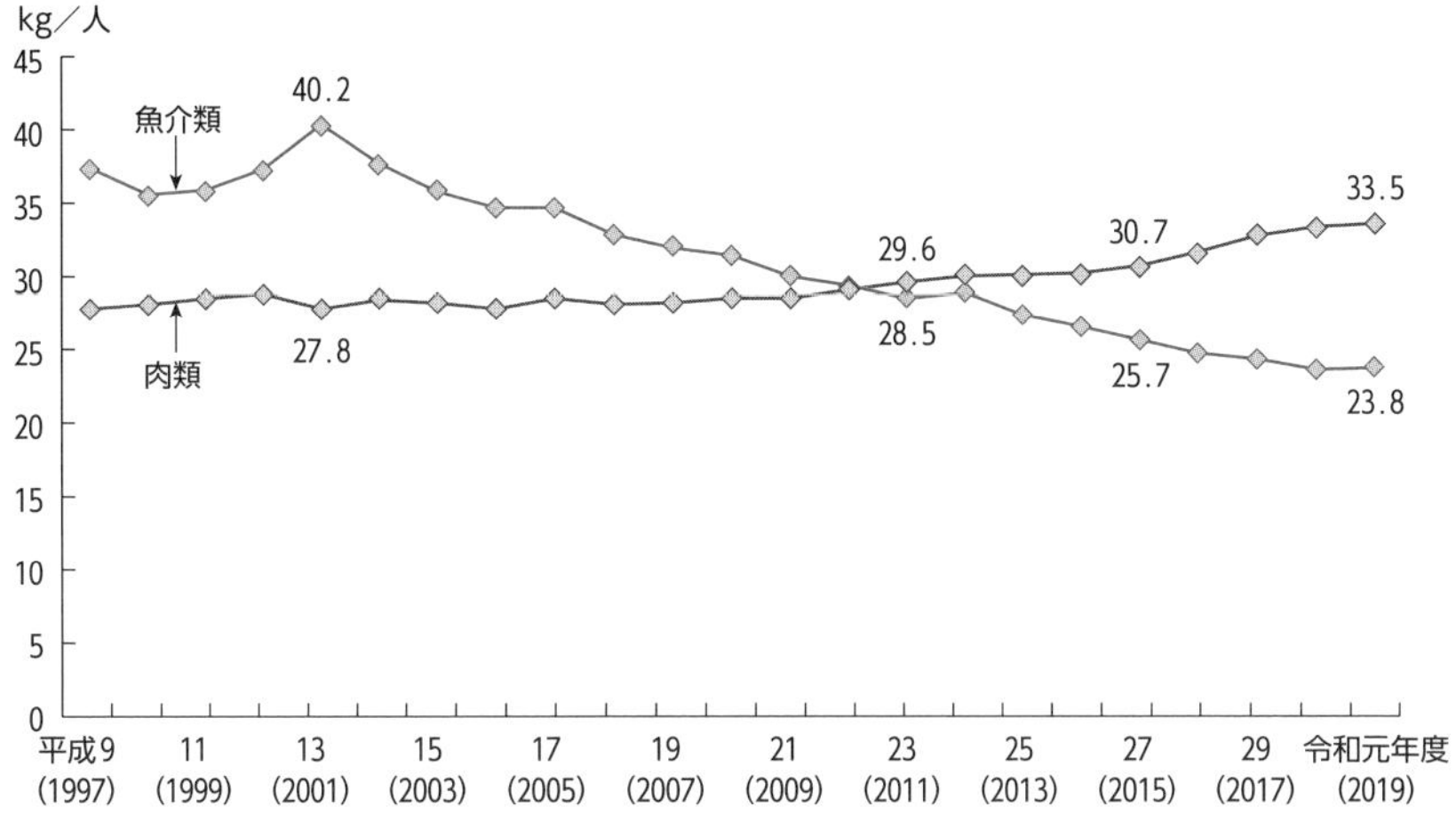

資料：農林水産省『令和元年度食料需給表』

生鮮魚介類の1世帯当たり年間支出額・購入量の推移

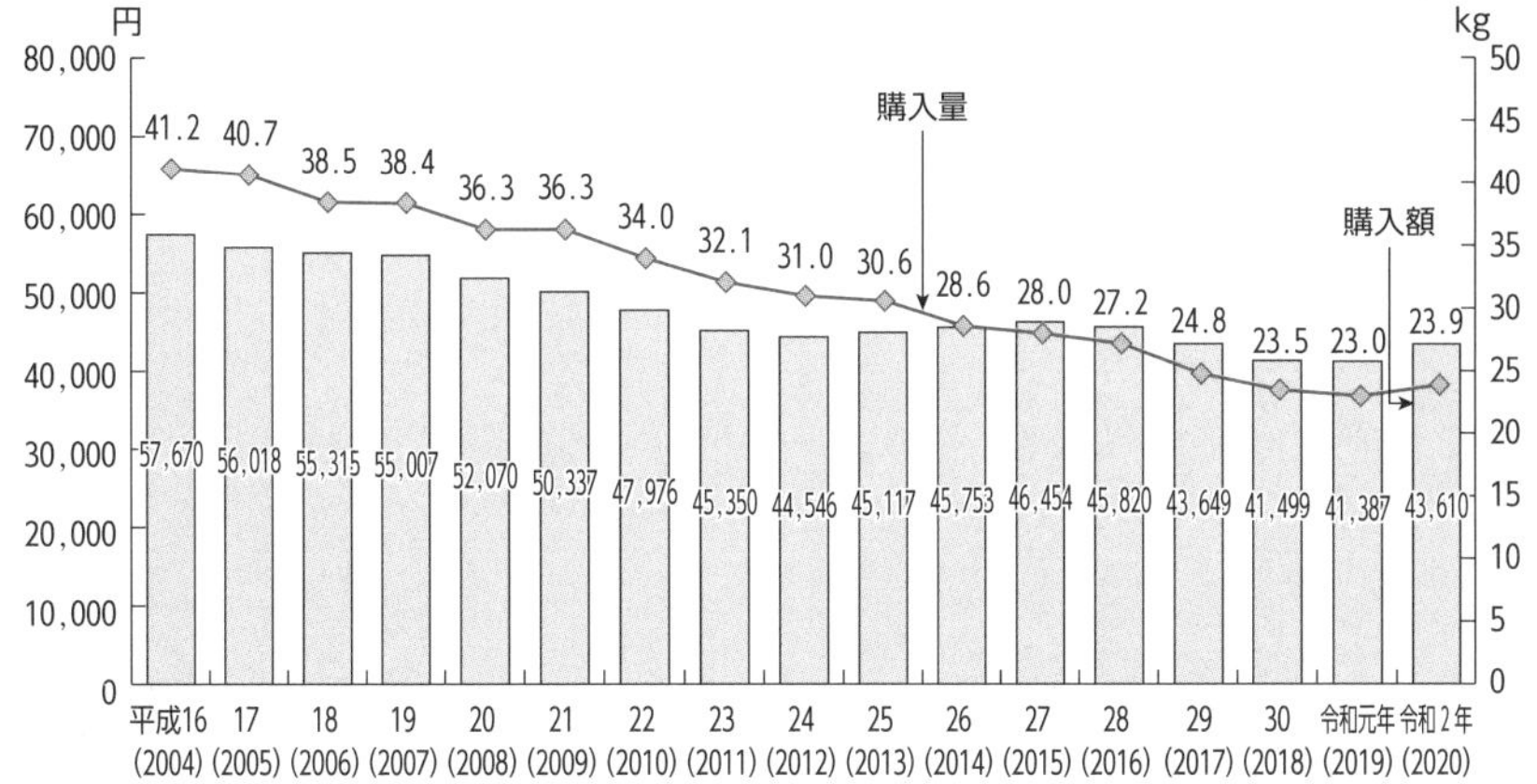

資料：総務省『令和2年家計調査年報』

2 全国各地の魚料理

地場の特産魚を使った独自の料理

日本の沿岸・近海の漁業では、多様な魚が水揚げされており、地域によって数多くの特産魚が販売されています。当然、地魚を対象にした郷土料理も多く、産地では地場産水産物の水揚げを背景に独特の嗜好性を伴った料理を進化させ、観光客のグルメ志向を満足させています。

マルハニチロが実施した「魚食に関する調査２０２０」によると、魚を食べに行きたい都道府県は、北海道、石川県、富山県がベスト3を占め、北海道では、「石狩鍋」や「サケの**ちゃんちゃん焼き**」「イクラ丼」「サケ・イクラ丼」「マグロの刺し身」「ホッケの塩焼き」「ウニ丼」など素材の良さを楽しむメニューが挙がっています。また、石川県では「**ノドグロ**の寿司」や「煮付け」「刺し身」といったノドグロ料理が多く挙げられ、富山県では「寒ブリの刺し身」や「ホタルイカの塩辛」といった寒ブリ料理、イカ料理が挙がっています。

全国の伝統的な魚料理

魚料理に対するイメージは、約13％の人が「地域の特色がある」と回答しており、他県の人に自慢できると思う郷土の魚料理を聞いたところ、青森県「マグロの刺し身」、茨城県「アンコウ鍋」、神奈川県「生シラス丼」、新潟県「甘エビの刺し身」、愛知県「ウナギの**ひつまぶし**」、兵庫県「**イカナゴ**のくぎ煮」、広島県「カキの土手鍋」、高知県「カツオのたたき」、福岡県「ごまサバ」、沖縄県「グルクンの唐揚げ」など、全国各地で様々な伝統的な魚料理が愛されています。

用語

ちゃんちゃん焼き
サケなどの魚と野菜を鉄板で焼いたもので、多くは味噌で味つけする。北海道の浜に古くから伝わる料理で、2007年農林水産省により農山漁村の郷土料理百選に選ばれ、ジンギスカンや石狩鍋とともに北海道を代表する郷土料理。

ノドグロ
アカムツ。北陸や山陰で特産魚として扱われ、上品な味わいで、煮ても焼いても美味。「白身のトロ」と称される。東のキチジ（キンキ）と対比される西の超高級魚として市場で評価が高い。

魚料理を食べに行きたい都道府県

	都道府県	%
1位	北海道	51.0
2位	石川県	4.1
3位	富山県	3.6
4位	静岡県	2.9
5位	東京都	2.4
6位	宮城県	2.1
	福岡県	2.1
8位	千葉県	1.6
9位	高知県	1.4
10位	青森県	1.2
	福井県	1.2

注：上位10項目を表示
資料：マルハニチロ『魚食に関する調査2020』

自慢できる郷土の魚料理

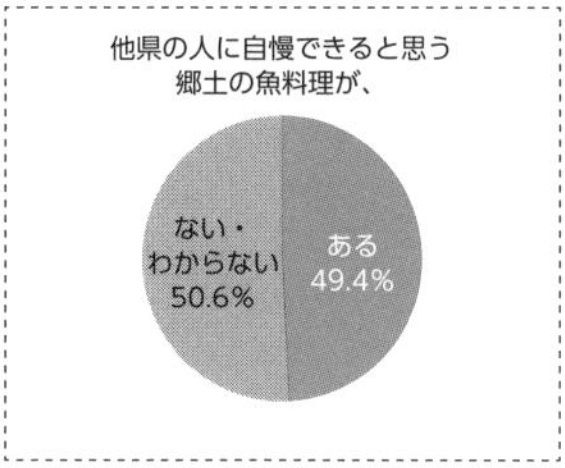

北海道	サケのちゃんちゃん焼き
青森県	マグロの刺し身
岩手県	いちご煮
宮城県	はらこ飯
秋田県	ハタハタ鍋
山形県	タラのどんがら汁
福島県	メヒカリの天ぷら
茨城県	アンコウ鍋
栃木県	モロ(サメ)の煮付け
群馬県	ワカサギの天ぷら
埼玉県	アユの塩焼き
千葉県	なめろう
東京都	江戸前寿司
神奈川県	生シラス丼
新潟県	甘エビの刺し身
富山県	寒ブリの刺し身
石川県	ノドグロの刺し身
福井県	カツオのたたき
山梨県	アワビの煮貝
長野県	アユの塩焼き
岐阜県	アユの塩焼き
静岡県	桜エビのかき揚げ
愛知県	ウナギのひつまぶし
三重県	伊勢エビの寿司
滋賀県	鮒寿司
京都府	ハモの落とし
大阪府	フグのてっちり
兵庫県	イカナゴのくぎ煮
奈良県	サバの柿の葉寿司
和歌山県	マグロの刺し身
鳥取県	あごのやき
島根県	ノドグロの煮付け
岡山県	ママカリの酢漬け
広島県	カキの土手鍋
山口県	フグ刺し
徳島県	鳴門鯛の刺し身
香川県	オリーブハマチの刺し身
愛媛県	鯛めし
高知県	カツオのたたき
福岡県	ごまサバ
佐賀県	イカの刺し身
長崎県	マダイの刺し身
熊本県	タチウオの刺し身
大分県	関サバの刺し身
宮崎県	カツオの刺し身
鹿児島県	キビナゴの刺し身
沖縄県	グルクンの唐揚げ

資料：マルハニチロ『魚食に関する調査2020』

全国で定番化している魚料理

こうした魚料理は、産地を離れた消費地においても定番の魚料理として好まれているものが多くあります。例えば、北海道の「サケのちゃんちゃん焼き」、神奈川県「生シラス丼」、愛知県「ウナギのひつまぶし」、高知県「カツオのたたき」などは、そのまま、あるいは素材や風味を変えながら、様々なアレンジを施され、全国で食べられています。

また、「魚食に関する調査2020」で好きな魚料理を聞いたところ、男女ともに1位「刺し身」、2位「寿司」、3位「丼もの（海鮮丼など）」が上位を占め、このほか「焼き魚」「天ぷら」「フライ・揚げ物」「煮魚（和風）」「たたき」「ホイル焼き」「ムニエル」と和洋の多様な料理が好まれています。

好きな魚ランキングをみると、「サケ」「マグロ」「サンマ」「ブリ」「ウナギ」「アジ」などが挙げられ、全国に流通している魚を使った料理が上位を占めています。

サケのちゃんちゃん焼き

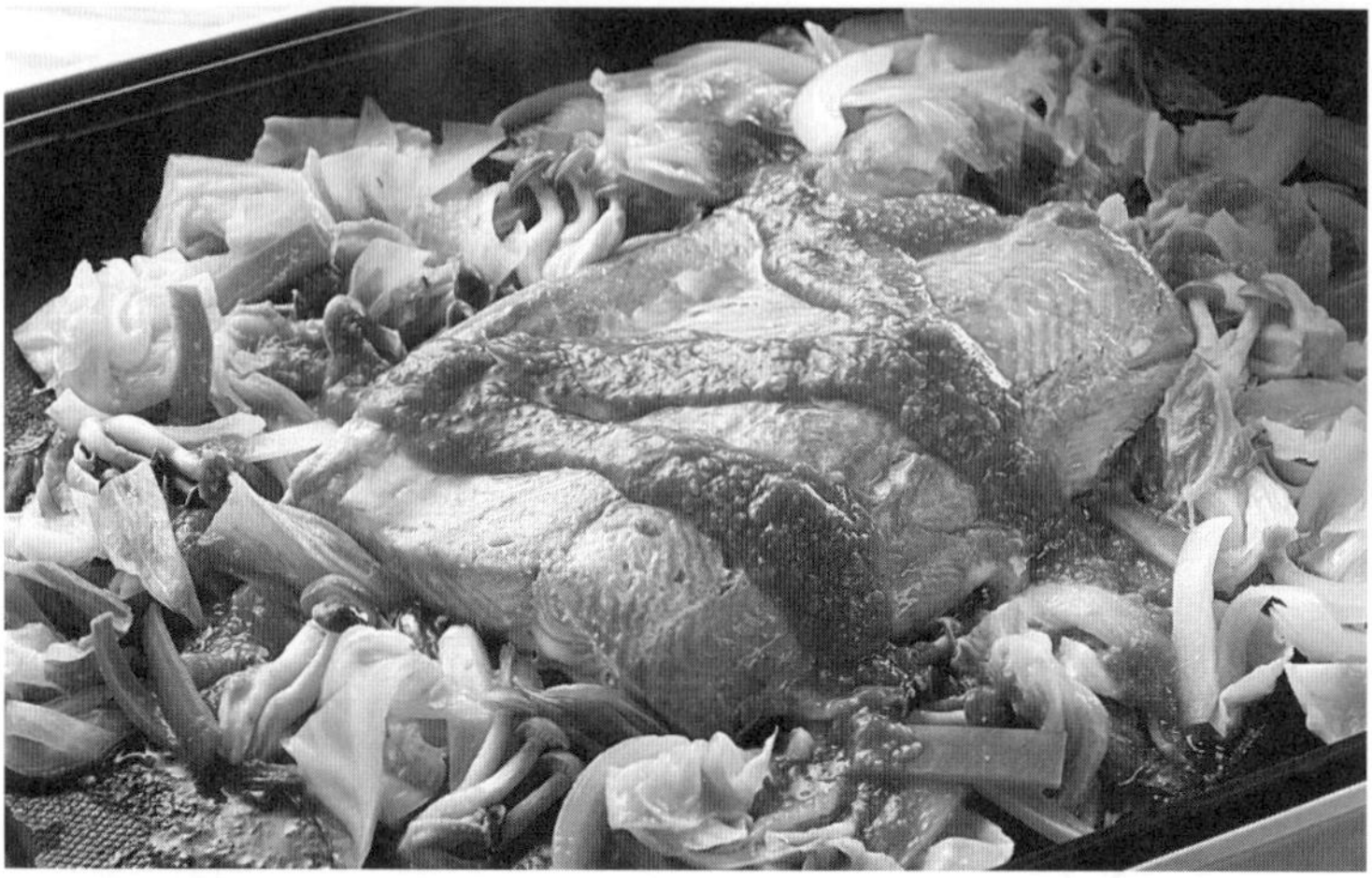

写真提供：北海道漁業協同組合連合会

用語

ひつまぶし
ウナギの蒲焼を用いた名古屋市の郷土料理として有名。ウナギの身を切り分けたうえで、お櫃などに入れたご飯にのせ（まぶし）たものを、茶碗などに取り分けて食べるのが基本で、これが料理名の由来となっている。

イカナゴ
大きさによって様々な地方名があり、稚魚は東日本でコウナゴ（小女子）、西日本でシンコ（新子）と呼ばれ、成魚は北海道でオオナゴ（大女子）東北でメロウド（女郎人）など。兵庫県では佃煮の一種である「くぎ煮」が郷土料理として知られる。

好きな魚料理

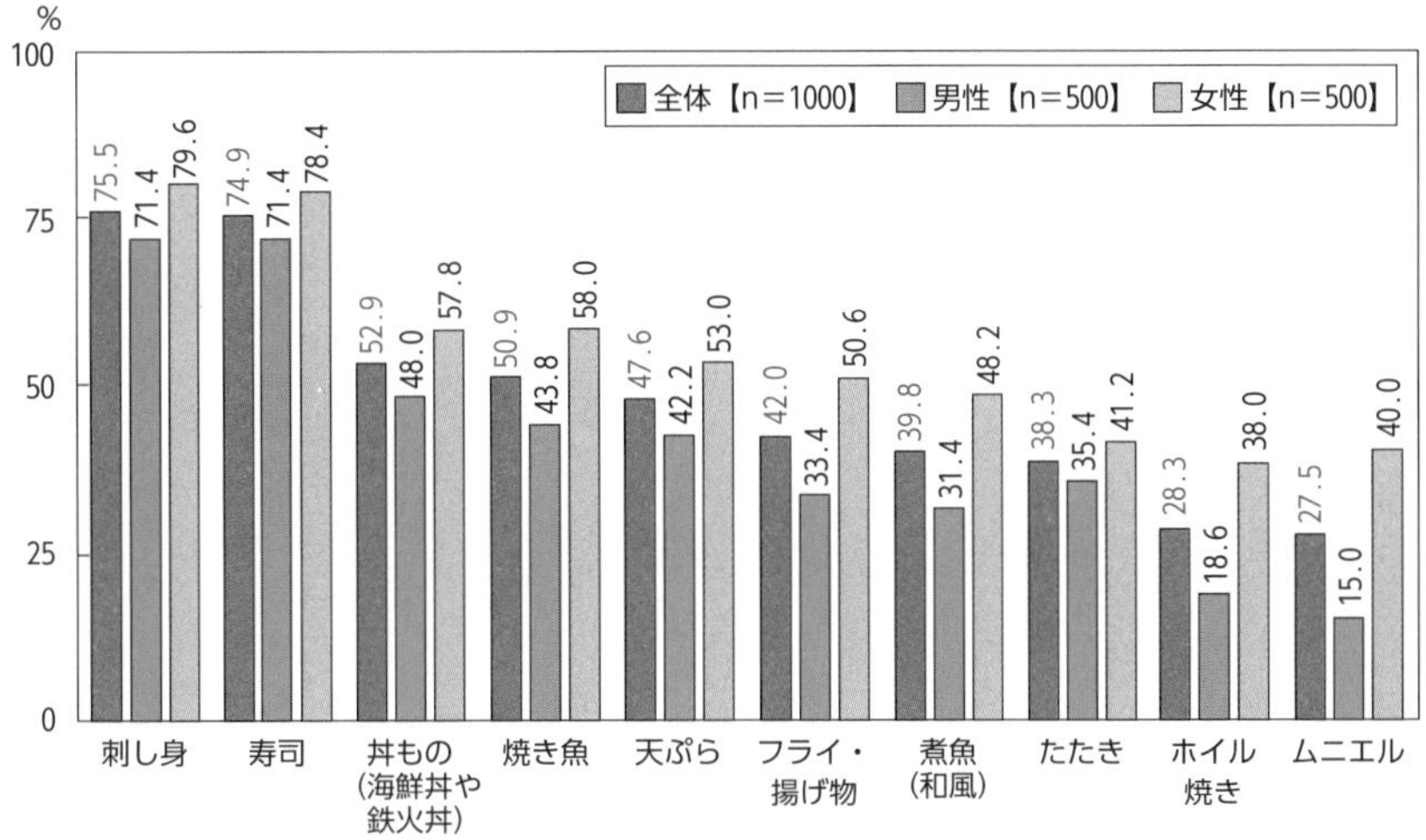

注：上位10項目を表示した。
資料：マルハニチロ『魚食に関する調査2020』

好きな魚

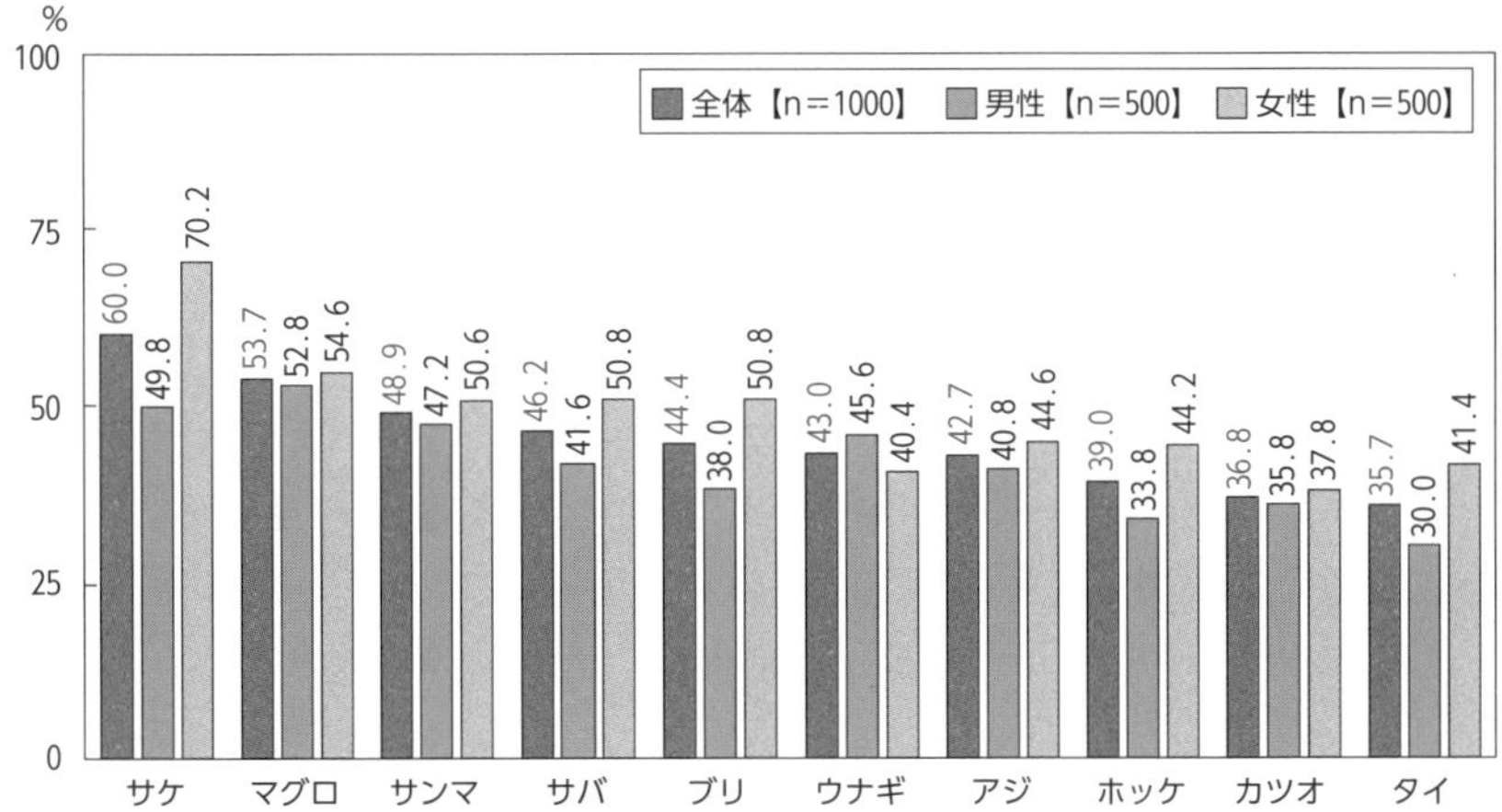

注：上位10項目を表示した。
資料：マルハニチロ『魚食に関する調査2020』

3 水産加工の歴史と現在

東日本大震災の水産加工への影響

わが国の産地に立地する水産加工業は、日本漁業の「沿岸から沖合へ、沖合から遠洋へ」と外延的な拡大に伴って飛躍的に発展しました。その後1977年、当時の米ソ両大国の**200海里宣言**、1982年の国連海洋法条約の発効など、日本の漁船は世界の漁場から締め出され、産地はそれに伴う深刻な原魚不足に陥りました。

こうした国際漁業規制強化による遠洋・沖合漁業の縮小、輸入水産物の増大、国内200海里水域内における資源減少に対応しながら、加工対象魚種の転換、共同利用施設の整備、コスト対策をめざす設備更新などを図り、生き残りを図ってきました。

2011年3月に東日本大震災による津波で東北太平洋沿岸の漁業基地は軒並み壊滅的な被害を受け、地域の中心産業であった水産加工業は完全にマヒ状態に陥りました。しかし、官民一体の復興努力の成果により、漁業面では漁港など産地の水揚げ機能や代替漁船の確保などをいち早く復旧・復興できました。その一方で「漁業との一体的な復興」をめざす水産加工業も9割以上の施設が業務を再開しましたが、売上げの回復が遅れています。水産加工業者の3割が「販路の不足・喪失・風評被害」を問題点に挙げています。

近年、日本の**水産加工品**の生産量は漸減傾向で推移し、2006年に200万トンの大台を割り、2019年の食用加工品の生産量は154万トンで、前年に比べ5万トン（3%）減少しました。主な加工品の種類では、ねり製品が50万トンで2%減、冷凍食品は25万トンと2%減、塩蔵品は17万トンと6%減少しています。

用語

200海里宣言
→38ページ

水産加工品
水産動植物を主原料（原料割合で50%以上）として製造された、食用加工品および生鮮冷凍水産物をいう。焼・味付のり、缶詰・瓶詰、寒天、油脂および飼肥料は除く。

東日本大震災における水産加工の売上が戻っていない理由

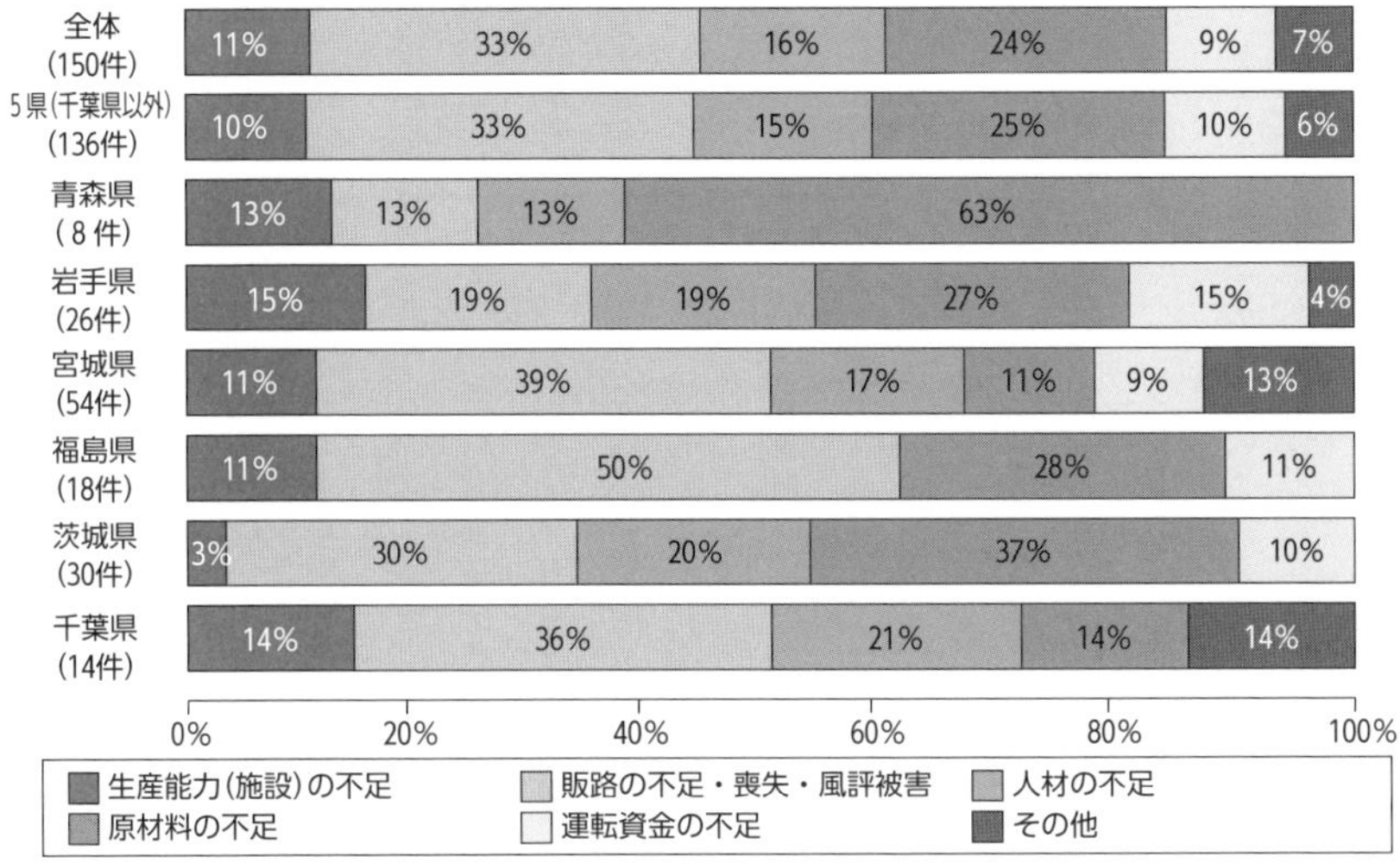

資料：水産庁『水産業復興へ向けた現状と課題』2021年3月

水産加工品の生産量の推移

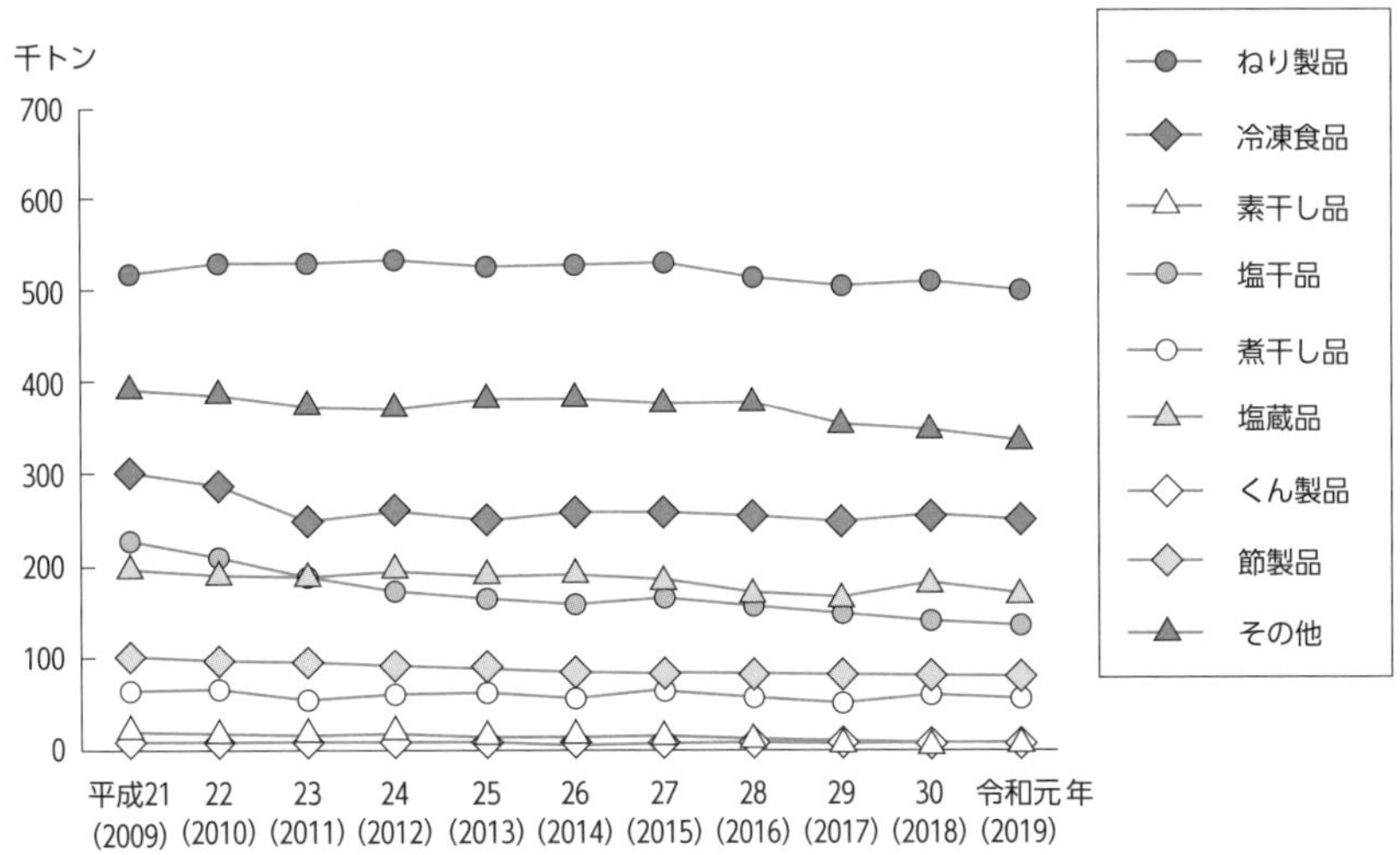

資料：農林水産省「令和元年水産加工統計調査」

役割大きい水産加工、衛生管理も高度化

生鮮の水産物を**ラウンド**、**セミドレス**、**ドレス**などの形態や、すり身にして凍結した生鮮冷凍水産物の生産量は128万トン（2019年）で、前年に比べ8％減少しました。主な品目では、イワシ類が38万トン、ホタテガイが11万トンでそれぞれ11％、5％増加した一方、サバ類は36万トン、サケ・マス類は6万トン、マアジ・ムロアジ類とサンマは4万トンで、それぞれ21％、20％、22％、52％も減少しています。いずれの生産量も、海洋環境の変化、外国漁船の乱獲などの影響が大きく、完全回復はむずかしい状態です。

2018年における水産加工業の出荷額は約3兆円で、食料品製造業全体の出荷額の11％を占めています。水産加工業の経営は中小・零細が多く、約5000軒ほどある加工場の半分が従業者9人以下で、小規模な加工場を中心に減少傾向にあります。

水産加工業は、鮮度の落ちやすい水産物の保存をはじめ、家庭での調理の簡便化志向や食の外部化に対応するなど、消費者ニーズに合った商品をつくり「魚離れ」に歯止めをかけ、食用水産物の多くを原料として受け入れる大口需要者としての大事な役割を果たしています。

近年は国内外での衛生管理の高度化が求められることから、**HACCP**の導入を進める水産加工場が多く、2019年3月末現在、EU（欧州連合）向け63施設、米国向け411施設が認定されています。日本の産地水産加工は、前浜での水揚げ低下、国内市場の「魚離れ」、人口減少などの条件変化に対応すべく構造再編に直面しています。

未利用資源の活用、原料確保の多角化、高次加工による製品開発、販路開拓に取り組む必要があり、HACCPの導入も、水産物の需要が増大している海外市場に進出するための体制整備といえます。

また、衛生管理の強化に加え、**地理的表示**（**GI**）制度を活用し、高品質なブランドの価値を守ることも国際化の中で求められています。

用語

ラウンド、セミドレス、ドレス
ラウンドは丸のまま（頭・内臓付き）の魚を指し、セミドレスは内臓とえらを取った状態、ドレスは頭と内臓、えらを取った状態の1次加工された魚で、2次加工するための保存形態。さらに、フィレ（3枚おろし）やセンターカット（2枚おろし）はより消費に近い形態に処理された魚の荷姿。また、フィレを上下2つに切ったもの（4半身）をロインという。

水産加工業の出荷額の推移

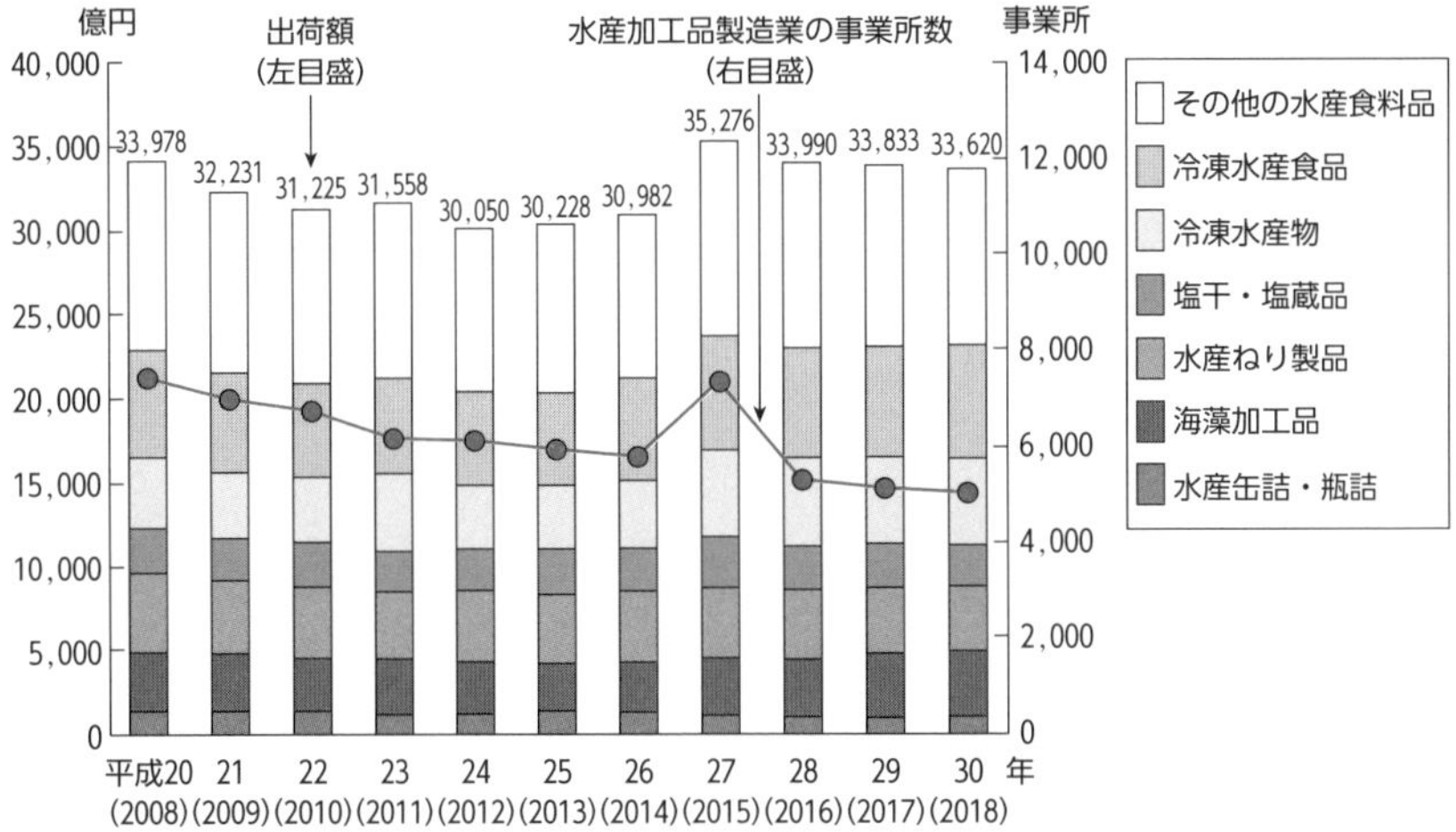

注：事業所数、出荷額とも従業者３人以下の事業所を除く。
資料：経済産業省『工業統計表』など

水産加工業の従業者規模

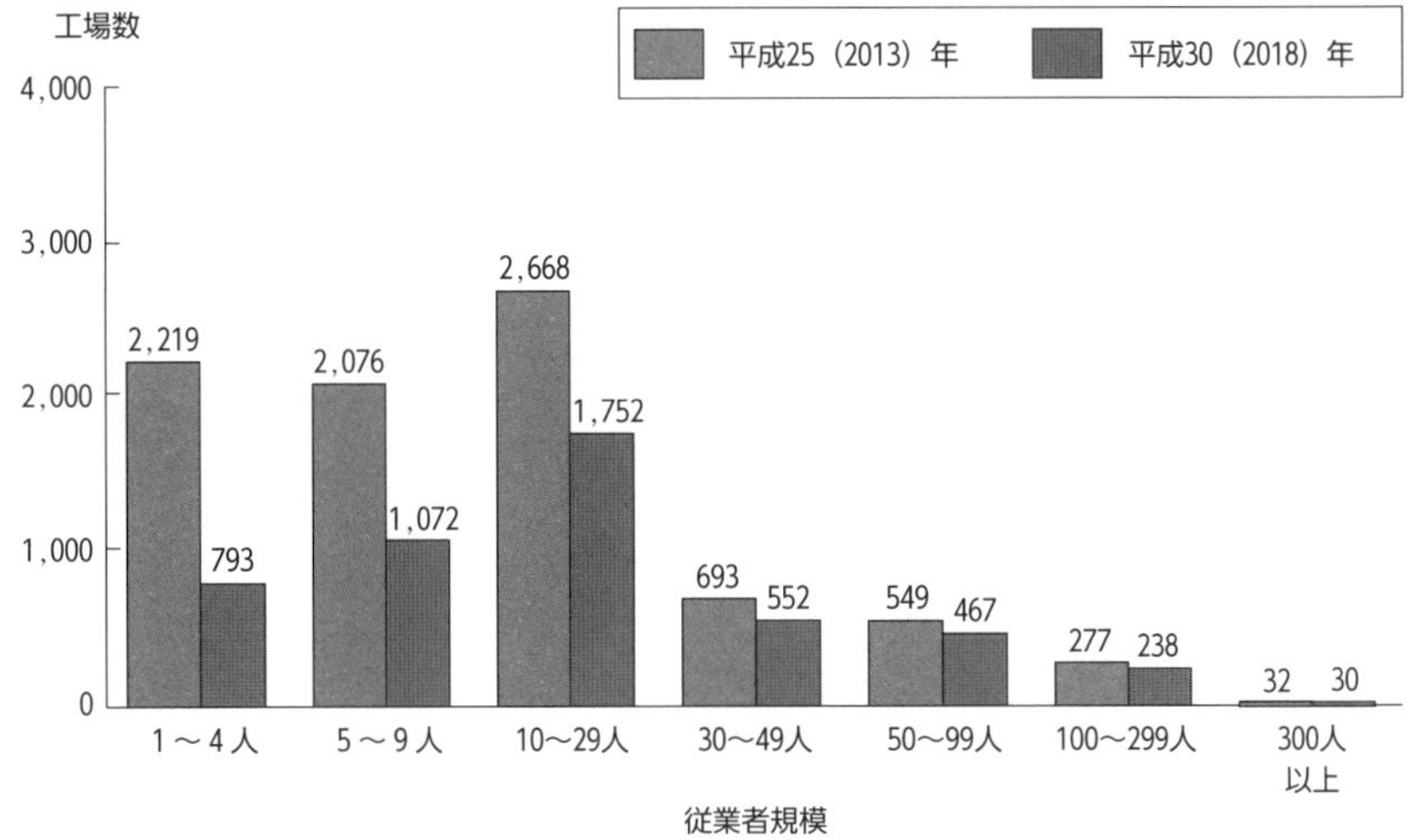

資料：農林水産省『漁業センサス』

HACCP
原料の受け入れから最終製品に至る各工程において発生する恐れのある危害（微生物による汚染、金属の混入など）をあらかじめ分析し、その防止につながる特に重要な工程を管理点として継続的に監視・記録するシステム。米国やEUは輸入品に対し、HACCPによる衛生管理を義務づけている。

地理的表示（GI）
品質や社会的評価等の特性が産地と結びついている産品について、その名称を知的財産として保護する制度。地理的表示法が平成26年に制定された。さらに平成28年に改正され、海外での保護を図る。

多様化する水産加工品

落ち込みが激しい伝統的な加工品

水産加工品の生産量の推移をみると、全体に伝統的な水産加工品の減少が大きく、水産加工品全体の生産数量が2010年に比べ2019年は85％となっているのに対し、特にスルメ、身欠きニシンなどの素干し品（43％）、メザシやカラスミなどの塩干品（63％）、サケ・マス、イカなどのくん製品（61％）などの生産量の落ち込みが激しい状況です。

伝統的な加工品の中でも、塩サケや塩タラコ、筋子などの塩蔵品（88％）、いりこ、ちりめん、こうなごなどの煮干し品（81％）、白身魚の切り身フライ原料などの冷凍食品（86％）、焼・味付のり（90％）、カマボコやチクワなどのねり製品（94％）は、比較的堅調に推移しています。

減塩・簡便化に対応した加工

塩蔵品などは、健康に配慮した減塩志向に合わせた塩分控えめの味つけに大きく変化しており、サケ・マスでは各部位の塩分を一定に近づけた「定塩フィレ」という製法が開発され、「甘口」「甘塩」といった切り身商材として店頭に並んでいます。逆に、秋サケを伝統的なつくり方で塩蔵した「山漬け」は、サケ本来の肉味に塩がほどよく回り、新巻の高級品として珍重されています。

調理の簡便化を求める切り身志向に合わせた加工処理も進化しています。例えば、輸入の養殖サーモンを中心に「**トリム**」という名称をよく聞きます。これは肉類としての加工処理の段階を表示しています。段階が進めば、家庭で残滓となる頭やえら、内臓、ウロコ、骨などが取り除かれ、より食肉に近い

用語

水産加工品
↓138ページ

トリム
魚の3枚おろしの状態から、骨、えら、尾ひれなどを除いていく加工処理の内容を示す。「トリムA」はフィレ（3枚おろし）から中骨と腹骨を除いたもの、「トリムB」はさらに腹部の脂肪、腹びれ、背びれを取り除いた状態。「トリムC」は「皮つき・骨なし」、「トリムD」は尾とハラスなどの腹部を完全に取り除き、「トリムE」では「皮なし・骨なし」の状態を指す。

食品加工品の加工種類別割合

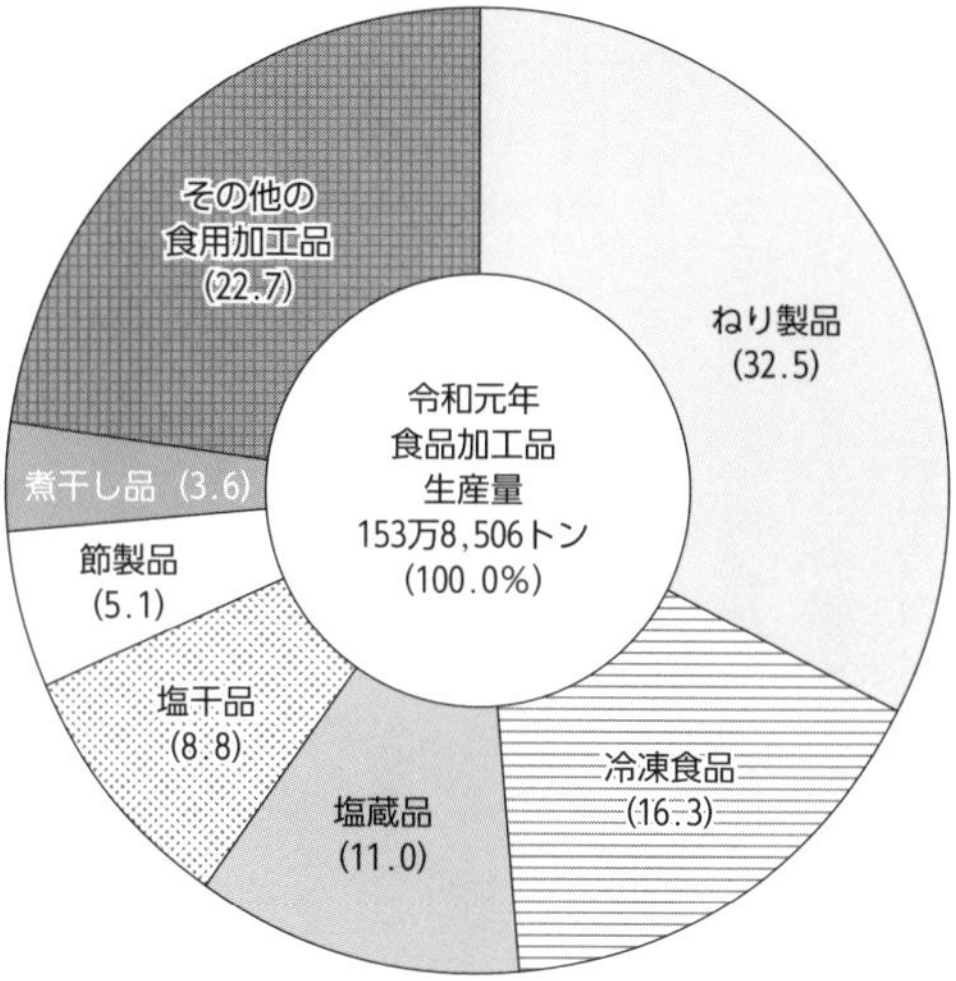

注：割合の計が100%とならないのは、四捨五入によるものである。
資料：農林水産省「水産加工統計調査（令和元年）」

水産加工品生産量の推移

年次	食用加工品					
	計	ねり製品	冷凍食品	素干し品	塩干品	煮干し品
	トン	トン	トン	トン	トン	トン
2010	1,817,230	533,624	291,970	15,914	212,990	67,918
2011	1,722,554	531,587	252,992	16,198	190,225	57,088
2012	1,727,969	538,329	263,212	15,799	177,678	61,167
2013	1,715,924	528,438	256,935	13,466	166,714	64,316
2014	1,704,833	531,982	263,164	14,549	162,353	59,826
2015	1,681,583	530,137	258,481	13,558	164,566	63,342
2016	1,630,347	514,397	253,851	11,489	156,310	56,243
2017	1,568,548	505,116	248,443	8,644	148,119	50,224
2018	1,586,804	509,569	255,888	7,051	139,569	59,031
2019	1,538,506	499,920	250,432	6,835	134,784	55,191

年次	食用加工品（続き）					生鮮冷凍水産物
	塩蔵品	くん製品	節製品	その他の食用加工品	焼・味付のり	
	トン	トン	トン	トン	千枚	トン
2010	193,794	10,881	98,456	391,683	7,137,237	1,539,592
2011	191,535	10,158	94,584	378,187	6,883,586	1,250,647
2012	198,445	9,031	91,393	372,915	6,736,545	1,257,111
2013	197,845	8,178	90,623	389,409	7,003,728	1,382,604
2014	191,121	7,582	88,770	385,486	7,057,380	1,485,406
2015	184,655	6,475	83,833	376,536	7,284,166	1,416,228
2016	171,171	7,304	81,523	378,059	7,108,688	1,401,661
2017	166,340	6,335	81,061	354,266	6,755,532	1,366,166
2018	181,630	6,843	79,595	347,628	6,558,385	1,397,203
2019	169,955	6,626	78,643	336,120	6,442,555	1,281,265

注：食用加工品の「計」には焼・味付のりは含まれていない。
資料：農林水産省「水産加工統計調査（令和元年）」。ただし、平成25年および30年は『漁業センサス』

形（ミート）になっていきます。それをカットした、フライパンで調理可能な「サイコロステーキ」が魚売場でも人気を集めています。

水産食料品の生産指数は前年並み

水産食料品の生産指数は、2015年を100とすると、2019年が92・7で、前年比4・6％マイナスとなっています。品目別では、ちくわ・かまぼこ類の生産が44万トンで、生産指数が前年に比べやや低下した一方で、水産缶・びん詰めは原料不足や価格の上昇などで9万8千トンと大幅に低下（マイナス12・2％）しました。

自然災害やBSE（牛海綿状脳症）、鳥インフルエンザ、新型コロナウイルス感染症の流行などの影響もあり、魚介類の缶詰や魚肉ソーセージが見直され、焼魚や煮魚のレトルト製品なども一定の人気を集めています。惣菜の加工品（チルド）はスーパーからコンビニの店頭に市場を広げ、「サバ缶ブーム」に象徴されるサバの味噌煮などは缶詰、レトルト、チルドといずれも健康志向、簡便志向、孤食化に合った商品として定番化しています。

機能性表示食品やプライドフィッシュ

新しい加工分野としては、2015年4月に導入された「機能性表示食品制度」によって機能性の表示が緩和され、従来の「特定保健用食品」（トクホ）や「栄養機能食品」に比べて健康効果をPRしやすくなったため、様々なメーカーが水産物由来の商品を投入しています。

例えば、秋サケでは白子から核酸、皮からコラーゲン、卵巣外皮からペプチド、鼻軟骨からコンドロイチン硫酸など、数多くの機能性素材が健康食品として出ていますが、「機能性表示食品」の認可を得れば、その効果を訴求できるようになります。海に生息する未利用資源は膨大にあり、健康志向に対応した新たな水産由来の機能性の発見が期待されます。

また、水産庁は現在の消費傾向にマッチした水産食品づくりを支援し「魚離れ」に歯止めをかけ、食

用語

水産食料品
食品製造業でつくられる製品のうち、主に水産物を原料とする製品を指す。魚肉ハム・ソーセージ、節類、水産缶・びん詰め、水産冷凍食品、加工のり、ちくわ・かまぼこ類（すり身・ねり製品）、魚粉・魚油類、塩干・塩蔵品などを含む。

育につながる活動を展開しています。例えば水産庁の「Ｆａｓｔ Ｆｉｓｈ ファストフィッシュ」は、手軽・気軽に美味しく水産物を食べることおよびそれを可能にする商品や食べ方で、２０１２年から全国に公募し、審査・選定された商品（３３４２品）はホームページで紹介され、統一のロゴマークを貼付することができます。

全漁連は、年に1度の魚の祭典「Ｆｉｓｈ-1グランプリ」を開き、旬の魚を使った「プライドフィッシュ料理コンテスト」と「国産魚ファストフィッシュ商品コンテスト」で投票によるグランプリを選び、水産物の新たな魅力をアピールしています。「プライドフィッシュ」は、地域ごと、季節ごとに漁師自らが自信をもってすすめる水産物を選定・紹介する取り組みです。全国のスーパーや百貨店等でフェアやイベント等を開催するとともに、「プライドフィッシュ」を味わえるご当地の飲食店や購入できる店舗をインターネットで紹介しています(http://www.pride-fish.jp/)。

水産物に含まれる主な機能性成分

機能性成分		多く含む魚介類	成分の概要・期待される効果
n-3（オメガ3）系多価不飽和脂肪酸	DHA	クロマグロ脂身、スジコ、ブリ、サバ	・魚油に多く含まれる多価不飽和脂肪酸 ・脳の発達促進、認知症予防、視力低下予防、動脈硬化の予防改善、抗がん作用等
	EPA	マイワシ、クロマグロ脂身、サバ、ブリ	・魚油に多く含まれる多価不飽和脂肪酸 ・血栓予防、抗炎症作用、高血圧予防等
アスタキサンチン		サケ、オキアミ、サクラエビ、マダイ	・カロテノイドの一種 ・生体内抗酸化作用、免疫機能向上作用
バレニン		クジラ	・２つのアミノ酸が結合したジペプチド ・抗酸化作用による抗疲労効果
タウリン		サザエ、カキ、コウイカ、マグロ血合肉	・アミノ酸の一種 ・動脈硬化予防、心疾患予防、胆石予防、貧血予防、肝臓の解毒作用の強化、視力の回復等
アルギン酸		褐藻類（モズク、ヒジキ、ワカメ、コンブ等）	・高分子多糖類の一種で、褐藻類の粘質物に含まれる食物繊維 ・コレステロール低下作用、血糖値の上昇抑制作用、便秘予防作用等
フコイダン		褐藻類（モズク、ヒジキ、ワカメ、コンブ等）	・高分子多糖類の一種で、褐藻類の粘質物に含まれる食物繊維 ・抗がん作用、抗凝血活性、免疫向上作用等

資料：水産庁『令和元年度水産白書』

全漁連
全国漁業協同組合連合会。漁協や都道府県連合会の全国組織。

全国のプライドフィッシュ

沖縄（春．モズク／
夏．沖縄美ら海まぐろ「キハダマグロ」）
北海道（春．北海道の時鮭、石狩湾のニシン／
夏．厚岸のかき、日本海の甘えび／
秋．北海道太平洋沿岸のししゃも、
小樽・石狩のしゃこ／
冬．日本海・噴火湾のほたて、
函館のごっこ（ホテイウオ））
秋田（春．北限のとらふぐ／冬．秋田ハタハタ）
山形（秋．庄内おばこサワラ／冬．紅エビ）
新潟（春．佐渡のナガモ（アカモク）／夏．新潟のノドグロ（アカムツ）／
秋．越後の柳カレイ／冬．南蛮エビ）
富山（春．富山湾のホタルイカ／夏．富山湾のシロエビ／
秋．富山湾の紅ズワイガニ／冬．富山湾のブリ）
石川（春．アカガレイ／夏．生スルメイカ／
秋．甘えび／冬．加能ガニ）
福井（夏．若狭ぐじ／秋．越前がれい／冬．越前がに）
京都（春．活〆京のあかがれい／
夏．丹後とり貝、丹後の海育成岩がき／
秋．京都の寒サワラ、丹後ぐじ／冬．京のずわいがに）
兵庫（春．浜坂産ホタルイカ「浜ほたる」、
兵庫県瀬戸内海のイカナゴ／
夏．淡路島の生しらす、明石だこ／
秋．明石浦のもみじ鯛、淡路島のサワラ／
冬．播磨灘産１年牡蠣、兵庫のり）
鳥取（春．鳥取のハタハタ／夏．夏輝（天然の岩ガキ）／
秋．鳥取のサワラ／冬．松葉がに（ズワイガニ））
岡山（春．ひら、下津井のとらふぐ
（おおふぐ）白子持ち／
夏．流瀬のかつお（まながつお）／
秋．わたりがに（がざみ）／
冬．げた（舌平目））
島根（夏．コビル（アカアマダイ）、あご／
秋．ノドグロ（アカムツ）／
冬．隠岐松葉ガニ）
山口（春．萩のまふぐ、瀬付きあじ／
夏．山口のまだこ、西京はも／
秋．ケンサキイカ／
冬．山口のあまだい、とらふぐ）
青森（春．陸奥湾ほたて／夏．深浦マグロ／
秋．青森ひらめ、十三湖産ヤマトシジミ）
岩手（春．岩手のわかめ／
夏．陸前高田のエゾイシカゲ貝／
秋．岩手の秋さけ（いくら）／
冬．岩手のあわび）
宮城（春．宮城のサーモン（伊達のぎん）／
夏．表浜アナゴ、ホヤ（マボヤ）／
冬．みやぎの殻付カキ）
福島（秋．小名浜の秋刀魚）
茨城（春．鹿島灘はまぐり／秋．ひらめ／
冬．あんこう）
東京（春．八丈春とび）
千葉（春．初カツオ／夏．銚子の入梅いわし／
秋．千葉のイセエビ／冬．江戸前千葉海苔）
神奈川（春．小田原のアジ／
夏．佐島の地ダコ、小柴のアナゴ／
秋．松輪サバ／冬．小田原のイシダイ）
静岡（春．浜名湖のあさり、伊豆のさざえ／
夏．静岡のしらす、紅富士（あかふじ）／
秋．仁科のヤリイカ／冬．伊豆の地きんめ）
愛知（春．あいちあさり、愛知のコウナゴ／
夏．愛知のウナギ、愛知のシラス／
秋．愛知のスズキ、愛知のガザミ／
冬．愛知のトラフグ、愛知のノリ）
滋賀（春．コアユ／夏．ビワマス／冬．フナ）
三重（春．三重の海女獲りあわび／
秋．伊勢えび／冬．あおさのり）
大阪（春．魚庭のイカナゴ／夏．魚庭のマダコ／
秋．魚庭のサワラ／冬．魚庭のアカシタ（イヌノシタ））
和歌山（春．ケンケン釣りカツオ／夏．銀鱗の太刀／
秋．和歌山県産しらす／冬．和歌山県産イセエビ）
徳島（春．鳴門鯛／夏．とくしまのはも、県南のアワビ類／
秋．阿波とくしまのアオリイカ／冬．スジアオノリ）
香川（春．讃岐のサワラ／夏．香川県産いりこ／
秋．ハマチ三兄弟／冬．“初摘み”香川県産ノリ）
高知（春．土佐さが日戻り鰹／夏．土佐沖どれキンメダイ／
秋．宇佐の一本釣りウルメ／
冬．土佐の清水さば、定置獲れたて室戸ブリ）
愛媛（春．びやびやかつお、愛育フィッシュ愛鯛／
夏．来島海峡のアコウ（キジハタ）、松山沖のマダコ／
秋．釣りタチウオ、燧灘のガザミ／
冬．愛育フィッシュマハタ、愛育フィッシュ戸島一番ブリ）
広島（春．広島桜ダイ／
夏．三原やっさタコ、
広島の小イワシ／
秋．広島銀太刀／
冬．広島かき）
大分（春．かぼすヒラメ／
夏．銀たち「くにさき銀たち」
「臼杵たちうお」／
秋．落ちハモ、
豊後別府湾ちりめん／
冬．かぼすブリ）
宮崎（春．日南のかつお、宮崎近海生マグロ／
夏．宮崎メヒカリ（アオメイソ）、宮崎ちりめん／
秋．宮崎イセエビ／冬．e-かんぱち）
鹿児島（春．トッピー（トビウオ）／夏．キビナゴ）
佐賀（夏．呼子のイカ（ケンサキイカ）／
冬．佐賀海苔®有明海一番）
長崎（冬．長崎とらふぐ（養殖トラフグ））
熊本（春．熊本アサリ／夏．川口産大和蛤／冬．熊本のり）
福岡（春．メンボ（ウマヅラハギ）／
夏．一本槍（釣ヤリイカ／ケンサキイカ・ヤリイカ）／
秋．カナトフグ（シロサバフグ）／
冬．福岡のり（有明産一番摘み））

資料：水産庁『平成27年度水産白書』

5 水産物の流通経路について

水産物流通の特殊性と経路の多様化

水産物の流通は、ほかの生鮮食品と同様に卸売市場を通過する「市場流通」と、卸売市場を通らない「市場外流通」に分かれています。ただし、水産物の「市場流通」は産地と消費地にそれぞれ存在する市場を経由するという独特の形態をもっています。沖合、沿岸で獲れる魚介類は多様で、変動が激しく、代金決済のリスクや産地と消費地を結んでの公正な価格決定、スムーズな流通を担保するために独自の卸売市場を発展させてきました。

同時に、産地においては主に漁協が経営する市場で買受人がセリや入札によって水産物を買い取り、水産加工の原料として仕入れるとともに、消費地市場に対し決められた規格（例えば5キロ・10尾入りなど）、荷姿（木箱、発泡スチロール箱詰め）で送ります。そこでは、加工、冷凍・冷蔵、物流（トラック運送）、包装など多様な業種の人々が水産物の流れに携わり、生産者のみならず、地域経済を支える大きな経済的な需要、雇用を生み出しています。水産業は関連業種が広い地域産業といえます。

消費地においては、卸売市場法に基づく開設者（自治体）が運営する市場があり、**中央卸売市場**および**地方卸売市場**に分けられます。卸売市場では、卸売業者が産地の荷主から水産物を集荷し、セリ・入札、または相対によって仲卸業者や**売買参加者**《ばいばいさんかしゃ》に販売します。仲卸業者は、小売業者や外食業者などの買出人《かいだしにん》に対して、目利きによるきめ細かな販売を行っています。

増える市場外流通

水産物の流通量は、２００２年以来、減少傾向に

用語

中央卸売市場
→152ページ

地方卸売市場
→154ページ

売買参加者
仲卸業者と同じく市場取引の買参権をもつ加工業者や小売業者。ただし、事業所は卸売市場の外部にある。

あり、流通経路も多様化しています。その中で、直接産地から仕入れる市場外流通のウエイトが高まりつつあり、市場経由率はかつての70~80%を大きく下回り、50%の大台を割っています。いわゆる「産直」や流通主導の直接小売、「一船買い」、通販、ネット販売などが台頭しています。また、大都市に設置されている中央卸売市場においては、スーパー・量販店、外食産業のニーズに対応した相対取引が増大し、セリ・入札による取引はまれになりつつあります。

水産物流通の鮮度保持技術は日進月歩ですが、「鮮魚流通革命」あるいは「水産流通革命」という言葉が聞かれます。例えば、㈱フーディソンの水産流通プラットホーム（魚ポチ）など、新しいサービスの提供がヒットしています。その肝は、①水産流通の中抜き（生産と消費を直接結ぶ）、②デジタル技術の活用で、アナログのロス（需給のミスマッチ、タイムラグ）をなくす、③産地（生産者・漁協）との信頼構築といった点にありますが、仕入先として卸売市場を排除するものではありません。

水産物の流通量・市場経由率

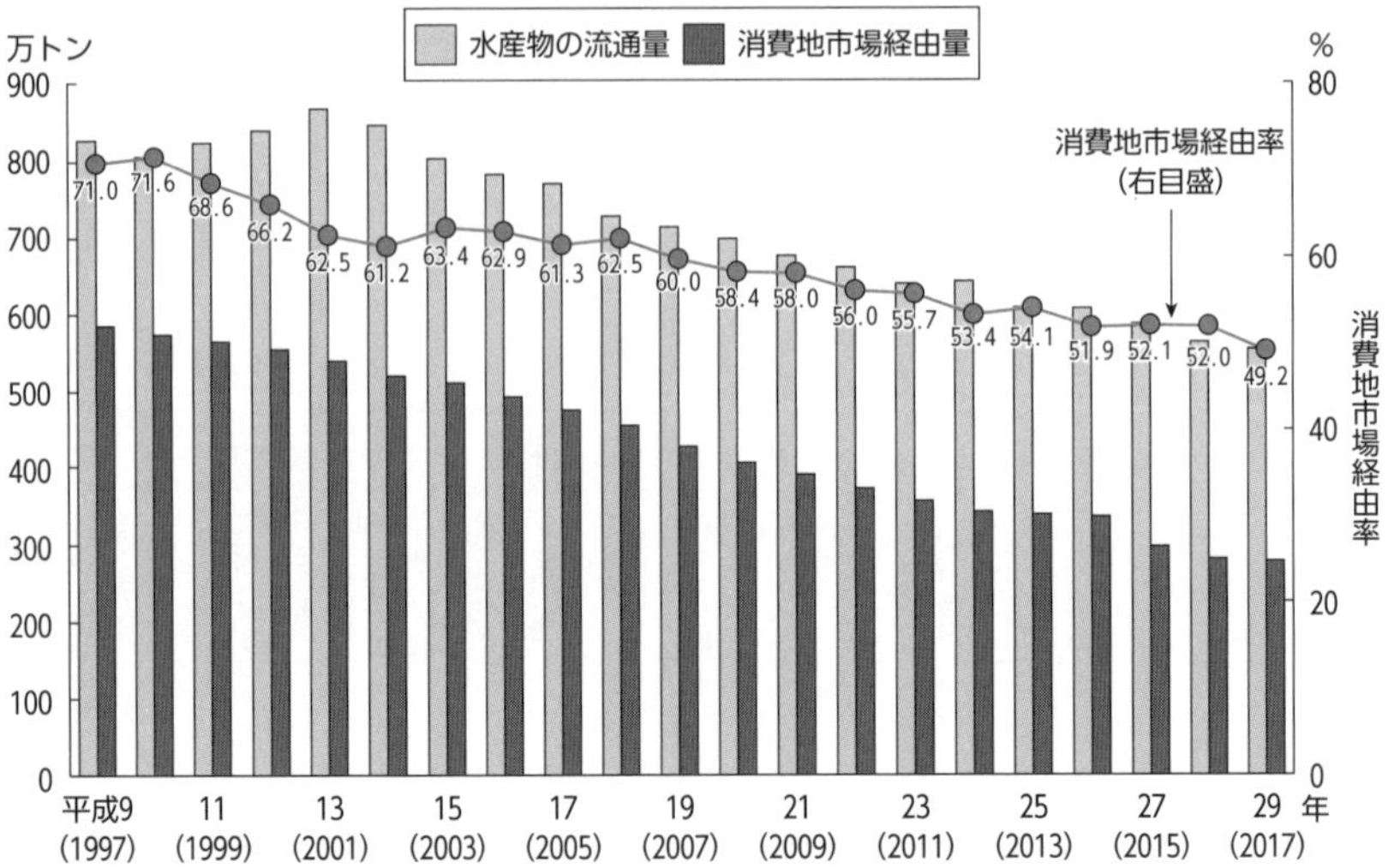

資料：農林水産省「令和元年度卸売市場データ集」

水産物の流通経路

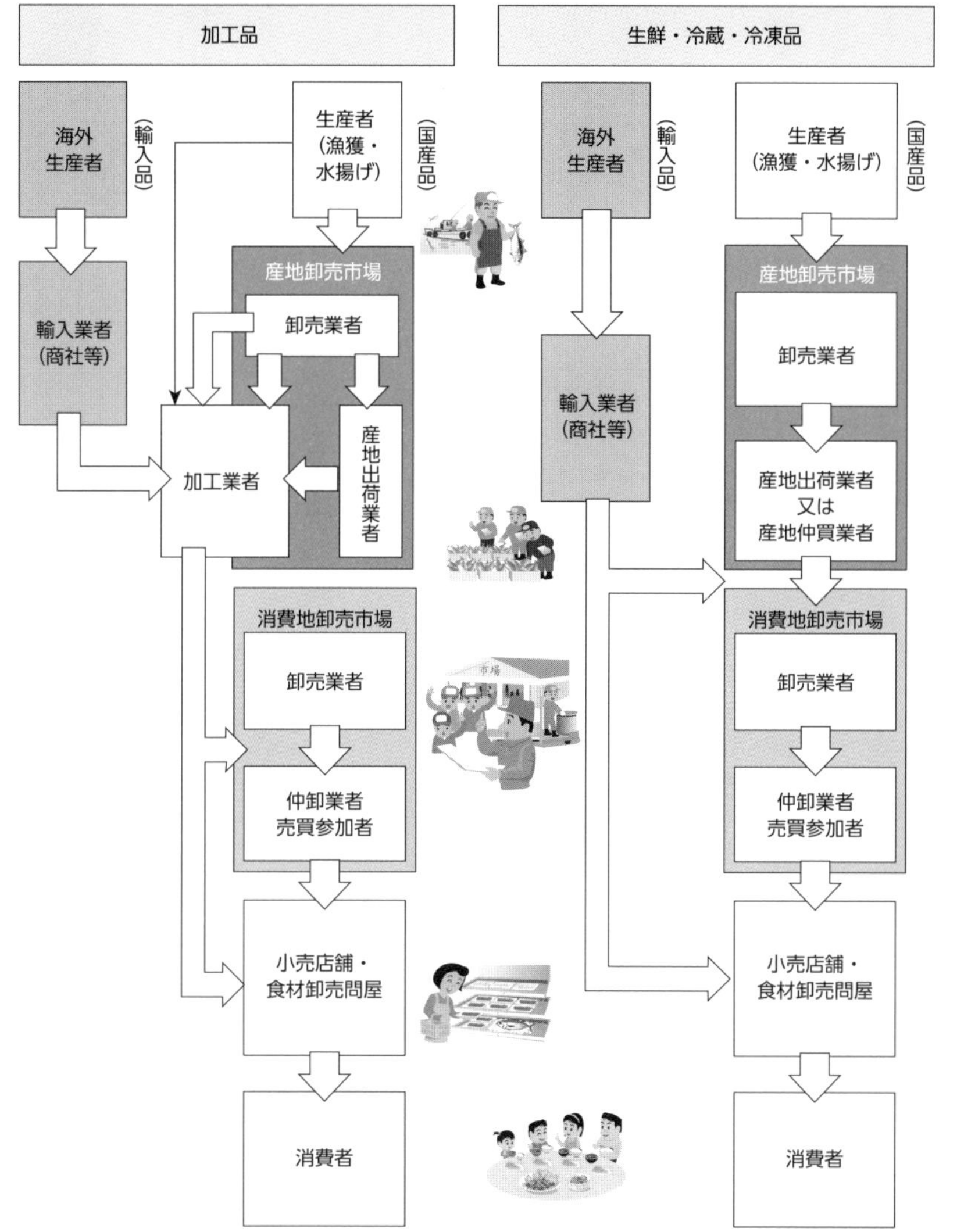

産地卸売市場	産地に密着し、漁業者が水揚げした漁獲物の集荷、選別、販売等を行う。
消費地卸売市場	各種産地卸売市場等から出荷された多様な水産物を集荷し、用途別に仕分け、小売店等に販売する。

注：生産者や産地出荷業者が小売店舗や消費者に直接販売する経路等、これ以外の流通経路もある。
資料：水産庁『平成27年度水産白書』

6 産地の流通・加工業

産地市場が生産と流通を結び消費地へ

水産物流通において、産地市場を中心とする流通・加工業は地域漁業の存立に関わる重要な役割を担っています。そこには魚に携わる多種多様な人々が存在し、漁業者が獲った魚の価値を測り、最大限に価値を実現させる「職人」たちが毎日の取引、消費地への安定・安心な水産物の供給を支えています。

まず、漁協もしくは漁業協同組合連合会（漁連）は、漁業者（組合員）が獲ってきた魚介類を自ら運営する卸売市場（荷捌き所）に集荷し、上場された水産物（鮮魚）の仕分け、検量を行い、加工業者、出荷業者を中心とする仲卸業者（買受人・仲買人）に販売します。産地市場のセリ・入札には地元の小売業者や外食業者も売買参加者となって参加しますが、取引量は多くなく、むしろ消費地に向け水産物を供給する拠点であり、仲卸業者と生産者の結節点の機能を担っています。

産地には、地域漁業と両輪の関係にある産地加工場が立地し、日々、市場から原料を買い入れ、地域の人々を従業員として雇い入れて工場を稼働させています。ただし、産地加工といえども200海里時代以降の国際規制、環境変化による魚種交替、水揚げ変動を受けて、魚種によっては原料を**前浜もの**から輸入水産物に切り替えるケースが増えています。

出荷業者は、域外の消費地への生鮮食用向け出荷に大きな役割を担い、産地には鮮魚から内臓、えらなどを取り、サイズを揃える一次処理を専門に行う前処理業者も存在します。

そのほか、水産物を一時保管する冷凍・冷蔵業者、鮮度保持の氷を供給する製氷業者、産地から消費地への鮮魚や冷凍・加工品の供給にはトラックを中心

用語

前浜もの
産地（水産都市・漁港都市）の沿岸や近海で水揚げされる魚介類。本来は安定的な生産を背景に地域の特産物や伝統的な加工品の原料として重要な位置を占める。

とした物流業者が欠かせません。トラック業界は規制緩和の一方で運転手不足、過積載の規制、長時間労働の抑制といった課題を抱えながらも物流の主役として活躍しています。また、消費地が扱いやすい規格・荷姿で送るには、発泡スチロール箱など包装資材を供給する業者も必要で、外食、小売も含め総合的な産業形成が産地の要素となっています。

水産物卸売市場数の推移

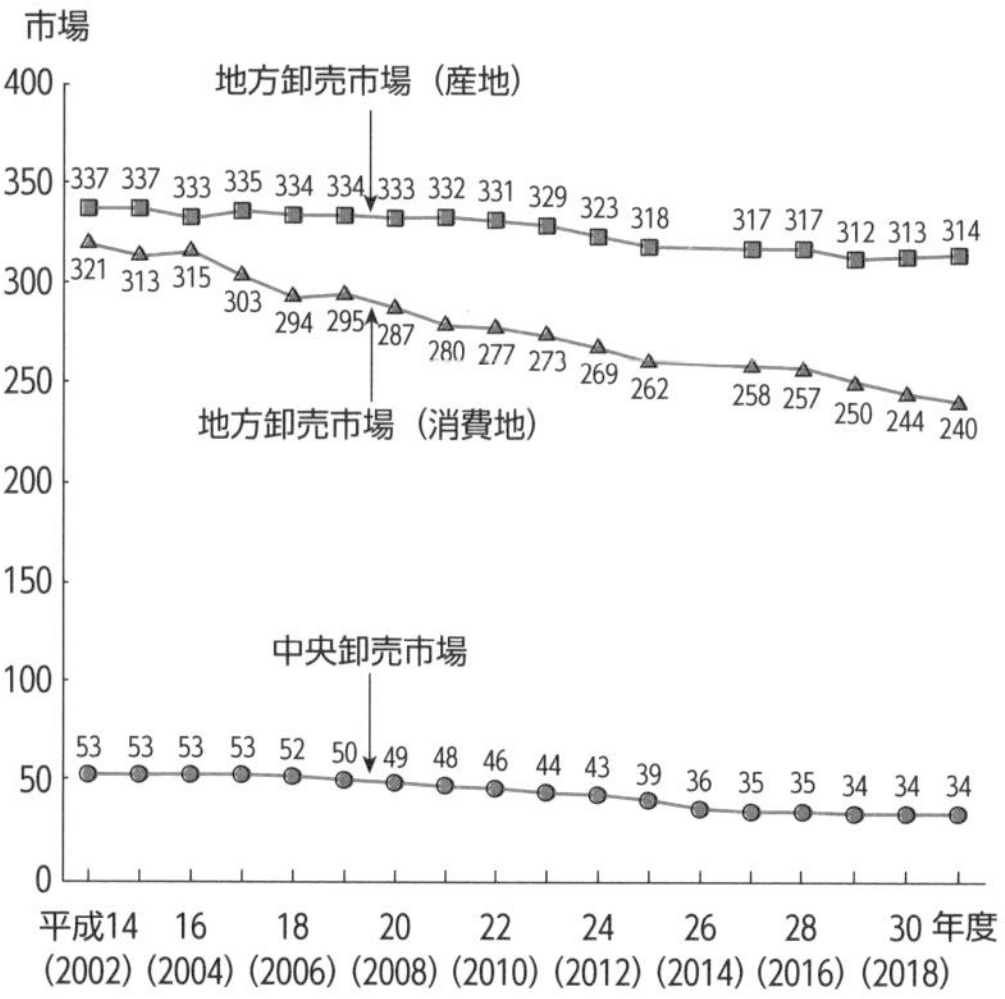

資料：農林水産省『令和元年度卸売市場データ集』

漁業と主な関連産業

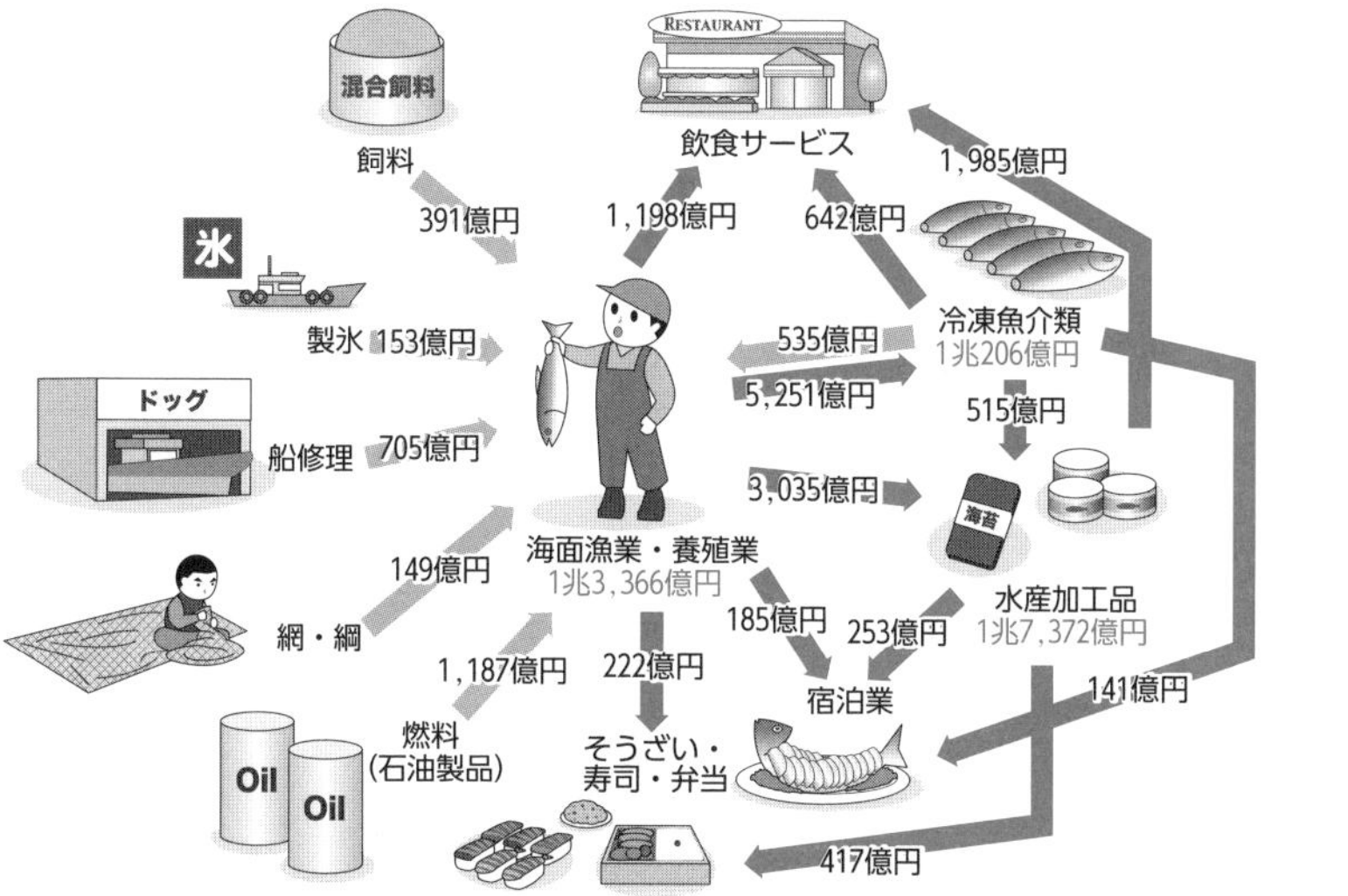

注：1）生産者価格に基づく。また、海面漁業・養殖業への投入以外は輸入を除いた数値。
2）「水産加工品」は、塩・干・くん製品、水産びん・缶詰、ねり製品、その他の水産食品を含む。
3）主要な関係のみを表示している。また、家計へ販売される分および船など固定資本として購入する分は表示していない。

資料：水産庁『平成27年度水産白書』

7 消費地卸売市場とその仕事

消費地市場の仕事（豊洲を例にとって）

水産物を扱う卸売市場で一番有名なのは、東京の豊洲市場です。11ある東京都**中央卸売市場**の一つで、近年減ったとはいえ、年間約33万トン、３６０６億円（２０２０年）の水産物を扱う世界最大級の規模の市場です。かつて「世界の築地」と称され、マグロをはじめ世界中から一番美味しくて高級な魚が集まっていた築地市場は、２０１８年10月、豊洲市場に移転しました。築地市場に比べ広く、売場が閉鎖型となり、品質・温度管理が強化されています。

豊洲に代表される水産物の中央卸売市場は、「建《たて》値《ね》市場《しじょう》」としての役割を果たしています。建値市場とは、ほかの市場で取引するにあたって参考となる価格を形成する力のある市場のことです。生鮮クロマグロのように豊洲でなければ値がつかない魚も多く、豊洲のセリ値をみれば、その時々の水産物の価格（最高値）を判断できます。公正な水産物取引のガイドポスト（指標）を提供してくれるわけです。

豊洲には大手の卸売業者７社が水産物を全国の産地から集荷しており、１日１４００トンにのぼるとされます。水産物のセリに参加する仲卸業者は５００以上（かつては１０００以上）です。卸売業者と仲卸業者の取引を通じて、市場の**集荷・分荷**の機能が発揮されています。そのほかに、短期の代金決済機能や、漁況や市況の情報受発信機能を備えています。

消費地市場は、産地市場から出荷されてきた生鮮品をはじめ冷凍品や加工品などを、小売店および外食店、料理店、病院、学校、給食施設などの大口需要者に売りつなぎ、最終的な卸売価格を形成する役割を果たしているのです。

そこには、卸売業者、仲卸業者、売買参加者、買

用語

中央卸売市場 都道府県、人口20万人以上の市、またはこれらが加入する事業組合、広域連合が農林水産大臣の認可を受けて開設する卸売市場。

集荷・分荷 国内外の産地から大量多品目の水産物を集荷し、これらを組み合わせて少量多品目へと迅速・確実・効率的に分荷する機能。

出人のほか、様々な業種の人たちが関わっています。卸売市場に運ばれてきた水産物をセリ場に移したり、仲卸業者の店に運搬したりする「小揚《こあげ》」と呼ばれる運送業者、施設を管理し公正な取引を見守る「市場開設者」（普通は自治体）をはじめ、食品の安全をチェックする「食品衛生監視人」、市場関係者が仕事をしやすいように調理器具、長靴や小物の供給、食堂などを行う事業者がいます。

トラック輸送などによって豊洲で販売された水産物は、都内、関東圏、さらに広域エリアに運ばれ、円滑な加工・流通・消費に供されます。

なお、かつて築地周辺部には場外問屋や飲食小売業者なども多数営業しており、観光スポットにもなっていました。

直接取引の増大、市場流通の縮小で苦境に

市場を経由する水産物が減少し、生産者と消費者を直接結ぶネットワークが発達するにつれ、消費地に立地する卸売市場は事業の継続性に課題を抱え、

中央卸売市場の機能

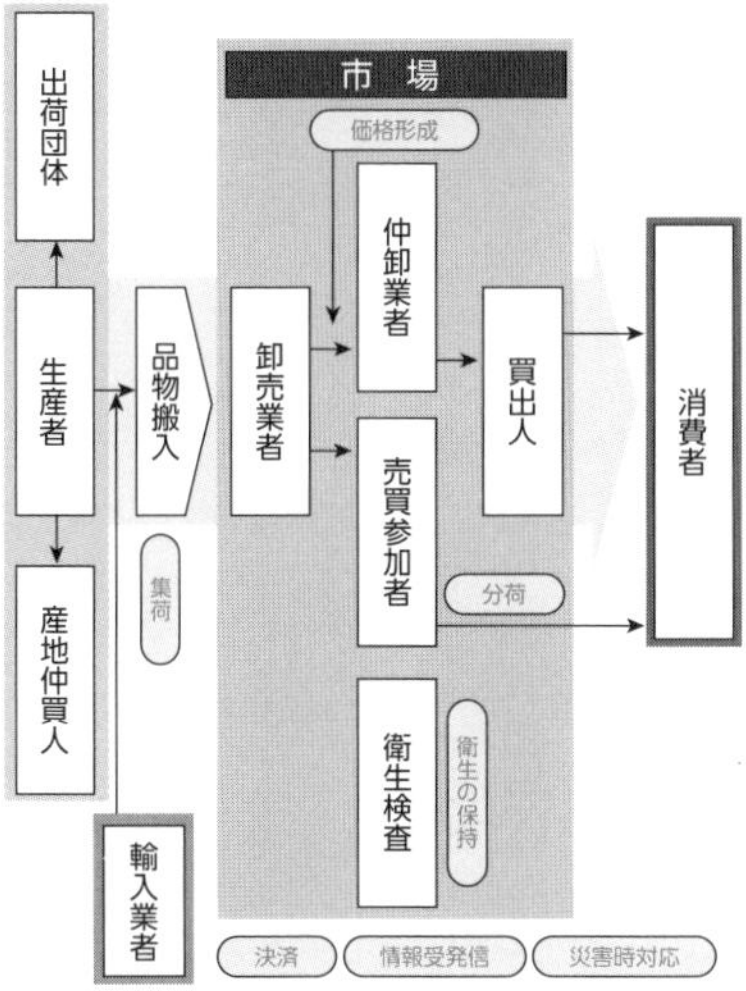

資料：東京都卸売市場のHP

中央卸売市場の役割

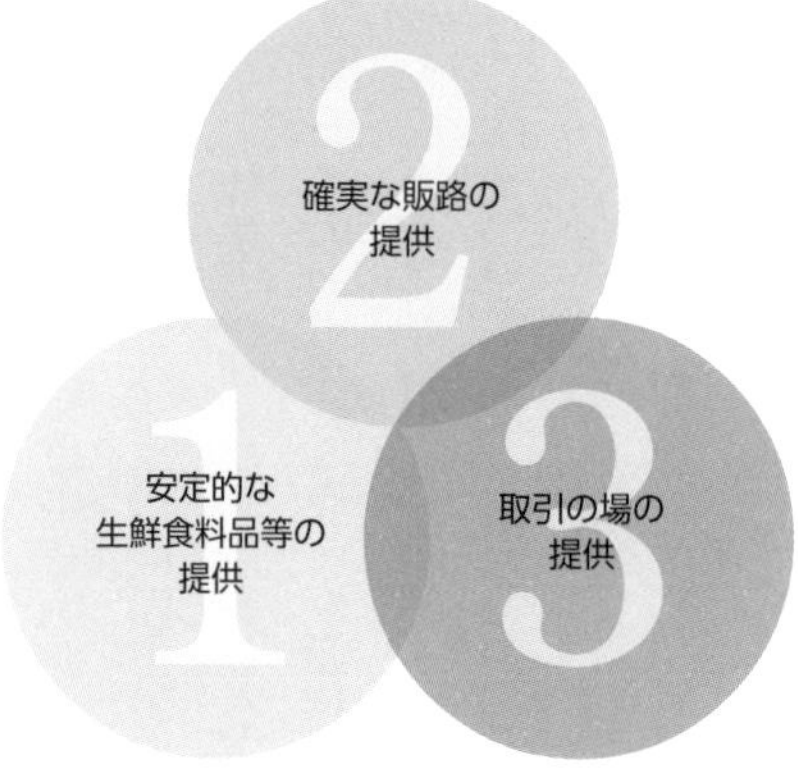

資料：東京都卸売市場のHP

存続が危ぶまれる事態に直面している市場もみられるようになってきました。

また、卸売業をはじめ、需要者のニーズに対応した供給を行う仲卸業界も市場流通の縮小により苦境に立たされています。消費地市場は、卸売市場法に基づき、農林水産省が認可する中央卸売市場と都道府県が認可する**地方卸売市場**に分かれ、水産物を扱う中央卸売市場は全国に34、地方卸売市場は240（2019年度末）あります。

市場流通における水産物の取扱金額（2018年度）は、中央卸売市場が約1兆4500億円、地方卸売市場（消費地）が約6200億円とされ、近年は中央、地方ともに減少傾向となっています。

業者の営業収支でみると、中央卸売市場における卸売業者の売上総利益（粗利）は4・9%、仲卸業者は12・5%となっています。しかし、費用を差し引いた儲けを表す営業利益は卸売業者が0・2%、仲卸業者は0・0%にすぎません。他産業を含めた飲食料卸売業者よりもやや高くなっています。

改正卸売市場法で共通ルールのもと適正な取引

食品流通の多様化が進むに伴い、卸売市場の制度も大きく変わろうとしています。2018年6月に卸売市場法と食品流通構造改善促進法が改正され、2020年6月からいよいよ改正卸売市場法が施行されました。3度にわたる法改正で卸売市場は大幅に規制緩和されており、今回は「第三者（卸売市場内の仲卸業者以外）への販売禁止の廃止」「直荷引き（産地などから仲卸売業者を通さず直接仕入れる）禁止の廃止」「中央卸売市場を民間業者も開設を可能にする」といった従来の原則が自由化されたほか、仲卸業者が産地に注文した食材を飲食店・小売店へ直送することが可能になる「商物一致の廃止」も認められるようになりました。ただし、こうした緩和は、卸売市場ごとに、関係者の意見を聴くなど公正な手続を踏み、①売買取引の方法の公表②差別的取扱いの禁止③受託拒否の禁止（中央卸売市場のみ）④代金決済ルールの策定・公表など共通の

用語

地方卸売市場
中央卸売市場以外の卸売市場で、一定規模（水産200㎡、産地市場330㎡）以上の面積を条件に、都道府県知事が認可して開設される。

食品流通構造改善促進法
農林水産大臣が定めた食品流通合理化の基本方針に沿って事業計画の認定を受けると、農林漁業成長産業化支援機構（A-FIVE）の出資等の支援を受けることができるとしていた。また、農林水産大臣は、食品の取引状況について定期的な調査を行い、必要な措置を講ずる。この改正を機に題名が「食品等の流通の合理化及び取引の適正化に関する法律」に改められた。

取引ルールに反しない範囲において定めることができるとされ、上からの廃止ではありません。

日々変化する食品流通の実態に適正に対応できるよう卸売市場サイドに選択の幅を持たせた面もあります。法改正の趣旨も「食品流通の中で卸売市場が果たしてきた集荷・分荷、価格形成、代金決済等の調整機能は重要」と認め、今後も食品流通の核として堅持していくための改正であり、取引をより透明化し、生鮮食料品等の公正な取引の場として、共通の取引ルールを遵守することが強調されています。

中央市場・地方市場の水産物取扱金額の推移

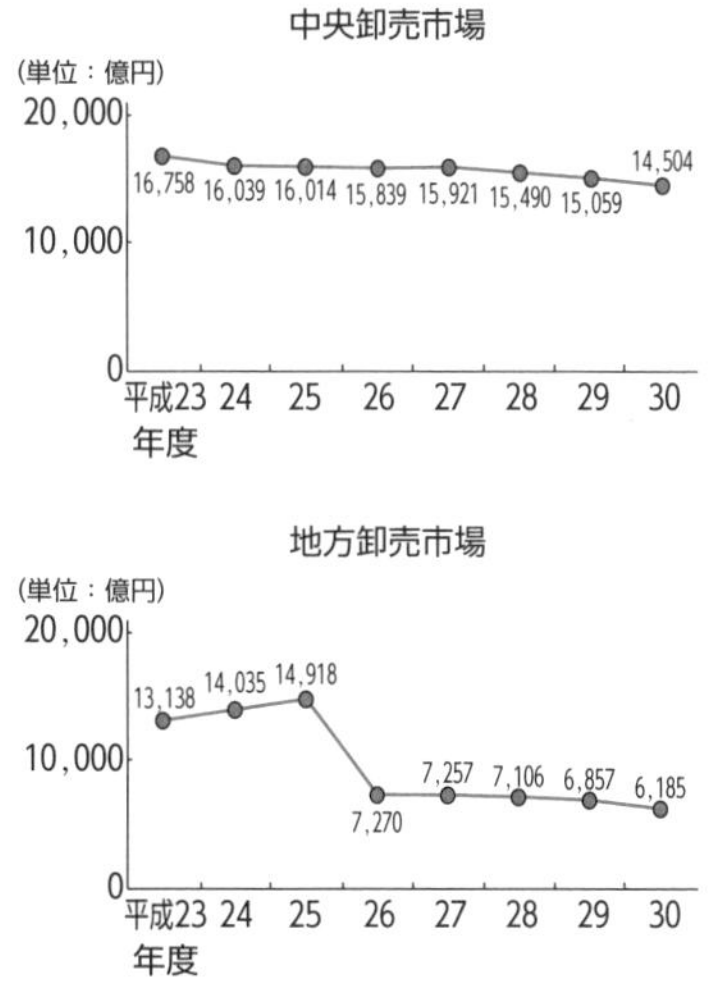

資料：農林水産省食品流通課調べ

中央卸売市場卸売業者および仲卸業者の営業収支（平成30年度）

【卸売業者】

（単位：%）

	青果	水産	食肉	花き
売上総利益（粗利）	6.6	4.9	4.2	9.7
販売費・一般管理費	6.5	4.7	4.2	9.6
うち人件費	2.5	2.3	1.7	5.4
営業利益	0.1	0.2	0.0	0.1

【仲卸業者】

（単位：%）

	青果	水産
売上総利益（粗利）	12.7	12.5
販売費・一般管理費	12.1	12.4
うち人件費	5.6	6.6
営業利益	0.6	0.0

資料：農林水産省食品流通課調べ

8 小売店舗の仕事

魚販売の最前線で起きている変化とは?

魚を買う場所は、まさに多様化の一途を辿っています。生業的な魚屋を含めた鮮魚小売業は、2014年の段階で、商店数1万4000店、従業員5万9000人、年間販売額5846億円と、2007年に比べ、商店数は30%、従業者は14・5%、年間販売額は31・9%のそれぞれ大幅な減少を示しています。2015年の専門小売店の鮮魚販売額は2兆3537億円ですが、鮮魚小売業のシェアは22%にすぎません。

その分、量販店(スーパーマーケット)のウエイトが高まり、1974年以降は魚介類の購入先は一般小売店(鮮魚店)からスーパーに大きく移行しています。

消費者の魚介類購入先は、1980年代前半に一般小売店とスーパーの比率が逆転し、2014年にはスーパーが66%を占め、一般小売店の10%を圧倒しています。スーパーは、定量、定質、定時、定価の「四定条件」を生産者、卸売業者に求め、大型化、チェーンストア化を全国展開していきます。

特に、200海里体制の定着による国際漁場を失った遠洋漁業の漁獲量の減少、1985年のプラザ合意による円高に伴う輸入水産物の増大を背景に、水産物の購入先はスーパーに集中します。

高度経済成長期において全国的にチェーンを展開することで圧倒的な規模を獲得した**GMS(総合スーパー)**は、生鮮3品の小売でも支配的な力を発揮しました。一般的には簡便志向や価格志向の消費ニーズに対応したワンストップ・ショッピング(1か所で買い回りが可能な利便性の提供)を実現していきます。

用語

GMSとローカル食品スーパー
戦後アメリカから入ってきたチェーンストアは、食品小売にも流通革命を起こし、高度経済成長の過程でスーパーマーケットの全国チェーンを形成。しだいに野菜、肉、魚の生鮮3品以外の衣料、家電などを扱う総合スーパー(GMS)の業態に進化し、消費社会の出現を追い風に大型化の一途を辿る。一方で、少子高齢化による販売不振、「魚離れ」に対し、「顧客獲得」による水産物の復権をめざす動きとして、個店経営と対面販売を特徴とするローカルスーパーの存在が注目を集める。「朝獲れ」に象徴される鮮度重視、地魚中心の品揃えが消費者の購

ローカル食品スーパーの台頭

しかし、超高齢社会の到来、消費の多様化は流通にも大きな構造変化を及ぼし、スーパーも大量生産・大量消費を前提としたナショナルチェーンの全国一律的な品揃え、セルフ販売を軸としたオペレーションに陰りがみえています。

現在は、地域で獲れた旬の鮮魚を対面販売で売る**ローカル食品スーパー**が台頭し、地域住民の大きな支持を得る店も目立ちます。地域密着型の中小食品スーパーが大手のＧＭＳ（総合スーパー）の低迷をよそに健闘し、鮮魚流通に新たな風を巻き起こしつつあるといえるかもしれません。

新型コロナの拡大防止の外出自粛、時短要請に伴い、外食が落ち込む一方、家庭内食、中食の需要は増加し、電子取引市場の拡大や「巣ごもり需要」など消費形態が大きく変化しました。高級鮮魚の価格低迷など流通業者もどちらにウエイトを置くかで光と影が鮮明となりました。

食品小売業における鮮魚店の規模と推移

	商店数			従業者数			年間販売額		
		H26/H19	構成比		H26/H19	構成比		H26/H19	構成比
	千店	%	%	千人	%	%	億円	%	%
小売業計	1,025	△ 9.9		7,686	1.4		1,221,767	9.3	
飲食料品小売業計	308	△21.0	100.0	2,958	△ 4.1	100.0	322,207	△21.1	100.0
鮮魚小売業	14	△30.0	4.5	59	△14.5	2.0	5,846	△31.9	1.8
野菜・果実小売業	19	△20.8	6.2	89	1.1	3.0	8,614	△13.7	2.7
食肉小売業	12	△14.3	3.9	58	3.6	2.0	5,839	△11.0	1.8
菓子・パン小売業	62	△ 6.1	20.1	369	7.9	12.5	18,503	△10.7	5.7
米穀類小売業	10	△41.2	3.2	25	△40.5	0.8	2,610	△41.5	0.8
酒小売業	33	△31.3	10.7	100	△27.0	3.4	13,538	△45.6	4.2
各種食料品小売業	27	△20.6	8.8	906	3.9	30.6	148,339	△13.3	46.0
その他飲食料品小売業	139	△24.5	45.1	1,321	△13.0	44.7	121,388	△27.0	37.7

注：ラウンドの関係で、各小売業の数値および構成比の合計が飲食料品小売業計の数値と合わないことがある。
資料：経済産業省「平成26年商業統計表」

買行動に刺激を与え、新たな需要を開拓している。

9 魚介類の認証・管理制度

MELなど持続可能な漁業・養殖業を認証

環境保全、食品の安全・安心を担保するため、水産分野においても様々な取り組みが展開されています。消費、加工・流通の現場でも水産エコラベル、トレーサビリティ、**HACCP**などの動きが目立ってきました。

水産エコラベルは、適切に管理された持続可能な漁業・養殖業を認証し、それによって生産された水産物であることを消費者にラベルで示す民間の取り組みです。海外で有名なＭＳＣ（海洋管理協議会）をはじめ、国内外に複数の水産エコラベルが存在します。いずれも**FAO**が定めたガイドラインに基づき海面、内水面、養殖の各分野で生産、加工、流通の各段階のエコラベルが認証されています。

日本においては、ＭＥＬ（マリン・エコラベル・ジャパン）協議会が２０１６年12月に発足し、世界水産物持続可能性イニシアチブ（ＧＳＳＩ）の審査を受け、２０１９年12月に承認されました。これで日本発の水産エコラベルが世界標準の認証として名実ともに認められました。２０２１年５月現在のＭＥＬ認証は漁業９件、養殖42件、流通加工65件となっています。

養殖業においても日本食育者協会が２０１４年２月に養殖エコラベル制度を発足させました（略称・ＡＥＬ）。日本水産資源保護協会が認証機関となって２０２０年８月現在、40の養殖が認証を受けています。

食品の生産から消費に至る商品履歴情報を提供するトレーサビリティ（追跡可能性）は、ＢＳＥ発生を契機にシステム化され、水産物でも２００２年頃から注目されました。農水省がガイドラインや導入マニュアルをつくっていますが、水産エコラベルと同様に消費者アンケートでは７～８割が「知らな

用語

HACCP
↓141ページ

FAO
国連食糧農業機関。世界の農林水産業の発展と農村開発に取り組む国連の専門機関。

い」と答えるなど、購入の選択基準として定着していない現状にあります。

食品の品質管理の手法であるＨＡＣＣＰ方式は、米国やＥＵで水産加工場に導入を義務づけており、輸出の際に同等の衛生基準が求められます。２０２０年３月末では、対米ＨＡＣＣＰ認定施設数は４５４（大日本水産会・厚生労働省）、対ＥＵ・ＨＡＣＣＰ認定施設数は75を数えます。

水産庁も水産加工施設の対ＥＵ・ＨＡＣＣＰ認定を２０１５年から開始し、２０２０年３月までに33件を認定しています。安全な水産物を消費者に提供するため輸出のみならず、国内の水産加工業へのＨＡＣＣＰ導入が進められています。

２０１５年４月から食品の表示に関する包括的かつ一元的な制度（食品表示法）が創設されました。また、「食品衛生法」が改正され、水産加工業を含む全ての食品事業者に対し、２０２０年６月からＨＡＣＣＰに沿った衛生管理の実施が求められるようになりました。

水産加工業のHACCP認定施設数の推移

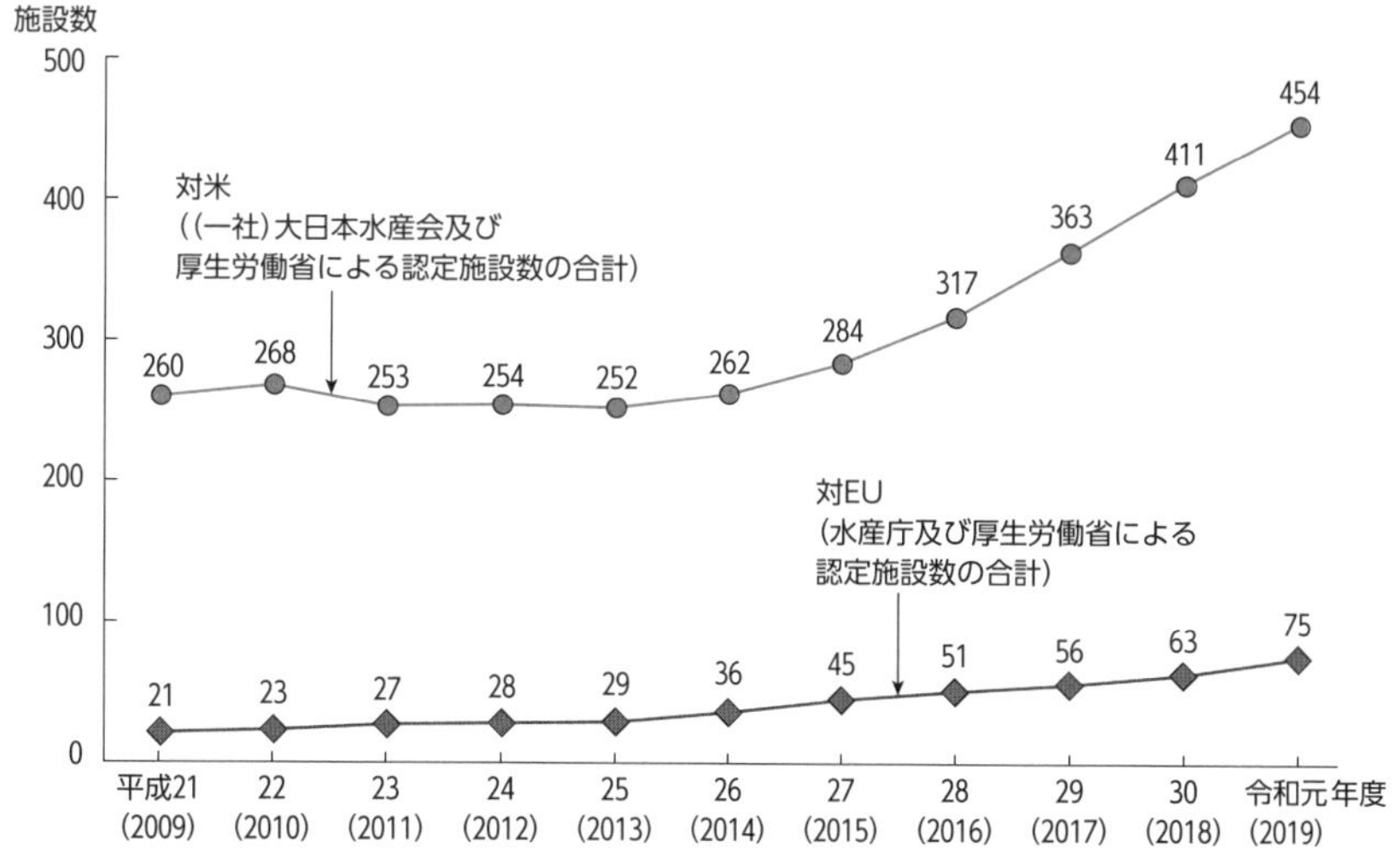

資料：水産庁『平成27年度水産白書』

コラム 5

「魚離れ」を食い止めろ！

◆調理も食べるのもお手軽に

「魚離れ」といわれはじめて、30年以上になるそうです。「魚より肉」の象徴、マクドナルドのハンバーガーが日本に初上陸したのは1971年。そして実際に統計上で肉が魚を上回ったのは2006年のことです。消費が減っただけでなく、好まれる魚も変わりました。1975年のトップ5はアジ、イカ、サバ、カレイ、マグロでしたが、2010年にはサケ、イカ、マグロ、ブリ、サンマの順。切り身や刺し身で提供され、骨のない食べやすい魚が上位なのです。

魚離れを食い止め、水産業や伝統的な食文化を守ろうと、2012年に水産庁は「魚の国のしあわせ」プロジェクトを立ち上げました。漁業者、加工流通業者、学校、行政などが一体となって、島国日本の魅力的な魚食文化をもっと楽しもうと働きかける事業です。

その最大の目玉が「ファストフィッシュ」。ファストとは、ファストフードのファストです。魚離れの原因には、調理もごみの始末もめんどう、骨があって食べにくい、子どもが嫌い、などが挙げられています。それなら加工をさらに工夫して、調理するのも食べるのもお手軽にしてしまおうという発想です。

具体的には、買いやすい価格帯、量目、保存性のほか、美味しさや目新しさも満たす商品を認定しました。骨を抜いたサンマやカレイ、電子レンジで加熱するだけで食べられる味つけ商品など、認定商品は445社の3342種にのぼり（2020年3月現在）、ロゴマークで消費者にアピールしています。

◆魚食の頂点「プライドフィッシュ」

魚食のすそ野を広げようとするファストフィッシュと対をなし、旬や産地のおいしい産物を味わってもらう「プライドフィッシュ」プロジェクトも始まりました。JFグループ（漁連・府県漁協）が主体となり、各都道府県の漁師が「今一番食べてほしい魚」を選定。生態や漁法、食べ方などその魚をめぐるストーリー、ご当地で食べられる店や買える店、取り寄せの方法をプライドフィッシュのHPなどで広く発信しています。

2021年4月現在、40都道府県で278種が公開されています。例えば北海道は、春が石狩湾のニシン、夏は厚岸のカキ、秋は太平洋沿岸のシシャモ、冬が日本海と噴火湾のホタテガイ。南の端の沖縄では、春がモズク、夏はキハダマグロ、秋は養殖クルマエビ、冬はビンチョウマグロといった具合です。

ファストフィッシュと二人三脚の魚料理コンテストをはじめとする「Fish-1グランプリ」を開催するなど、PR活動も進められています。

第6章

水産物と国際関係を知る

1 世界各地の漁業の特徴

漁船漁業が停滞、養殖が躍進

FAOによると、2018年の世界における漁業・養殖生産量は、2億1209万トンで前年よりも3%増加しました。漁船漁業（9758万トン・前年比4%増）が1980年代以降は横ばいなのに比べ、養殖業（1億1451万トン・前年比2%増）は長期的な増加傾向にあります。

1980年には世界第1位だった日本の生産量は442万トンで、世界の2・1%を占め、第9位となっています。逆に1980年には第3位だった中国が8097万トンと圧倒的なトップを占めます。

世界で生産されている魚種を2018年のデータでみると、漁船漁業ではニシン・イワシ類の生産量が1982万トンと全体の20%を占め、次いでタラ類が932万トン（同10%）、マグロ・カツオ・カジキ類が791万トン（同8%）と上位にあります。

養殖業ではコイ・フナ類が2922万トン（同26%）と最も多くなっています。次いで**紅藻類**1759万トン（同15%）、**褐藻類**が1484万トン（同13%）となっており、日本でお馴染みのカキ、エビ類はそれぞれ600万トン（同5%）、サケ・マス類は352万トン（同3%）が生産されています。

内水面、海面ともに中国の伸びが大きい

2018年の漁船漁業の生産量は、中国が1483万トンと世界の15%を占め、インドネシアなど新興国では増加傾向にある一方、日本、EU、米国などは横ばいないし減少傾向にあります。200海里規制による漁場の縮小、主要資源の減少などを背景に全体として頭打ちにあり、日本の漁獲量もイワシの豊漁にわいた1980年代後半の1100万トン

用語

FAO
→158ページ

紅藻類と褐藻類
紅藻類は赤っぽい色の海藻で、ノリや寒天の原料になるテングサなど。褐藻類は褐色の海藻で、コンブやワカメ、ヒジキが食材に用いられる。

世界の漁業・養殖業生産量の推移

（単位：万トン）

		昭和35年 (1960)	45 (1970)	55 (1980)	平成2 (1990)	12 (2000)	22 (2010)	29 (2017)	30 (2018)	増減率（%） 平成30／12 (2018／2000)	30／29 (2018／2017)
世界計		3,687	6,759	7,600	10,320	13,769	16,617	20,649	21,209	54.0	2.7
	漁業	3,476	6,387	6,821	8,592	9,468	8,819	9,427	9,758	3.1	3.5
	養殖業	211	371	779	1,728	4,301	7,798	11,222	11,451	166.2	2.0
中国		317	397	625	1,511	4,457	6,284	7,994	8,097	81.6	1.3
	漁業	222	249	315	671	1,482	1,505	1,558	1,483	0.1	▲4.8
	養殖業	96	148	311	839	2,975	4,779	6,436	6,614	122.3	2.8
インドネシア		76	126	188	324	515	1,167	2,290	2,203	327.6	▲3.8
	漁業	68	115	165	264	416	539	678	726	74.6	7.0
	養殖業	8	11	23	60	99	628	1,612	1,477	1,386.5	▲8.4
インド		116	176	245	388	567	851	1,174	1,241	119.0	5.8
	漁業	112	164	208	286	373	472	555	534	43.4	▲3.8
	養殖業	4	12	37	102	194	379	618	707	264.0	14.3
ベトナム		47	62	56	94	214	495	715	750	250.0	4.9
	漁業	44	55	46	78	163	225	332	335	105.4	1.0
	養殖業	4	7	10	16	51	270	383	415	708.8	8.4
ペルー		350	1,248	271	687	1,067	439	429	731	▲31.4	70.6
	漁業	350	1,248	271	687	1,066	431	419	721	▲32.4	72.2
	養殖業	0	0	0	1	1	9	10	10	1,470.6	3.1
EU（28か国）		583	823	854	914	825	676	704	685	▲16.9	▲2.7
	漁業	557	775	781	808	685	550	568	549	▲19.8	▲3.4
	養殖業	27	48	74	106	141	126	136	137	▲2.9	0.4
ロシア		…	…	…	766	410	420	506	532	29.6	5.2
	漁業	…	…	…	740	403	408	487	512	27.1	5.0
	養殖業	…	…	…	26	8	12	19	20	164.5	9.4
米国		282	296	387	594	525	481	548	523	▲0.4	▲4.6
	漁業	271	279	370	562	479	432	504	476	▲0.7	▲5.6
	養殖業	10	17	17	32	46	50	44	47	2.5	6.5
日本		619	931	1,112	1,105	638	531	431	442	▲30.7	2.7
	漁業	589	872	1,004	968	509	416	328	339	▲33.5	3.1
	養殖業	30	60	109	137	129	115	102	103	▲19.9	1.2
フィリピン		50	110	172	253	302	505	413	436	44.2	5.5
	漁業	44	100	138	186	192	250	189	205	6.9	8.6
	養殖業	6	10	33	67	110	255	224	230	109.3	3.0
バングラデシュ		40	69	65	85	166	304	413	428	157.4	3.4
	漁業	35	63	56	65	100	173	180	187	86.3	3.9
	養殖業	5	6	9	19	66	131	233	241	266.1	3.1
ノルウェー		139	298	254	195	338	386	385	401	18.6	4.2
	漁業	139	298	253	180	289	284	254	266	▲8.1	4.5
	養殖業	0	0	1	15	49	102	131	136	175.8	3.6

資料：FAO「Fishstat（Capture Production）、（Aquaculture Production）」（日本以外の国）及び農林水産省「漁業・養殖業生産統計」（日本）に基づき水産庁で作成

台から大幅に減少し、2018年の漁獲量は339万トンで世界の3・5%にすぎません。

漁船漁業の停滞をよそに、近年の養殖業の生産量は、内水面、海面ともに中国の伸びが大きく、2018年は6614万トンと世界の58%を占め、次いでインドネシアが1477万トンと13%を占めています。中国は内水面、海面ともに約3000万トンの生産量を誇り、インドネシアやインド、フィリピンなどアジア諸国が追随しています。日本は海面中心に103万トンで世界の1%にとどまっており、ほかの先進国の生産量もそれほど伸びていません。

世界の水産資源は3割が過剰漁獲

世界の水産資源は、FAOの評価によると、持続可能なレベルで利用されている資源は減少傾向にあり、1974年には90%が適正レベルで利用されていましたが、2015年には67%に低下しています。反対に過剰に漁獲されている資源は10%から33%に増大しており、資源管理が必要になっています。日

世界で生産されている主な魚種の生産量の推移

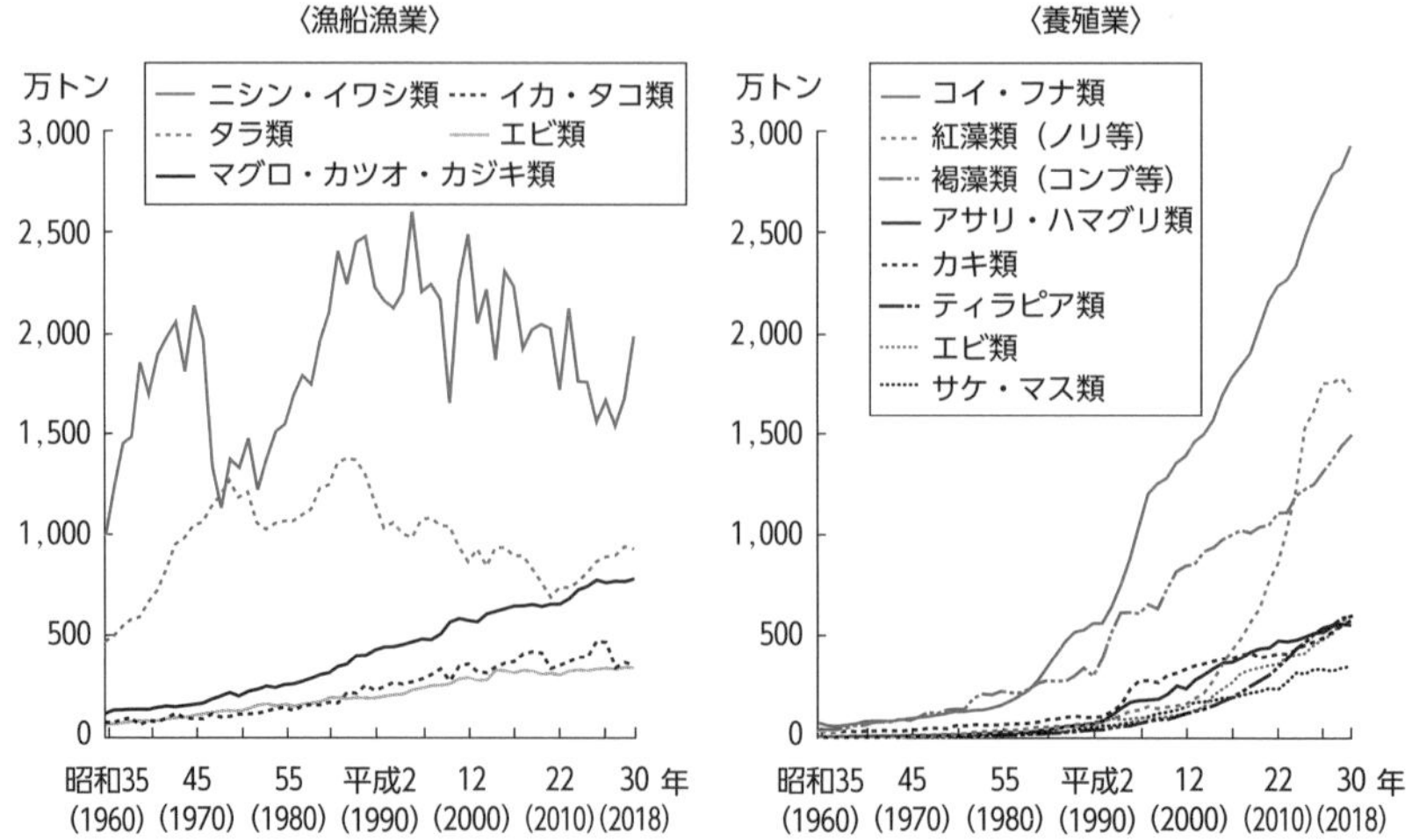

資料：FAO「Fishstat」

本周辺水域を含む北西太平洋海域では24％が生物学的に持続不可能とされ、76％が持続可能な資源状態にあると評価されています。

アジアの漁業者増加、格差大きい生産構造

世界の漁業生産構造をみると、2016年の漁業・養殖業の就業者は5962万人で、アジア地域が78％を占めています。人口増加が続くアジア、アフリカ地域では漁業就業者数が伸び続けていますが、ヨーロッパや北米地域では減少しています。全漁業就業者数のうち32％、1927万人が養殖業の就業者で、アジア地域が大半を占めます。

主要国の1人当たりの漁業生産量は新興国の中国が2トン／人程度であるのに対し、日本や韓国では15～20トン／人前後、ニュージーランドが157トン／人、ノルウェーやアイスランドは200～400トン／人以上と大きな格差がみられます。漁業者数や漁船数の規模など漁業の特徴の違いが背景にあります。

各国の漁業構造の比較

国名	漁業者数（千人）	漁船数（隻）	漁業生産量（千トン）	漁業者1人当たり生産量（トン／人）	漁船1隻当たり生産量（トン／隻）
アイスランド	3	1,148	1,278	426.1	1,113
ノルウェー	11	6,025	2,658	241.7	441
スペイン	23	8,976	929	40.4	103
イタリア	26	12,059	207	8.0	17
ニュージーランド	2.6	1,168	408	156.8	349
米国	164	8,623	4,757	29.0	552
日本	153	69,920	3,359	21.9	48
韓国	90	65,906	1,345	14.9	20
中国	8,514	682,416	14,831	1.7	22

資料：農林水産省「漁業・養殖業生産統計」（日本の生産量（2018年））、「漁業センサス2018」（日本の経営体数、漁業者数、漁船数）、OECD「OECD.Stat」（日本以外の漁業者数（2018年）、漁船数（2018年）※一部推計値を含む、米国の漁船数は2017年）、FAO「Fishstat」（日本以外の漁業生産量（2018））

2 世界の水産物の消費

水産物消費の波が世界を席巻

人口増加や魚食ブームを背景に、世界の食用魚介類の総供給量は2017年には約1億5000万トンに増大し、約50年前の1961年の2750万トンに比べ5倍以上に達しています。

食用魚介類の1人当たりの消費量は1961年の9kgから2017年には19kgと過去半世紀で2倍以上に伸びています。この間の世界人口の増加に匹敵する伸びであり、ほかのタンパク源に比べて際だっています。さらに、肉や魚中心の食生活への変化、健康志向の高まりなども追い風となっています。

アジア・アフリカの著しい需要増 日本は世界一の魚食国から後退

水産物消費の増加は世界的な傾向ですが、地域的にみると、アジア、アフリカ、南米、オセアニア地域の伸びが大きく、こうした地域の消費増大が世界の水産物需給バランスに大きな影響を与えると考えられます。

今後もこの傾向は続くとみられ、特に魚食の伝統があるアジア地域での伸びが大きく、この半世紀に中国で約9倍、インドネシアで約4倍に拡大しています。

主要国における1人当たりの食用魚介類の年間供給量をみると、2017年時点で日本は45・9kg／人年と50kgの大台を切り、1990年の70kg台に比べ6割程度に低迷しており、先進国のEUや米国のトレンドとも逆行しています。このように、ほとんどの主要国が水産物の消費を伸ばしている中で、漁業大国でもあった日本は減少傾向を続け、かつての世界ナンバーワンの魚食国から後退しているのが気になります。

世界の食用魚介類供給量の推移

（単位：万トン）

	昭和36年 (1961)	45 (1970)	55 (1980)	平成2 (1990)	12 (2000)	22 (2010)	25 (2013)	29 (2017)	増減率（%） 平成29／昭和36 (2017／1961)	増減率（%） 平成29／25 (2017／2013)
世界	2,748	3,961	5,047	7,105	9,574	12,714	13,293	15,017	446.5	13.0
中国	284	309	432	1,217	3,082	4,373	4,775	5,420	1,811.3	13.5
インドネシア	93	119	176	267	431	655	704	1,182	1,170.3	67.9
EU（28か国）	562	711	722	899	1,014	1,154	1,145	1,180	109.9	3.0
インド	85	156	217	326	466	690	631	924	985.7	46.4
米国	247	304	358	557	627	680	688	727	194.9	5.6
日本	476	636	767	880	853	677	628	582	22.3	▲7.4
その他	1,002	1,726	2,376	2,959	3,101	4,486	4,721	5,003	399.4	6.0

注：中国は香港、マカオ及び台湾を除く数値。
資料：FAO「Food Balance Sheets」（日本以外の国）及び農林水産省「食料需給表」（日本）

主要国・地域1人1年当たりの食用魚介類消費量の推移（粗食料ベース）

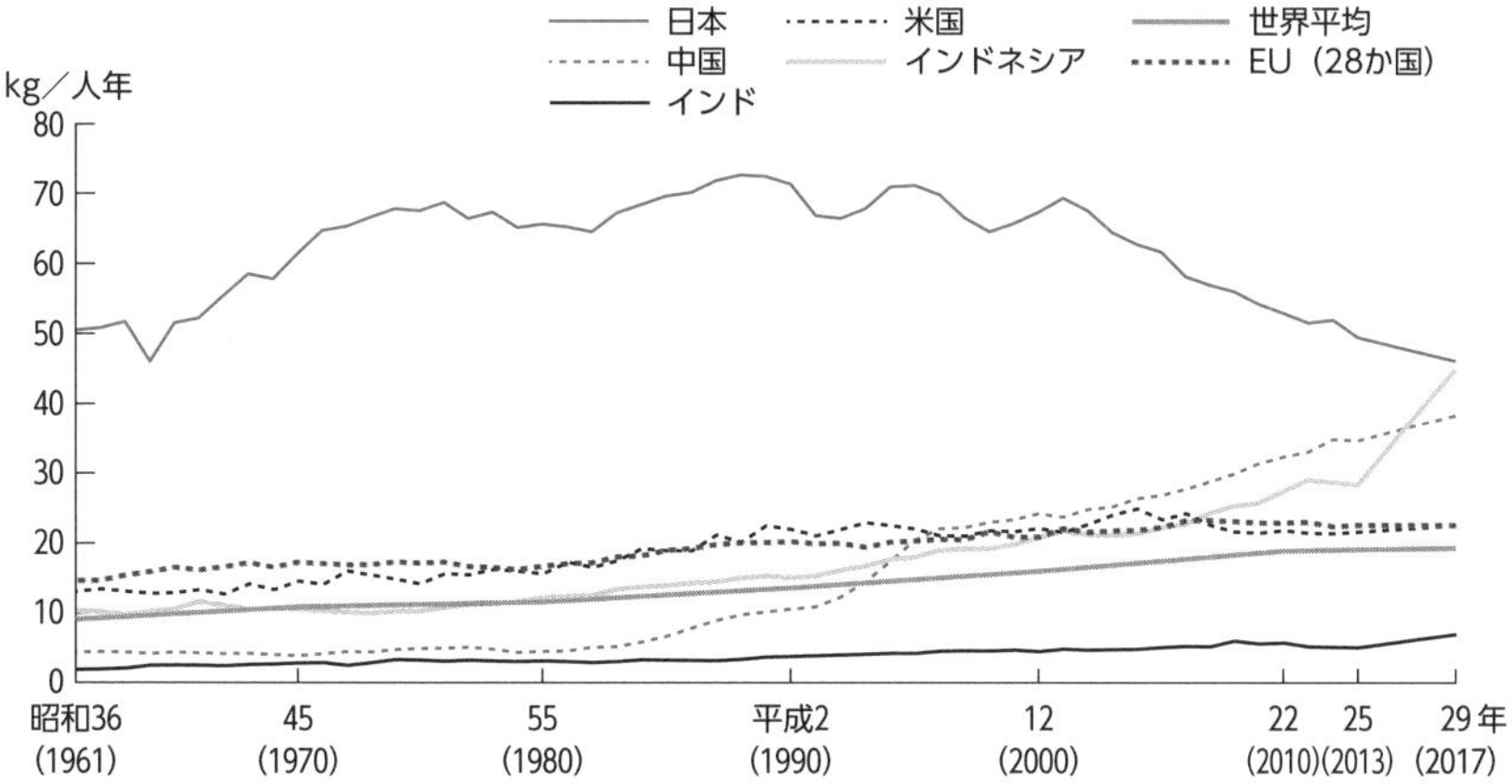

注：粗食料とは、廃棄される部分も含めた食用魚介類の数量。
中国は香港、マカオ及び台湾を除く数値。
資料：FAO「Food Balance Sheets」（日本以外の国）及び農林水産省「食料需給表」（日本）

3 日本の水産物の輸入

日本の水産物輸入は減少傾向

日本の水産物輸入数量（製品重量ベース）は、2001年の382万トンをピークに減少傾向で推移し、輸入額も1997年の1兆9456億円をピークに減少傾向で推移してきましたが、リーマン・ショックの影響を受けた2009年以降、増加傾向がみられました。

2020年の日本の輸入量は前年比9％減の225万トンで、輸入額は前年比約16％減の1兆4626億円となっています。輸入量の減少は、国際的な需要の高まりや人口減少、少子高齢化による国内消費の減少に伴う構造的なものですが、コロナ禍による流通が停滞し、輸入額は世界的な水産物価格や為替レートの変動で大きく増減する状況となっています。世界の水産物は供給が伸びない中で需要が増えており、日本の輸出入もグローバルな需給動向の大きな影響を受けています。

日本の輸入相手は130か国以上

2020年の輸入額を品目別にみると（170ページ参照）、エビ（1600億円）、カツオ・マグロ類（1603億円）、サケ・マス類（1989億円）が御三家で、カニ（473億円）、タラ類（462億円、すり身含む）、イカ（570億円）など単価の高いものが上位を占め、品目によって輸入相手国は世界130か国以上と多様化しています。例えば、エビはベトナム、インド、インドネシアなど、カツオ・マグロ類は台湾、中国、韓国など、サケ・マス類はチリ、ノルウェー、ロシアなどから多く輸入されます。また、米国はすり身を含めたタラ類、ロシアはカニ、中国はイカでも主な供給先です。

日本の水産物輸入量・金額の推移

〔単位　数量：千トン　金額：億円〕

		平成21年 (2009)	26 (2014)	29 (2017)	30 (2018)	令和元年 (2019)	増減率（%） 令和元／21 (2019/2009)	令和元／30 (2019/2018)
数量	水産物合計	2,596	2,543	2,479	2,384	2,468	▲ 4.9	3.5
	サケ・マス類	240	220	227	235	241	0.4	2.5
	カツオ・マグロ類	248	236	247	221	220	▲11.3	▲ 0.8
	エビ	203	167	175	158	159	▲21.6	0.4
	エビ調製品	65	60	63	64	66	1.5	2.5
	イカ	78	95	125	103	106	35.6	3.2
	タラ類（すり身含む）	76	162	183	167	154	102.8	▲ 7.8
	カニ	64	44	30	27	28	▲56.7	3.1
	タコ	56	40	45	35	35	▲37.7	1.2
	真珠（トン）	56	50	52	47	45	▲18.6	▲ 3.9
	ウナギ調製品	20	9	15	15	15	▲26.0	1.0
	タラの卵	35	46	43	42	44	25.9	5.2
	ウナギ（活）	12	5	7	9	7	▲43.9	▲23.6
	魚粉	279	248	174	189	213	▲23.6	12.7
	イカ調製品	45	50	50	45	49	8.6	9.5
	ヒラメ・カレイ類	50	55	41	36	36	▲28.4	▲ 1.1
	ウナギ稚魚(活)（トン）	2	6	1	7	12	506.4	82.5
	その他	1,125	1,106	1,053	1,038	1,096	▲ 2.6	1.5
金額	水産物合計（A）	12,967	16,569	17,751	17,910	17,404	34.2	▲ 2.8
	サケ・マス類	1,339	1,901	2,235	2,257	2,218	65.7	▲ 1.7
	カツオ・マグロ類	1,690	1,903	2,052	2,001	1,909	13.0	▲ 4.6
	エビ	1,720	2,262	2,205	1,941	1,828	6.3	▲ 5.8
	エビ調製品	517	767	750	760	744	43.9	▲ 2.1
	イカ	341	475	776	701	637	86.9	▲ 9.0
	タラ類（すり身含む）	225	505	593	622	611	171.4	▲ 1.8
	カニ	465	614	596	614	649	39.5	5.7
	タコ	278	325	416	424	354	27.2	▲16.6
	真珠	296	387	404	411	381	28.7	▲ 7.3
	ウナギ調製品	232	240	335	367	349	50.4	▲ 4.9
	タラの卵	329	356	332	315	282	▲14.3	▲10.5
	ウナギ（活）	166	152	182	309	247	48.6	▲20.2
	魚粉	259	387	265	303	317	22.6	4.9
	イカ調製品	170	256	307	297	307	80.4	3.1
	ヒラメ・カレイ類	188	279	252	252	241	28.2	▲ 4.2
	ウナギ稚魚（活）	12	59	15	210	236	1,862.7	12.3
	その他	4,740	5,701	6,036	6,127	6,096	28.6	▲ 0.5
日本の総輸入額（B）		514,994	859,091	753,792	827,033	785,995	60.6	▲ 5.0
(A)／(B)（%）		2.5	1.9	2.4	2.2	2.2		

注：1）数量は、通関時の形態による重量である（以下「貿易統計」においては同じ。）。
　　2）カニについては、このほかにカニ調製品が輸入されている。
　　3）真珠については、各種製品を除く。
資料：財務省「貿易統計」

日本の水産物輸入相手国および品目内訳

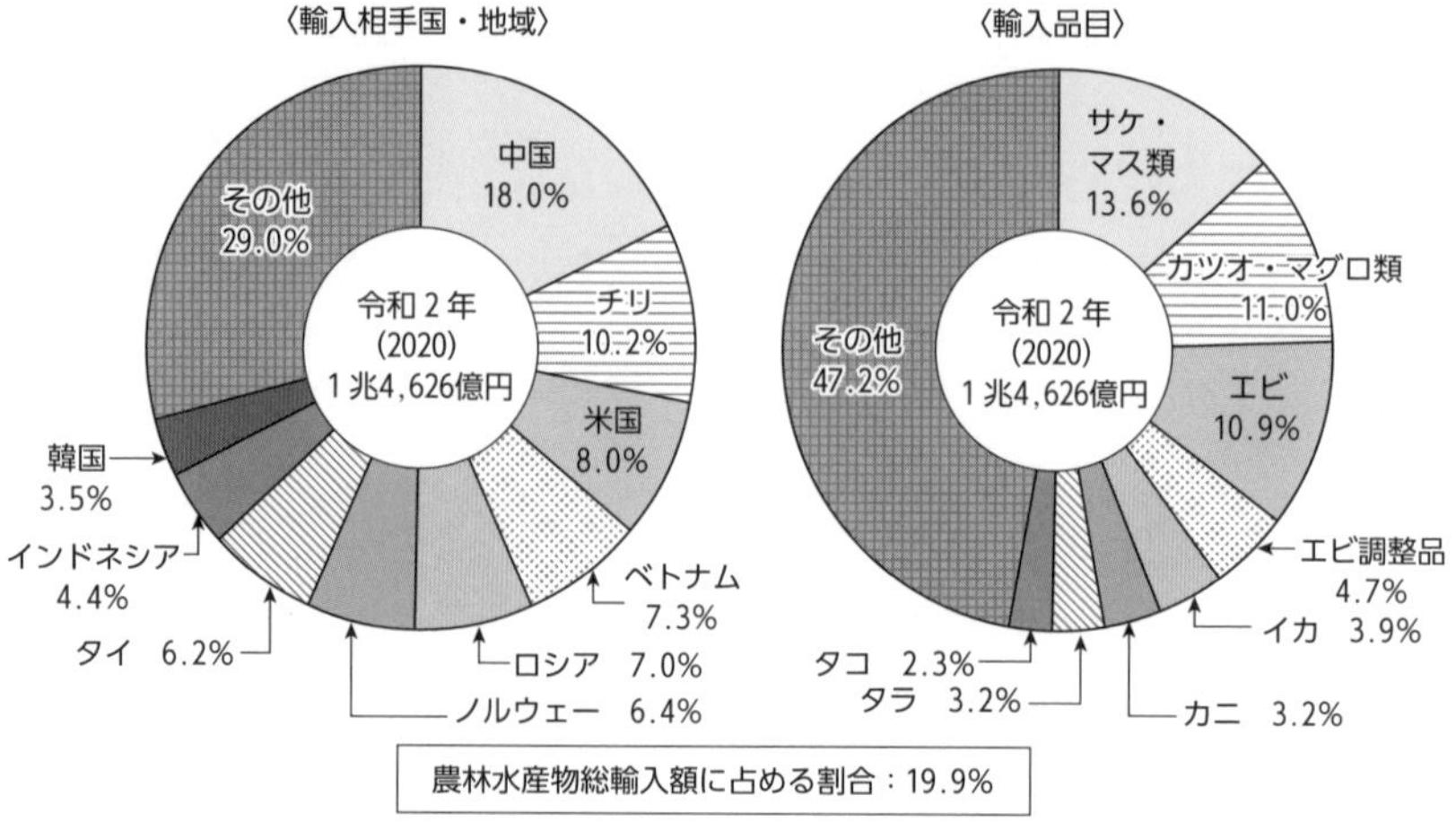

資料：財務省『貿易統計』（令和２年）に基づく

日本の主な輸入水産物の国・地域別内訳

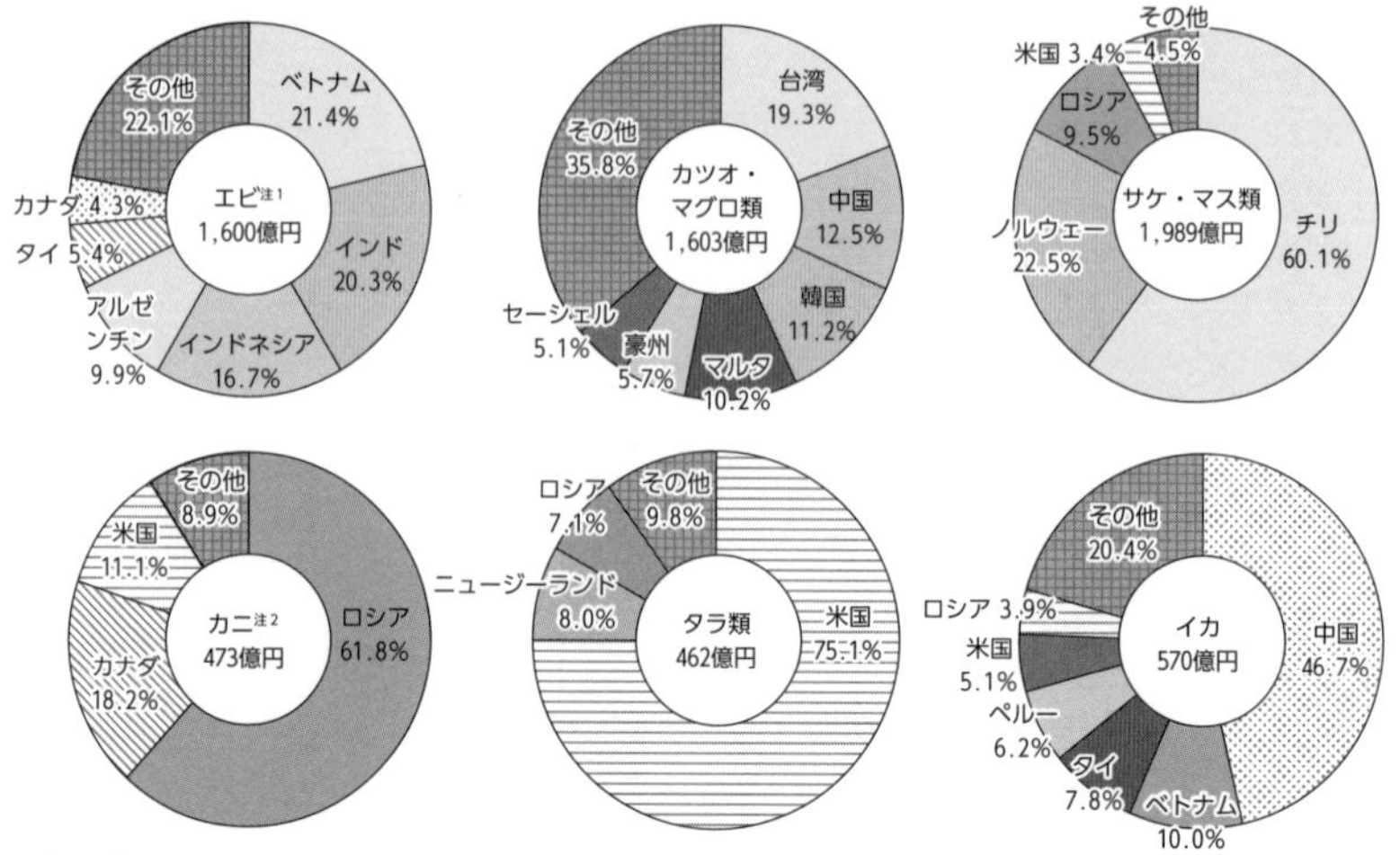

注：１）エビについては、このほかエビ調製品（684億円）が輸入されている。
　　２）カニについては、このほかカニ調製品（131億円）が輸入されている。

資料：財務省『貿易統計』（令和２年）

4 日本の水産物の輸出

増加傾向にある輸出、ここ数年は減少へ

欧米や中国など世界各国で水産物の需要が拡大しており、日本の水産物輸出数量（製品重量ベース）は、全体的にみると1999年以降増加傾向にあります。2008年のリーマン・ショックや2011年の東日本大震災・東京電力福島第一原発の事故による諸外国の輸入規制の影響で落ち込んだあと、55万トン台に回復しましたが、2020年には前年比1％減の53万トンとなっています。輸出額も2012年を底に増加傾向をみせ、2700億円を超えていましたが、2020年には前年比21％減の2277億円となっています。これは2020年からパンデミックを発生させた新型コロナウイルス感染症によって貿易がストップしたことに加え、国内の主要生産物が不漁で供給を停滞させた面もあります。

2020年の主な輸出相手国・地域は、香港、米国、中国が御三家で、この3か国・地域で輸出金額の5割を占めています。品目別ではホタテガイが315億円（このほか**調整品**118億円）と第1位で、中国、台湾、韓国に多く輸出され、次いでサバが204億円で2位（ベトナム、タイ）、カツオ・マグロ類が204億円で3位（タイ、ベトナム、香港）、ナマコ（調整品）が182億円で4位（米国）、ブリが173億円で5位（米国、ベトナム、中国）を占めています。

国が輸出額5兆円をめざす拡大戦略

国内の水産物市場が縮小し、世界の水産物市場がアジアを中心に拡大する動きを受けて、政府は農林水産物・食品の輸出拡大実行戦略を掲げ、2025年までに輸出額2兆円、2030年までに5兆円を

用語

調整品
水産物（魚介類）を原料としたもので、一般的には加熱調理、味つけした製品や半加工品などの総称。

日本の水産物輸出量・金額の推移

〔単位　数量：千トン　金額：億円〕

		平成21年 (2009)	26 (2014)	29 (2017)	30 (2018)	令和元年 (2019)	増減率（%）	
							令和元／21 (2019/2009)	令和元／30 (2019/2018)
数量	水産物合計	498	471	595	750	635	27.6	▲15.3
	ホタテガイ	12	56	48	84	84	574.6	▲ 0.5
	真珠（トン）	22	23	32	31	34	53.9	10.6
	ブリ	4	6	9	9	30	740.6	227.9
	ナマコ調製品（トン）	249	711	749	627	613	146.5	▲ 2.3
	サバ	84	106	232	250	169	101.6	▲32.1
	カツオ・マグロ類	53	63	37	56	42	▲21.0	▲25.7
	水産練り製品	7	9	11	13	13	84.2	▲ 1.4
	イワシ	1	14	62	99	96	14,680.3	▲ 3.8
	貝柱調製品（トン）	2,353	506	762	827	840	▲64.3	1.6
	ホタテガイ調製品（トン）	—	2,506	1,147	1,435	1,172	—	▲18.3
	サケ・マス類	56	38	12	10	10	▲81.6	0.4
	タイ	4	3	4	5	4	▲ 4.6	▲19.2
	スケトウダラ	74	41	10	9	14	▲81.1	60.4
	ホヤ	7	2	5	4	6	▲22.5	34.6
	サンマ	75	9	8	8	7	▲90.1	▲11.5
	その他	117	119	154	199	158	34.5	▲20.6
金額	水産物合計（A）	1,728	2,337	2,749	3,031	2,873	66.2	▲ 5.2
	ホタテガイ	143	447	463	477	447	212.9	▲ 6.3
	真珠	177	245	323	346	329	86.3	▲ 4.9
	ブリ	55	100	154	158	229	315.7	45.4
	ナマコ調製品	97	208	207	211	208	113.5	▲ 1.4
	サバ	75	115	219	267	206	175.2	▲22.8
	カツオ・マグロ類	119	158	143	179	153	28.2	▲14.9
	水産練り製品	55	70	95	107	112	103.8	4.7
	イワシ	1	13	53	83	80	10,284.4	▲ 3.6
	貝柱調製品	103	15	63	78	80	▲22.8	2.5
	ホタテガイ調製品	—	131	94	96	76	—	▲21.1
	サケ・マス類	131	114	56	49	42	▲67.7	▲13.8
	タイ	25	17	31	47	35	41.1	▲24.0
	スケトウダラ	95	46	19	18	21	▲77.9	16.7
	ホヤ	16	5	11	8	12	▲23.3	53.8
	サンマ	50	12	10	12	10	▲80.2	▲19.8
	その他	588	642	808	896	834	41.9	▲ 7.0
日本の総輸出額（B）		541,706	730,930	782,865	814,788	769,317	42.0	▲ 5.6
(A)／(B)（%）		0.3	0.3	0.4	0.4	0.4		

注：1）真珠は、各種製品を除く。
　　2）ナマコ調製品は、干しナマコを含む。
資料：財務省「貿易統計」

めざす目標を設定しています。このうち水産物は2019年の2873億円から4倍増の1・2兆円を目標としています。2019年12月に策定された戦略は「マーケットイン輸出への転換のために」と題され、輸出重点品目27に数量目標が設定されました。水産物ではホタテガイ、真珠、ブリ、タイが選ばれ、輸出産地への支援、物流拠点の整備、輸出先の規制やニーズに対応したHACCP等施設整備を進め、省庁を横断した本部や農林水産省に専門部署を新設するなど国の組織体制も強化しました。

北海道、東北で生産されるホタテガイ（天然・養殖）は、農林水産物・食品の輸出をリードする存在で、全品目のトップを占め続けています。世界を代表する日本の水産ブランド品といえます。

しかし、ホタテガイの生産安定化、成長回復など課題も抱えており、ホタテガイ中心の原料供給型から付加価値型への高度化、さらに中国、米国中心から東南アジアへの市場開拓、高級鮮魚を輸出する物流システムの構築などが輸出拡大に必要となっています。

日本の水産物輸出相手国・地域および品目内訳

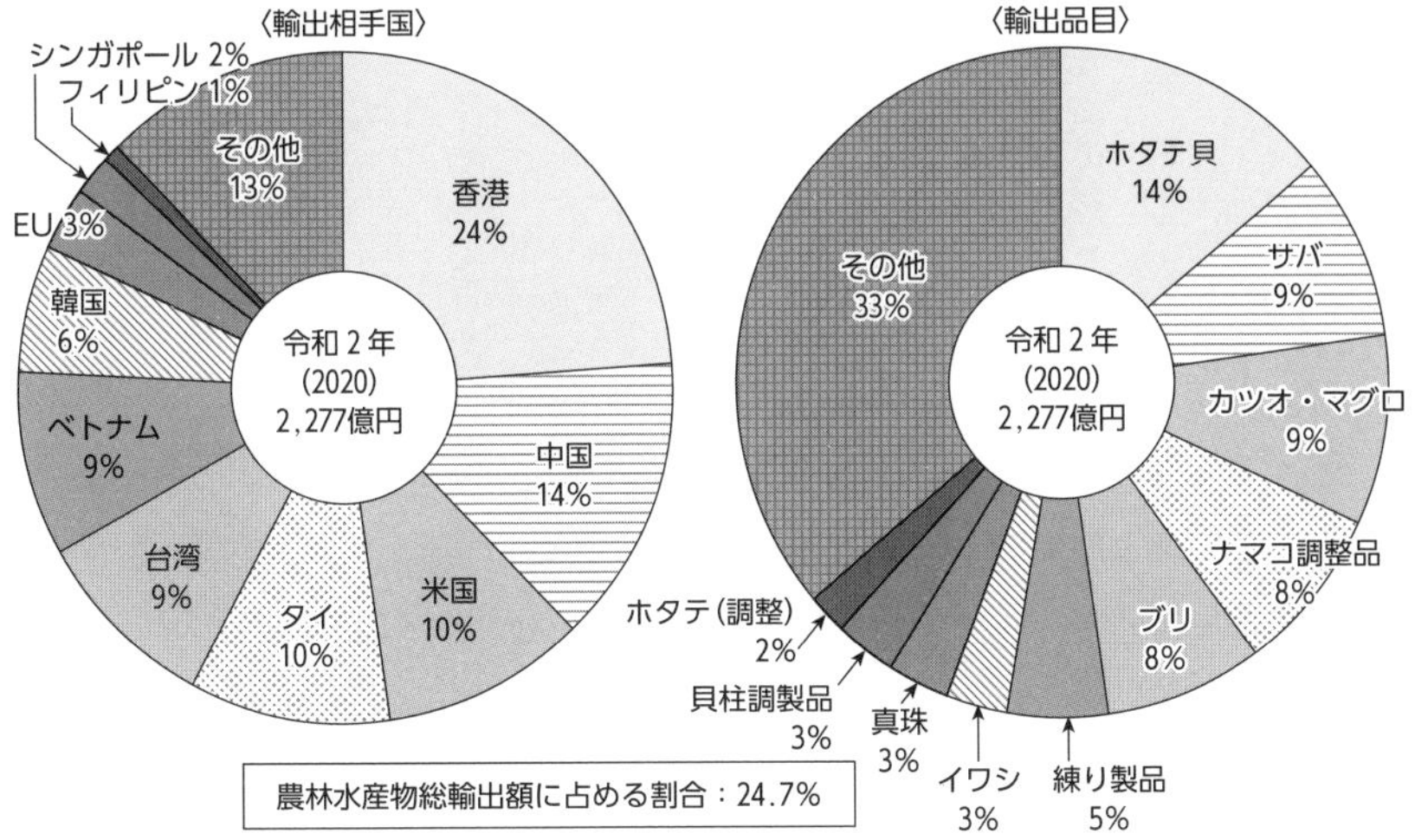

資料：財務省「貿易統計」（令和2年）

5 貿易自由化と日本漁業

貿易自由化と関税撤廃、漁業補助金

水産物をめぐる貿易自由化の取り決めは、世界的規模の多角的貿易交渉（ラウンド）がGATT（関税および貿易に関する一般協定）およびその後継組織であるWTO（世界貿易機関）を中心に行われてきました。しかし、ウルグアイ・ラウンド（1986～1994年）のあと、1999年のシアトルでのWTO閣僚会議が失敗に終わり、2つ以上の国・地域が貿易障壁を取り除く**FTA**（**自由貿易協定**）や、より包括的な経済連携を促進する**EPA**（**経済連携協定**）がWTOを補う国際ルールづくりとして注目されるようになっています。

2001年に開始されたWTOのドーハ・ラウンド交渉では、過剰漁獲能力、過剰漁獲を抑制する観点から、各国に漁業補助金に関する規律を定める議論が交わされました。しかし、交渉は膠着《こうちゃく》状態に陥り、2015年に開催された閣僚会議でも明確な結論が出ていません。日本は、政策上必要な補助金は認められるべきであり、禁止される補助金は真に過剰漁獲能力・過剰漁獲につながるものに限定すべきとの立場を堅持しています。

TPPの結果が今後の基準に

TPP（環太平洋連携協定）は、2006年に発効した4か国のEPAをもとに、2010年から拡大交渉が行われ、日本は米国などに遅れて2013年に参加を表明し、交渉に加わりました。協定は2015年に12か国で大筋合意し、2016年2月に協定の署名が行われました。

日本では、2016年12月にTPPが国会で承認され、関連法案が可決・成立しました。しかし、米

用語

FTA（自由貿易協定）とEPA（経済連携協定）

FTAは、特定の国や地域の間で、物品の関税やサービス貿易の障壁を撤廃する協定。EPAは貿易の自由化に加え、投資、人の移動、知的財産の保護など様々な分野での協力、幅広い経済関係の強化を目的とする。

国政府は交渉を推進したオバマ大統領からトランプ大統領に政権が替わり、2017年1月にTPP離脱を正式に表明し各国に通知しました。その後、米国を除く11か国によるTPP11協定として2017年11月に大筋合意し、2018年末に発効しました。

TPPにおいては原則的に関税を撤廃する取り決めがなされ、その後の貿易交渉の基準となりました。水産物は国内生産に影響の大きいノリ、コンブなど海藻類10品目の関税引き下げ（15％）を除き、ほとんどの品目（527品目）の関税撤廃を決めました。重要品目であるアジ、サバなどは12年目から16年目、マグロ類、サケ・マス類、ブリ、スルメイカなどは6年から11年目とするなど段階的に撤廃することになっています。このほか、日EU・EPAが2017年7月に大筋合意し、2019年2月に発効しました。東アジア地域包括的経済連携（RCEP）にも2020年11月に署名しています。米国とは二国間の日米貿易協定を結び2020年1月に発効しています。

主要水産物のTPP交渉結果

	品目	現在の関税率	合意内容
水産品	アジ（生鮮・冷凍）	10%	・（米国以外）段階的に16年目に関税撤廃。 ・（米国）段階的に12年目に関税撤廃、ただし8年間現行税率を維持。（10%→0%）
	サバ（生鮮・冷凍）	生鮮10% 冷凍7%	
	マイワシ	10%	・生鮮は段階的に11年目、冷凍は段階的に6年目に関税撤廃。
	ホタテガイ	10%	・段階的に11年目に関税撤廃。
	マダラ	生鮮10% 冷凍6% すり身4.2%	・生鮮は段階的に11年目、冷凍とすり身は即時に関税撤廃。
	スルメイカ	5%	・段階的に11年目に関税撤廃。
	アカイカ、ヤリイカ	生鮮5% 冷凍3.5%	・生鮮は段階的に11年目、冷凍は段階的に6年目に関税撤廃。
	ミナミマグロ、メバチマグロ、太平洋クロマグロ、冷凍大西洋クロマグロ等	3.5%	・段階的に11年目に関税撤廃。
	生鮮大西洋クロマグロ、冷凍ビンナガマグロ	3.5%	・段階的に6年目に関税撤廃。
	カツオ、キハダマグロ	3.5%	・即時関税撤廃。
	カツオ・マグロ調製品等	9.6%	
	マス、ギンザケ、大西洋サケ	3.5%	・段階的に11年目に関税撤廃。
	太平洋サケ、生鮮ベニザケ等	3.5%	・段階的に6年目に関税撤廃。
	冷凍ベニザケ	3.5%	・即時関税撤廃。
	サケ・マス調製品	9.6%	
	干しノリ	1.5円／枚、40%	・即時に15%削減
	コンブ	15%	
	ワカメ、ヒジキ	10.5%	
	ウナギ	3.5%	・即時関税撤廃。
	ウナギ調製品	9.6%	・段階的に11年目に関税撤廃。

資料：水産庁『水産関係施策パンフレット』

6 国連海洋法条約と日本

漁業の外延的発展と米ソの200海里設定

第二次世界大戦後、日本の漁業は沿岸から沖合へ、沖合から遠洋へと漁場を外延的に拡大して発展しました。かつて日本では遠洋漁業が花形で、ピークの1973年には400万トンに迫る勢いでした。ところが、1960年代から、南米、アジア、アフリカ諸国を中心に沿岸国の利益の保護を目的に、沿岸200海里内の資源に対する排他的な権利を主張する動きが急速に強まりました。

日本は漁業国として慎重な対応に終始しますが、1977年の米国、ロシア（当時・ソ連）に続き、ヨーロッパ諸国も200海里水域の設定に踏み切り、事実上の200海里時代が到来します。やがて多くの海外漁場から日本漁船は閉め出されます。

国連海洋法条約の締結

こうした新たな海洋秩序が求められる中で、包括的な「海の憲法」といわれる国連海洋法条約が10年間の交渉を経て、1982年に採択され、1994年に発効しました。12海里までの領海のほかに200海里までの**排他的経済水域（EEZ）**が設定され、天然資源に対する沿岸国の主権的権利（管轄権）が認められました。日本は1983年に署名、1996年に批准し、1996年の7月20日（国民の休日「海の日」）に発効しました。2019年4月末現在では168の国・地域とEUが締結しています。

国連公海漁業協定の批准

国連海洋法条約では、沿岸国は200海里内においてEEZを設定し、その中で、①資源の主権的権

用語

排他的経済水域（EEZ）
→26ページ

利、②生物資源の保存・管理に最適な利用措置をとる義務が定められています。また、日本は２００６年８月、「国連公海漁業協定」を批准しました。この協定は、**ストラドリングストックと高度回遊性魚類資源**に関する国連海洋法条約の規定を実施するための協定と位置づけられます。日本は国連海洋法条約や日韓漁業協定（１９９９年）、日中漁業協定（２０００年）の発効により、ＥＥＺを基本とする本格的な２００海里時代へ移行する基盤を整えました。四方を海に囲まれ６０００以上の島々からなる日本は、国土面積の約12倍に相当する４４７万㎢と世界第６位のＥＥＺを有しています。

海洋の新しい秩序は定着したといえますが、中国、北朝鮮、韓国、ロシアとの国境海域では、領土（資源）をめぐる紛争、**ＩＵＵ漁業**の横行がみられ、密漁や違法操業の取り締まり、国境監視体制の強化が叫ばれています。また、ＥＥＺの外側に広がる公海は過剰漁獲が発生しやすく、国際的な資源管理、持続可能な漁業のあり方が問われています。

各国の排他的経済水域の面積

	国名	領海＋排他的経済水域面積	国土（内水面を含む）面積順位	世界の海面漁業生産量に占める割合（順位）［2011年］
1位	米国	762万㎢	3位	6.2%（4位）
2位	オーストラリア	701万㎢	6位	0.2%（57位）
3位	インドネシア	541万㎢	15位	6.4%（3位）
4位	ニュージーランド	483万㎢	76位	0.5%（31位）
5位	カナダ	470万㎢	2位	1.0%（21位）
6位	日本	447万㎢	62位	4.6%（6位）

資料：米国国務省『Limits in the Seas』、海上保安庁 HP、米国中央情報局『The World Factbook』、FAO『Fishstat』、農林水産省『漁業・養殖業生産統計』

ストラドリングストックと高度回遊性魚類資源
タラ、カレイ類など２つ以上のＥＥＺや公海とＥＥＺにまたがって生息する資源およびカツオ・マグロ類など広い大洋を回遊する資源。国連海洋法条約ではすべての関係国が参加する国際機関で保存管理すべきとしている。

ＩＵＵ漁業
国際的な資源管理の枠組みを逃れて操業する漁船が、違法・無報告・無規制で行う漁業。

7 地域漁業管理機関と国連公海漁業協定

国連公海漁業協定による管理の枠組み

2001年に発効した国連公海漁業協定は、日本を含む85か国が締結し、公海における漁業や国際的に利用される水産資源の管理の基礎的な枠組みとなっています。国連公海漁業協定は、**地域漁業管理機関**（**RFMO**）の加盟国またはその保存管理措置の適用に合意する国のみ、公海水域における**ストラドリングストックと高度回遊性魚類資源**の漁獲を認めています。これにより国際的に利用される水産資源の保存管理は、RFMOが中心的な役割を果たすことが明確化されました。また、沿岸国とRFMOの保存管理措置に一貫性を保つため、沿岸国と公海の漁業国がRFMOを通じて協力することも定められています。

国連公海漁業協定の発効を受け、これまで存在しなかった水域や魚種に新たなRFMOの設立が進められています。また、国連公海漁業協定においては旗国の船だけでなく、締約国の船を検査できるようになりました。

一方、国際的な漁業管理に対し、**IUU漁業**が深刻な脅威を与えており、過剰漁獲を引き起こすIUU漁業の撲滅に向け様々な取り組みが行われています。例えば、RFMOではIUU漁船のリスト化や、漁獲証明の制度など生産・流通の両面で抑止が図られているほか、日ロ間でカニの密漁・密輸防止協定が2014年に発効しました。2016年には「違法漁業防止寄港国措置協定」が発効し、寄港地での取り締まりが強化されました。

きわめて大きい地域漁業管理機関の役割

RFMOでは、設立条約の規定にしたがい、沿岸

用語

地域漁業管理機関（RFMO）
大洋などの広い範囲（例えば大西洋）で、漁業資源の持続的利用をめざす条約に基づいて設置される国際機関の総称。関係国の参加により対象資源の保存管理措置を決め実施する。NPFCもその一つ。

ストラドリングストックと高度回遊性魚類資源
→177ページ

IUU漁業
→177ページ

国や漁業国をはじめ関係国・地域が参加し、資源評価などを検討する科学委員会、各国の遵守状況を確認する遵守委員会などの検討を踏まえ、各水域の資源や漁業の実情に応じた実効ある漁業管理を議論します。

主な保存管理措置としては、魚種ごとの**TAC**、操業隻数の制限、禁漁区や禁漁期間の設定、漁具の規制などがあり、衛星船位測定送信機（ＶＭＳ）の導入や漁獲物の転載の監視などの措置も取られています。

２０１５年には北太平洋公海の資源管理を目的に北太平洋漁業資源保存条約が発効し、北太平洋漁業委員会（ＮＰＦＣ）の事務局が東京に置かれました。中国、韓国、台湾、ロシアなど8か国が加盟し、公海におけるサンマ、サバの国際資源管理に取り組んでいます。日本政府は、責任ある漁業国として自国漁船の操業水域、漁獲対象魚種に関係するＲＦＭＯには原則加盟し、資源の適切な管理と持続的利用のため積極的に参画する方針です。

主な地域漁業管理機関と対象地域

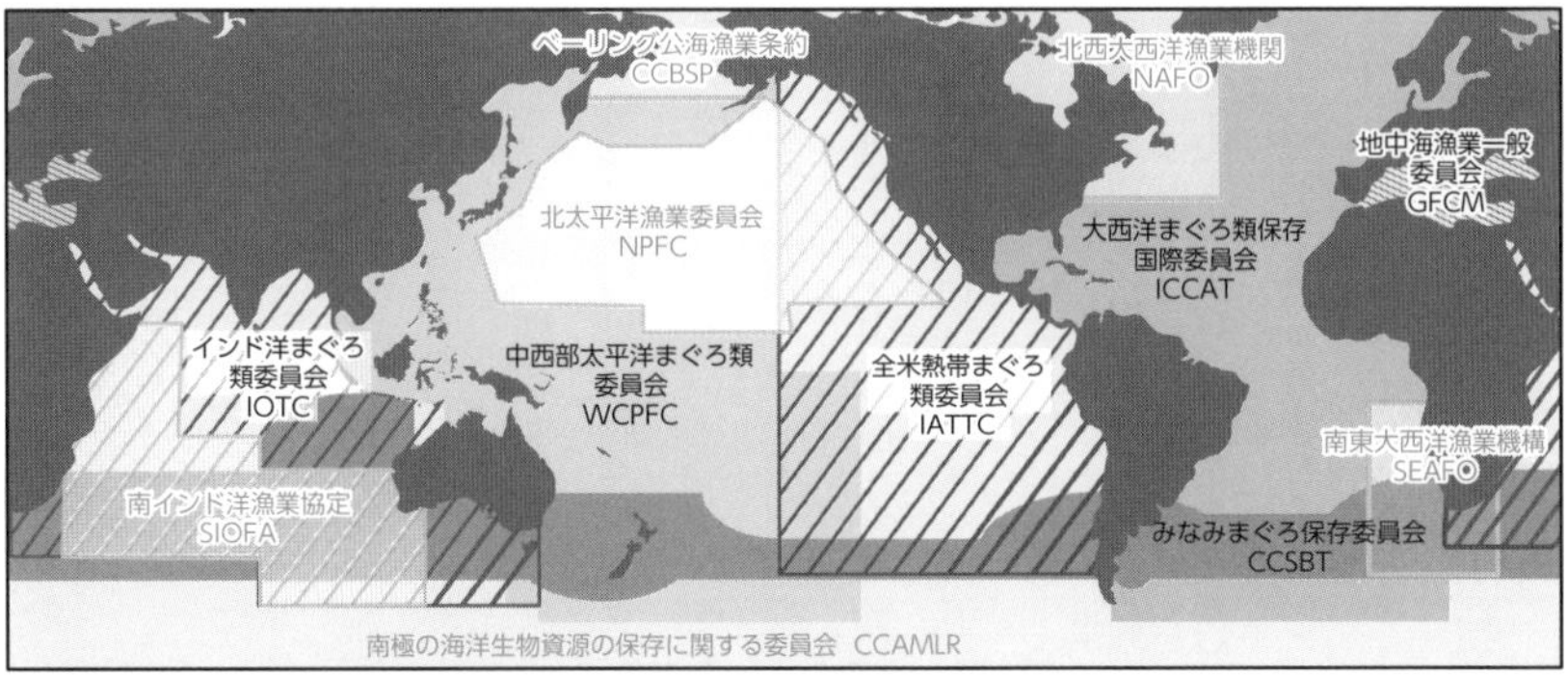

国際捕鯨委員会（IWC）は、捕鯨が行われるすべての水域を対象水域としている。
注：主にカツオ・マグロ類を対象とする機関は黒文字、それ以外の魚種を対象とする機関は青文字としている。なお、それぞれの対象水域はイメージであり、対象水域を厳密に表したものではない。
資料：水産庁『平成26年度水産白書』

TAC→196ページ

8 マグロ類の国際管理体制

5つのRFMOで全世界をカバー

世界のカツオ・マグロ資源は、地域や魚種別に5つの**RFMO**によってすべてカバーされています。このうち、中西部太平洋まぐろ類委員会（WCPFC）や全米熱帯まぐろ類委員会（IATTC）、大西洋まぐろ類保存国際委員会（ICCAT）およびインド洋まぐろ類委員会（IOTC）の4機関はそれぞれ管轄水域内のミナミマグロ以外を管理し、ミナミマグロはみなみまぐろ保存委員会（CCSBT）が一括管理しています。

太平洋の東側で管理に当たるのはIATTCで、日本のマグロ延縄漁船約50隻がメバチおよびキハダを対象に操業しています。太平洋クロマグロが日本周辺で生まれ、太平洋の東西を広く回遊するため、WCPFC（204ページ参照）とIATTCが協力して資源管理に当たることが重要となっています。

熱帯性マグロ類はまき網漁業の禁漁期間の設定、延縄漁業の国別漁獲上限の措置がとられています。

ICCATは大西洋全域におけるカツオ・マグロ類の資源管理を行い、日本のマグロ延縄漁船約80隻が大西洋クロマグロ、メバチ、キハダ、ビンナガなどを対象に操業しています。大西洋クロマグロの資源悪化を受け、2010年から西経45度より東側の東系群**TAC**を大幅削減する措置をとってきました。その結果、資源は急速に回復し、2015〜2017年の3年間で、東系群TACを段階的に増加させることを決定。2020年の東系群TACは3万6000トン（日本2819トン）としました。また、メバチの資源悪化で2020年のTACを6万2500トン（日本1万398トン）に削減しています。

インド洋ではIOTCが資源管理に当たり、日本

用語

RFMO
→178ページ

熱帯性マグロ類
世界中の熱帯から温帯の海域に分布するメバチ、キハダマグロで、最も生産量が多く、刺身に利用。ビンナガは世界中の海に生息する小型のマグロで、主に缶詰の原料。クロマグロは主に北半球に分布し、本マグロとも呼ばれる最高級品。ミナミマグロは南半球の高緯度に分布しクロマグロに次ぐ高級品で、インドマグロとも言われる。各地域漁業管理機関では、メバチやキハダの熱帯性マグロ類を獲るまき網のFAD（人工集魚装置）の使用制限も議論されています。

漁船約40隻（延縄、海外まき網）がメバチ、キハダ、カツオなどを漁獲しています。これまで熱帯性マグロ類は漁獲能力規制を実施してきましたが、２０１６年から漁獲量規制が導入されています。

ＣＣＳＢＴは、南半球を広く回遊するミナミマグロを管理し、日本のマグロ延縄漁船約90隻が操業しています。２０１１年から資源回復を目標に、３年ごとに算出する管理方式（ＭＰ）に基づくＴＡＣを設定しています。２００７年からＴＡＣを大幅に削減した結果、近年では回復傾向にあると評価され、２０１６年の年次会合では最大の増加幅である３０００トンが上乗せされ、ＴＡＣは1万７６４７トン（日本の割当量６１６５トン）となりました。

ＴＡＣの大幅削減という公的な管理手法は、資源や海域の特性、海洋環境の条件によって短期間で資源回復を達成するケースもありますが、得てして禁漁や休漁を伴い、廃業や失業などにつながる実態も見すごせません。漁業者の自主的な資源管理への参加、利害関係者の合意形成が求められます。

海域別のカツオ・マグロ類漁獲量

（単位：万トン）

	合計	大西洋クロマグロ	太平洋クロマグロ	ミナミマグロ	メバチ	キハダ	ビンナガ	カツオ
大西洋（地中海を除く）	46.8 (2.2)	0.5 (0.1)	— —	0.1 (0.1)	7.4 (1.4)	10.8 (0.4)	4.3 (0.1)	23.6 (0)
地中海	1.2 —	0.9 —	— —	— —	— —	— —	0.3 —	0.0 —
インド洋	105.0 (1.5)	— —	— —	0.8 (0.1)	9.9 (0.5)	47.1 (0.4)	3.9 (0.4)	43.3 (0.1)
東太平洋	89.0 (1.9)	— —	0.5 —	— —	10.8 (1.5)	29.2 (0.3)	5.2 (0.1)	43.3 (0)
西太平洋	279.7 (35.7)	— —	1.0 (1)	0.2 (0.1)	13.0 (2.1)	59.6 (4.4)	10.1 (5)	195.6 (23.2)
合計	521.6 (41.2)	1.4 (0.1)	1.6 (1)	1.1 (0.3)	41.2 (5.5)	146.7 (5.4)	23.8 (5.6)	305.9 (23.3)

注：かっこ内はわが国の漁獲量
　集計方法の違いにより、農林水産省「漁業・養殖業生産統計」の値と一致しない。
資料：水産庁『かつお・まぐろ類に関する国際情勢』（平成29年２月）

TAC
↓196ページ

9 国連海洋法条約の批准と国境水域での漁業問題

日本周辺諸国との漁業関係の再構築

200海里時代の到来により、日本と周辺国・地域との漁業をめぐる関係も変化が迫られてきました。ロシア（当時・ソ連）との間で1977年に200海里体制を踏まえた暫定的な協定が、1984年にはこれを長期化した協定が締結されています。1996年の国連海洋法条約の批准を契機に国境水域では新たな協議が必要となり、中国や韓国、台湾と協定を結んでいます。

ロシアとはサンマ、イカなどを対象とした相互**入漁**《にゅうぎょ》に関する「地先沖合漁業協定」、ロシア系サケ・マスを漁獲する「漁業協力協定」、北方4島周辺水域の操業に関する「安全操業協定」の政府間協定のほか、歯舞群島の一部でコンブを採取する「貝殻島昆布採取協定」の民間協定が結ばれています。2016年に**流し網**漁業が全面禁止され、2019年の地先沖合交渉では、2020年の操業条件のロシア側に支払ってきた協力費を中断し、ゼロとなりました。

中国とは「日中漁業協定」（1997年締結）に基づく相互入漁が行われており、毎年開催される日中漁業共同委員会で、相互入漁条件や東シナ海の一部に設定された暫定措置水域の資源管理などを協議しています。2016年の協議では、日本**EEZ**の中国イカ釣り漁船の許可隻数や漁獲割当量の削減が合意されています。しかし、近年の中国は漁業の海外進出に積極的で、東シナ海の暫定措置水域で多数の中国漁船が操業し、水産資源に大きな影響を及ぼしています。日本漁船の安全操業のため、2017年以降、協議を続けています。

韓国との間では、「日韓漁業協定」（1998年締

用語

200海里時代
→176ページ

入漁
他人（団体）が権利をもつ特定漁場に入って漁業を行うこと。外国との漁業協定に基づく相互入漁では、共同管理水域で互いに操業する機会を認め合う。

流し網
水中に広げた網の網目に魚を絡めとる刺し網の一種。海底に網を固定せず、沖合・遠洋において広く表層に分布する魚群の回遊経路を遮って漁獲する。

EEZ
→26ページ

結）に基づく相互入漁が行われ、日韓漁業共同委員会で毎年、相互入漁条件や日本海の一部および済州島南部の水域に設定された暫定水域の資源管理などを協議しています。日本のまき網漁船などの操業機会確保をはじめ、日本ＥＥＺにおける韓国漁船の違法操業や、暫定水域の漁場を占拠している問題の解決などが重要な課題となっています。２０１６年漁期以降の操業条件は、４年以上かけても意見の隔たりが大きく、合意に至っていません。

台湾との「日台民間漁業取り決め」（２０１３年署名）の適用水域は太平洋クロマグロの好漁場で、日台双方の漁船が操業しています。日台漁業委員会では操業トラブル防止のルールを決め、見直しの協議も進行中です。

また、公海における外国漁船の操業が急増し、資源に重大な影響が危惧されています。特に北太平洋の中国、台湾漁船によるサンマ、サバなどの乱獲は日本水域における資源枯渇につながり、北太平洋漁業委員会（ＮＰＦＣ）では、２０１９年からサンマの公海の数量管理を協議しています。２０２０年は公海でのＴＡＣを33万トンに規制し、２０２１年からさらに19万8千トンへの削減が合意されました。こうした資源管理や国際ルールに反する**ＩＵＵ漁業**の対策強化が急がれます。

ＩＵＵ漁業 ↓177ページ

東シナ海における漁業関係

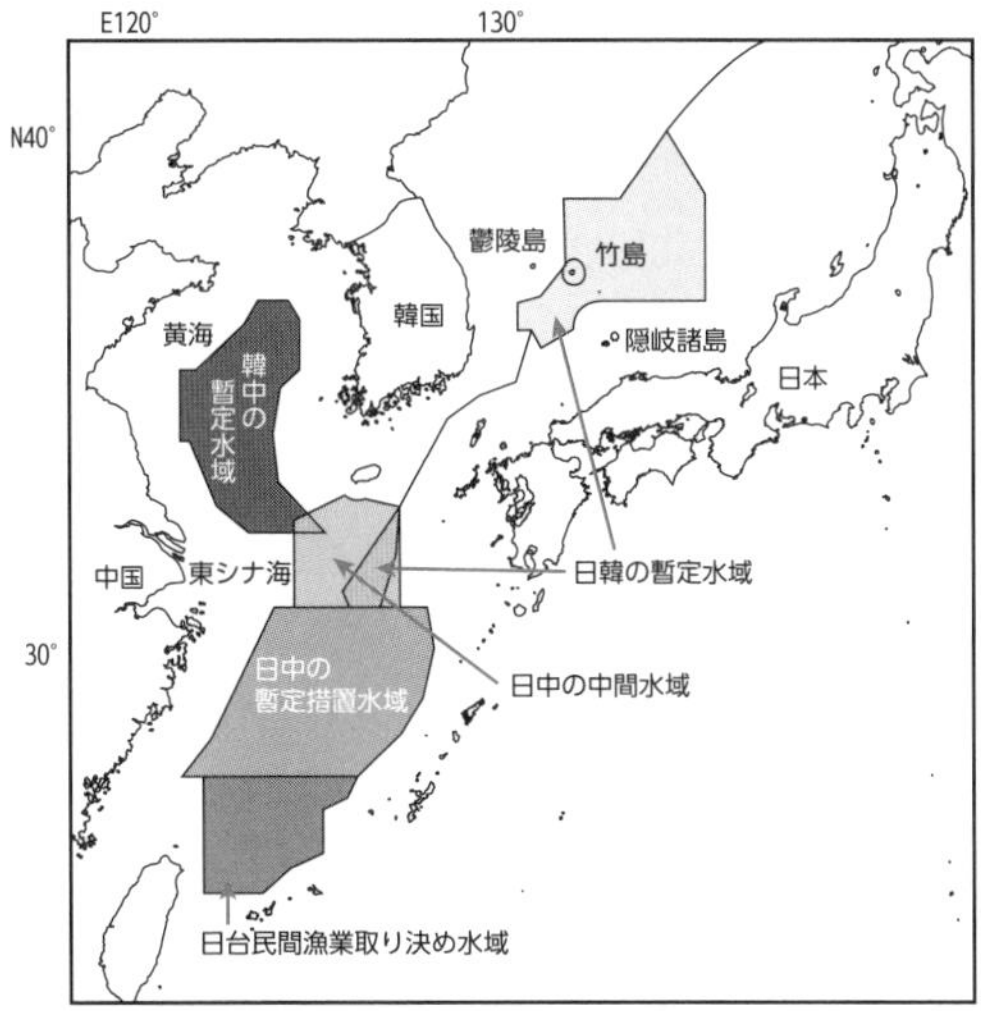

資料：水産庁『国際漁業資源の現況』（平成27年版）

IWCからの脱退と商業捕鯨の再開

2018年の年の暮れ、内外に衝撃が走りました。日本が国際捕鯨委員会（IWC）からの脱退を決めたからです。水産庁は「科学的根拠に基づいて水産資源を持続的に利用するとの基本姿勢の下、1988年以降中断している商業捕鯨を再開する」方針を明らかにしました。

実際そのとおりに、IWCからの脱退が発効した翌日の2019年7月1日、31年ぶりに商業捕鯨が再開され、北西太平洋の日本の領海とEEZ内で、資源が十分な**大型鯨類**3種（ミンククジラ、イワシクジラ、ニタリクジラ）を対象に227頭を上限とした捕鯨を操業しました（このほか、すでに捕獲した調査捕鯨頭数、水産庁の留保枠など捕獲可能量383頭）。

沖合の母船、沿岸の小型船が下関、釧路などの基地港から出漁し、1年目は256頭の捕獲実績をあげました。2年目の2020年は295の捕獲枠、水産庁留保分49頭となっています。捕獲可能量は383頭と同数ですが、これは南極海で調査捕鯨を行っていた2018年（637頭）に比べ4割減です。南極海（公海）での捕獲調査から撤退、自国EEZ内での商業捕鯨に転換し、3年目になると、当初目立った国際的なIWC脱退、商業捕鯨への批判は少なくなっています。

商業捕鯨モラトリアムと国際司法裁判

そもそも日本では有史以来、捕鯨が行われており、第二次世界大戦による中断を挟み、戦後は母船式捕鯨が再開され、1950年代には世界最大の捕鯨国となりました。国際捕鯨委員会（IWC・2021

用語

商業捕鯨モラトリアム 本来は、商業捕鯨の「禁止」ではなく、「一時停止措置」のことだが、「禁止」と誤解されることが多い。一時停止措置と同時に盛り込まれた「1990年までの同規定の見直し（捕獲枠の設定）」という内容は実現していない。

日本の捕鯨業（母船式・基地式〈小型〉）

母船式捕鯨業

（1）大臣許可漁業
　　もりづつ（捕鯨砲）を使用
（2）対象鯨種
　　ミンククジラ、ニタリクジラ、イワシクジラ
（3）許可隻数
　　1船団（母船1隻、独航船3隻）
（4）操業海域※

基地式捕鯨業（小型捕鯨業）

（1）大臣許可漁業
　　もりづつ（捕鯨砲）を使用
（2）対象鯨種
　　ミンククジラ、ツチクジラ、コビレゴンドウ、オキゴンドウ
（3）許可隻数
　　5隻（根拠港：網走、石巻、南房総、太地）
（4）操業海域※

※操業海域は捕鯨業者が主体的に決定

：我が国EEZ境界線

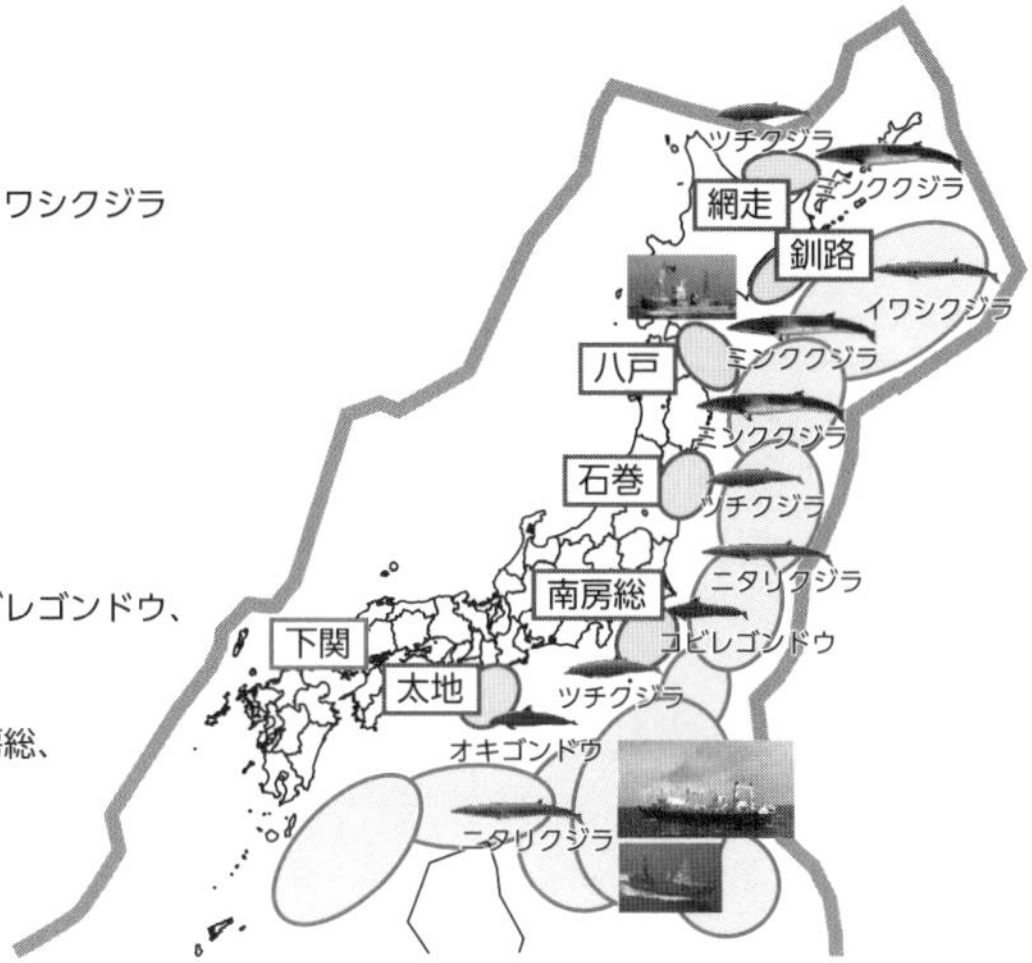

資料：水産庁「捕鯨をめぐる情勢」（令和3年1月）

31年ぶり商業捕鯨が再開

（釧路の出漁風景、写真提供：横山信一参議院議員）

年1月現在加盟88か国）は国際捕鯨取締条約（ICRW）に基づき1948年に設立され、日本も1951年に加盟し、国民に鯨肉を供給してきました。IWCは、「鯨類資源の保存と捕鯨産業の秩序ある発展」（ICRWの目的）実現のため、管理措置を決定するための国際機関です。

大型鯨類
クジラは、ヒゲクジラ類（14種類）とハクジラ類（70種類）の2種類に分けられ、ヒゲクジラ類は上顎にくじらひげを持ち、鼻の穴が2つあるが、ハクジラ類は顎に歯を持ち、鼻の穴は1つ。イルカもクジラに属し、体長4m以下のクジラをイルカと称する。IWCが管理対象種とする、主にヒゲクジラ類の14種を大型鯨類と言う。

母船式・基地式（小型）捕鯨業の対象種・捕獲枠

大型鯨類

鯨種	推定資源量	捕獲可能量	令和３年		【参考】令和２年		
			捕獲枠	水産庁留保分※1	当初捕獲枠※3	水産庁留保分※1	捕獲実績
ミンククジラ（北西太平洋）	20,513頭	171頭	母船式 0頭 小型 120頭	14頭※2	母船式 20頭 小型 100頭	12頭※2	母船式 0頭 小型 95頭
ニタリクジラ（北太平洋）	34,473頭	187頭	母船式 150頭	37頭	母船式 150頭	37頭	母船式 187頭
イワシクジラ（北太平洋）	34,718頭	25頭	母船式 25頭	0頭	母船式 25頭	0頭	母船式 25頭

小型鯨類（基地式捕鯨業のみ）

鯨種	令和３年捕獲枠
ツチクジラ	76頭
コビレゴンドウ （タッパナガ、マゴンドウ）	69頭
オキゴンドウ	20頭

※１：水産庁が捕獲枠を設定する際、漁期中に漁業種類間での捕獲枠の融通や操業時期の調整を円滑に行うことを目的として、捕獲可能量の範囲内で留保するもの。

※２：ミンククジラについて、捕獲可能量から差し引く、定置網での混獲数（５か年平均）は、令和２年より２頭減少し、37頭となったため、水産庁留保分を令和２年より２頭増加し、14頭と設定。

資料：水産庁「捕鯨をめぐる情勢」（令和３年１月）

日本は魚類と同様、重要な食料としてＩＷＣで鯨類資源の持続的利用の実現をめざしていました。しかし、日本やノルウェー、アイスランドなどの持続的利用を支持する国々と、資源状態にかかわらず一律的な保護を訴える反捕鯨国との対立が激化し、重要な意志決定ができない機能不全に陥ってしまいました。

日本がＩＷＣを脱退した理由は「これ以上、ＩＷＣで活動しても商業捕鯨は実現不可能」と判断したためですが、それまでには幾つかの結節点がありました。一つ目は１９８２年に採択された、いわゆる「商業捕鯨モラトリアム」（一時停止）です。日本は１９８７年を最後に商業捕鯨を停止しました。その後、商業捕鯨モラトリアムは解除されることなく、日本は30年以上にわたり解決策を模索しましたが、反捕鯨国は「あらゆる捕鯨を認めない」と態度を硬化させていきます。

このような状況において、日本はＩＷＣの本来の目的にのっとり、持続可能な商業捕鯨に必要な科学的知見を収集するため、鯨類の捕獲（調査捕鯨）を含む科学調査を行ってきました。南極海の調査結果、クロミンククジラは高水準で安定的に推移し、ザトウクジラやナガスクジラの資源が急速に回復し南極の生態系が大きく変化しています。

二つ目は、国際司法裁判における調査捕鯨の否定です。2010年5月、オーストラリアは第二期南極海鯨類捕獲調査（JAPRA2）がICRWに違反していると国際司法裁判所（ICJ）に提訴しました。2014年3月、ICJはJAPRA2が概ね科学定調査と特徴づけられるとしつつも、合理的な根拠が薄く「日本政府は特別許可の発給を認めるべきではない」との趣旨の判決を出しました。国際的には日本にとって大きな打撃となりました。

そして最終的には2018年9月にブラジルのフロリアノポリスで開催されたIWC総会で、日本が鯨と捕鯨に対し立場の異なる加盟国が「共存」できる改革案を提案しましたが、改革案は否決されます。ついに「IWC加盟国としての立場の根本的な見直しを行い、あらゆるオプションを精査した結果」IWCからの脱退を決めました。

商業捕鯨を支える資源管理と支援制度

日本は科学的な根拠を持った鯨類の持続的な利用を図る見地から、非確実性を踏まえた安全な鯨類の管理手法である**RMP**（管理改定方式）の確立に尽力しました。**RMP**が完成した1992年から2006年まで行われた管理取締システムを含むRMS（総合的管理制度）の交渉は、反捕鯨国が「動物愛護」などの観点から反対し頓挫しています。しかし、再開された商業捕鯨では、IWCも認める**RMP**をもとに算出される捕獲可能量の範囲で実施し、水産庁は「100年間捕獲を続けても健全な資源水準が維持できる」としています。

また、条約からは脱退しましたが、引き続き国際的な海洋生物の管理に協力し、IWCなどの国際機関とも連携していく方針です。IWCとの共同科学調査や北西太平洋、南極海における目視、バイオプ

RMP
ヒゲクジラ類の捕獲可能量を計算するためのコンピュータプログラム。100年間資源に悪影響を与えない科学的かつ保守的な捕獲可能量の算出とシミュレーションを本質とする。

シー（皮膚標本）などの非致死的調査を継続し、商業捕鯨の全個体から取ったデータ収集の結果を報告しています。

こうした商業捕鯨のための科学的調査を実施する法律が2019年12月に超党派の議員立法で成立していますが、ＩＷＣからの脱退と商業捕鯨の開始を契機に改正され2020年12月「鯨類の持続的な利用の確保に関する法律」に改められました。これによって鯨類の科学的調査を支える体制整備や小型捕鯨、イルカ漁業を含めた捕鯨業を位置づけ、円滑な実施ができるように支援（予算措置）が可能になっています。水産庁では毎年度、51億円の捕鯨対策を当初予算に計上していますが、「国営捕鯨」との批判もあり、商業捕鯨に対応した予算に転換しつつあります。課題となっている母船の代船建造も企業自らが決めることとし、直接補助は控える方針です。

商業捕鯨再開と鯨食普及活動

日本はＩＷＣ管轄外のツチクジラやコビレゴンドウなどを捕獲する沿岸小型捕鯨を継続していましたが、もともと年間約３５０頭が捕獲されていたミンククジラはＩＷＣ管轄対象であることから、モラトリアムによって捕獲停止を余儀なくされ、沿岸小型捕鯨を行ってきた地域は経済的に厳しい状況に置かれていました。一方、南極海での調査捕鯨を実施していた時代は、獲れた鯨類は調査のあと、実施主体の共同船舶、鯨類研究所が市場で販売していました。

鯨類の供給量はかつて国産だけでも22万トンを超えていましたが、現在は約3千～4千トンと言われ、今回の商業捕鯨再開によって必ずしも供給量が増えたわけではなく、しかも捕鯨を行っているアイスランドやノルウェーが常に不足分を補って日本向けに輸出してくるため、鯨類の価格は生産者が経営的に余裕をもって再生産できるほど上がりません。

商業捕鯨が始まった２０１９年は「初物」として高値で取引されましたが、その後はkg当たり1千円を切る程度に下がっています。捕鯨の中断が長く、鯨肉に触れる機会が一部の飲食店や地域に限られ、消費が減ったことが原因とされます。今後、捕鯨業が成立していくためには、鯨肉に馴染みのない若年層を含め、需要を拡大していくことが課題となっています。

日本捕鯨協会は鯨肉を提供している飲食店や商店を紹介したサイト「くじらタウン」を開設し、全国で鯨肉が食べられる店578軒、鯨肉が買える店177軒を登録して、アイデアレシピや料理方法も紹介しています。輸入業者による通販サイト「くじらにく・com」も様々な情報を提供しています。

商業捕鯨によるミンククジラなど大型鯨類は、南極海での調査捕鯨と違い、船上で血抜きなどの鮮度保持ができるため「新鮮で美味しい」との食味の良さが評価されており、政府は高タンパク・低脂肪などの栄養価や**バレニン**、オメガ3系多価不飽和脂肪酸（EPA、DHAなど）といった機能成分を含んでいることをPRすると同時に、学校給食や教育の面で鯨食文化の情報発信に努めています。

日本捕鯨協会「くじらタウン」

https://www.kujira-town.jp/

バレニン
ミンククジラやイワシクジラなどヒゲクジラ（大型鯨類）の筋肉中に多く含まれる特有の成分で、人に対し疲労を軽減する効果がある。

コラム 6

環境NGOの動き

◆環境NGOの様々な動き

環境NGOの漁業や水産業への干渉といえば、グリーンピースやシー・シェパードなど反捕鯨団体による捕鯨船への過激な実力行使が思い浮かぶかもしれません。しかし、環境NGOによる海の生き物の保護キャンペーンや漁業に反対する運動は多様で、対象とする生物もマグロ類やサメ類など様々です。

例えば、180ページ等で紹介したマグロ類やサメ類の国際的な地域漁業管理委員会であるWCPFC、IATTC、ICCAT、IOTCの国際会議に、世界自然保護基金（WWF）やアメリカのPEW財団などの環境NGOはオブザーバーとして出席し、いっそうの漁獲量削減や禁漁の措置を訴える提案を繰り返し行っています。

◆サメ類の漁獲をめぐる動き

サメ類については、2012年にアメリカの環境団体シーウェブの呼びかけに応じ、キャセイパシフィック航空が自社便でのフカヒレ禁輸と機内でのフカヒレスープ提供を中止したほか、香港の著名ホテルがメニューからフカヒレ料理を除きました。これを端緒に多くの環境団体がフカヒレ規制のキャンペーンに乗り出し、結果、30社もの航空会社と大手海運の数社が、フカヒレの運輸を拒否する決定をしました。

サメ保護のキャンペーンではよく、ヒレが切り取られ血を流すサメの映像が使われますが、水産庁は国連食糧農業機関（FAO）が定めたサメ類の持続可能な利用の原則にのっとり、各国は資源調査と管理、魚体すべての有効活用を遵守していると反論しています。

こうした事態に対し2015年7月、ワシントン条約（CITES）の2人の元事務局長が、環境NGOの圧力によるフカヒレ禁輸が誤ったものであるとの書簡を出しました。この書簡では、多くの「いわゆる環境団体」の圧力はCITESが何十年もかけて科学的な調査とともに積み上げてきた国際協力の枠組みを損なう行為であり、同時にCITESが合法と認めた漁獲によるサメ類の輸送ができないことで、途上国の生活手段を破壊し対象生物にも悪影響を及ぼす、と糾弾しています。

この書簡を出した1人、ユージン・ラポワントは著書『地球の生物資源を抱きしめて』の中で、「動物救済のためと称して寄付金を募る団体は（中略）募金効果が上がる種を選ぶということに関しては皆同じであって（中略）環境ビジネスの用語でいうカリスマ性のある動物とは、寄付金集めに役立つ動物のことである」と述べ、莫大な寄付金が調査研究や解決策の模索に一切使われていないことを批判しています。

第7章

漁獲資源の保護と環境保全を知る

1 漁獲制限にはどのような方法があるのか

漁獲制限の必要性とその方法

海洋生態系の中で、産卵、成長、世代交代する水産資源は、適切な漁獲を行えば、持続的な利用が可能な資源です。

土地が私有される農業と異なり、漁場が共同利用される漁業では、水産資源を自由競争で漁獲すると、乱獲に陥ったり、生産効率が極端に低下することから、古くからいろいろな規制措置がとられています。漁獲規制は漁業規制ともいわれ、漁業管理と混同されることがありますが、漁業管理は経済的達成度を高めるために行われるのに対し、漁獲規制は水産資源の保護のために行われる規制であり、生物学的に資源の持続的利用を図るものです。

その方法は大きく分けて、①体長（体重）制限、②漁区制限、③漁期制限、④漁具（漁法）制限、⑤漁獲努力量制限、⑥漁獲量制限の6つになりますが、一長一短があり、通常はこれらを組み合わせて実施します。

体長制限は、資源の再生産を良くするため、未成魚の漁獲を禁じたり、商品価値の高い大型魚を確保するため、一定サイズの基準を設け、小型魚の漁獲を禁ずるものです。

例えば、北海道沿岸の毛ガニは甲長8cm未満のオスおよびメスを禁漁とし、海域別に漁獲量制限も行っています。甲殻類、貝類、魚類などに比較的多く適用されます。ただし、**混獲**が避けられない漁法には実効性に疑問も聞かれます。

次に、漁区・漁期の制限は、親魚や稚魚を保護するための禁漁区や禁漁期の設定で、小型魚が集中する期間や区域がある場合、有効な方法となります。利害が異なる漁法や階層の調整手段として設定され

用語

混獲
漁業で漁獲対象以外の魚種・生物が意図せず獲れてしまうことや、意図しないサイズの魚が獲れてしまう現象。乱獲の原因や生態系を乱すとされ、海鳥や海獣が漁網にかかる環境問題も派生している。

る場合もあります。漁具制限は、生態系を破壊するなど極端に効率の良い漁具の使用を禁止して資源回復を図り、漁獲量の増大を間接的に狙うものと、網目規制のように漁獲対象魚のサイズを調節して直接的に漁獲量増大を狙うものがあります。

漁獲努力量の制限は、漁船数、エンジン出力数、集魚灯の光力、操業日数など過大になりがちな漁獲努力を制限することで、経済効果の増大を図ろうとするものです。

日本は伝統的にこの方法を採用してきた歴史がありますが、２０２０年12月に施行された改正漁業法に伴い、資源管理は漁獲量制限（TAC、IQ）を基本とし、漁獲努力量制限と合わせて行う形に変わりました。

漁獲量制限は、欧米で普及した方法で、魚種ごとに総漁獲可能量（ＴＡＣ）を取り決め、最大持続生産量（ＭＳＹ）を実現しようとするものです。国連海洋法条約の発効に伴い、加盟国にこの方式の規制採用が義務づけられています。実行監視のための費用増大や混獲魚の廃棄問題が生じやすい面があります。

水産資源の再生産システム

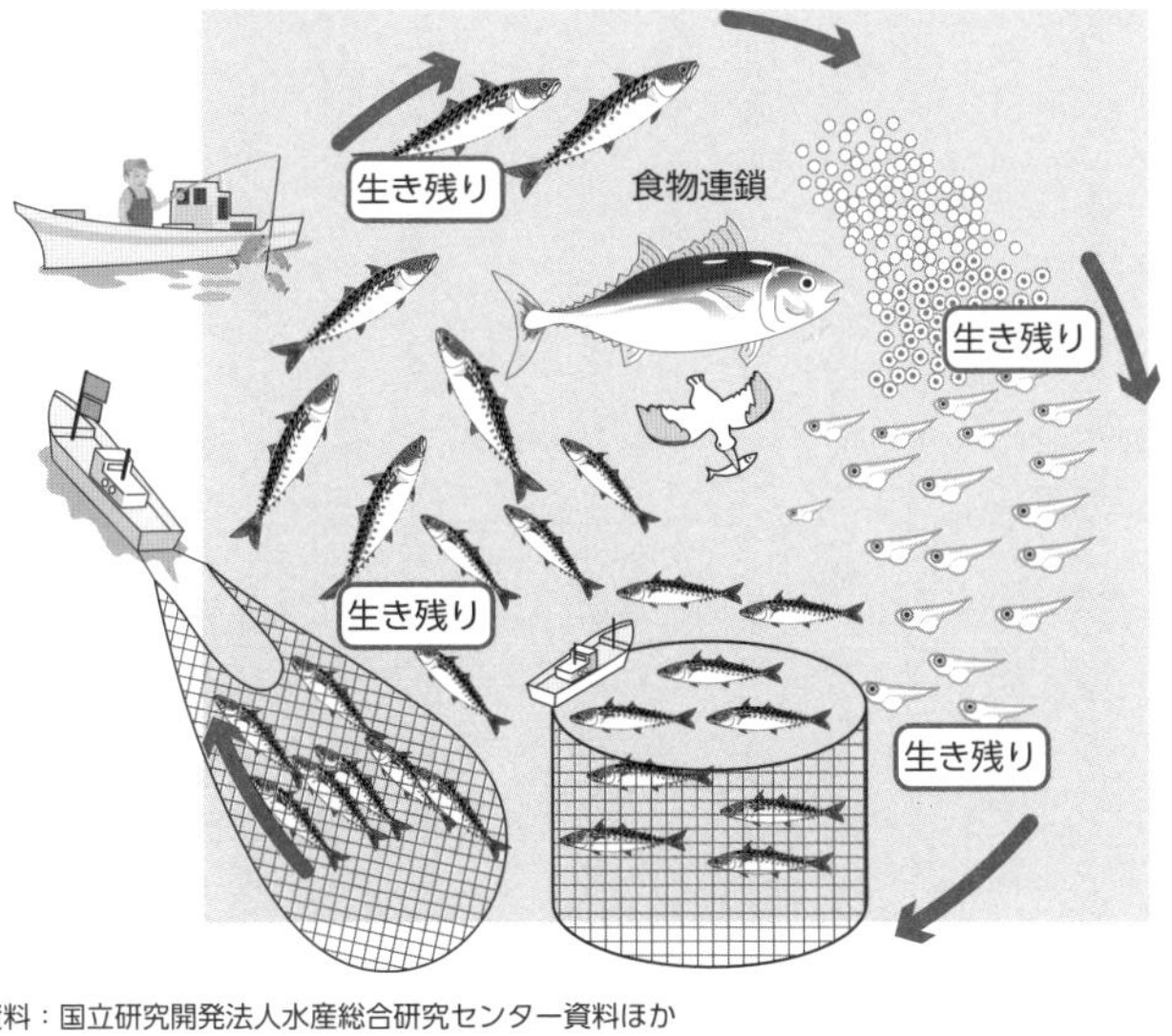

資料：国立研究開発法人水産総合研究センター資料ほか

TAC → 51ページ
IQ → 36ページ

2 日本の資源管理制度

日本漁業の特徴と資源管理のあり方

日本は豊かな自然環境と海洋資源に恵まれ、沖合、沿岸で多様な漁業が営まれてきました。世界的に資源管理が共通課題となる中で、日本の取り組みに注目が集まっています。

古くから漁業が盛んだった日本では、近世以前から漁業者が共同で地先《ちさき》の漁場を管理し利用してきた歴史があります。江戸時代には「磯は地付き、沖は入会《いりあい》」を原則に、地先の漁業は地元漁村の漁民が共同で管理し、沖の海域は周辺漁村の漁民が共同で利用し、その利用の仕方は漁民相互間の調整で決められてきました。日本の漁業はこうした古来の沿岸域の利用秩序を原点に発展を遂げ、近代の**漁撈**・漁船技術の進歩に伴い、漁場を遠くへ広げてきました。

現在は、魚種や漁業種類の特性に応じて都道府県による漁業権免許、国・都道府県による漁業許可や**TAC**制度などの「公的規制」と、漁業者による「自主規制」を組み合わせた資源管理を行っています。

日本の資源管理手法は、①漁船の隻数や規模、漁獲日数などを制限することによって漁獲圧力を入り口で制限する投入量規制（インプットコントロール）、②漁船設備や漁具の仕様の規制を通じ若齢魚の保護など特定の効果を発揮する技術的規制（テクニカルコントロール）、③漁獲可能量（ＴＡＣ）の設定などにより漁獲量を制限し、漁獲圧力を出口で規制する産出量規制（アウトプットコントロール）の３つに整理されます。水産庁は従来の規制では「漁獲能力の向上により、漁獲過剰の恐れ」があるとして、ＴＡＣ対象種を増やし「資源水準が低い」魚種への数量管理を強化しようとしています。

用語

漁撈 ↓12ページ

TAC ↓51ページ

漁業権制度と漁業許可制度

公的な資源管理には、漁業権漁業、許可漁業、TAC、**IQ**制度があり、沿岸の定着性の高い資源を対象とした漁業（採貝・採藻など）や一定の海面を占有して営まれる定置網、養殖業、内水面漁業などは、都道府県知事が漁場の区域、対象魚種、漁法などを特定し、漁業協同組合（漁協）やその他の法人などに漁業権を免許します。漁協が知事の認可を得て定める漁業権行使規則には、漁業を営む者の資格や漁具・漁法の制限（技術的規制）、操業期間の制限（投入量規制）など、地域の実情にあった措置が規定されています。

一方、より漁船規模が大きく、広い海域を漁場とする沖合・遠洋漁業は、ほかの地域や漁業種類と調整を図る必要があり、資源に与える影響も大きく、農林水産大臣もしくは都道府県知事の許可制度により、漁船の隻数やトン数の制限（投入量規制）、操業期間・区域や漁法の制限（技術的規制）が行われ

資源管理手法の関係（事例）

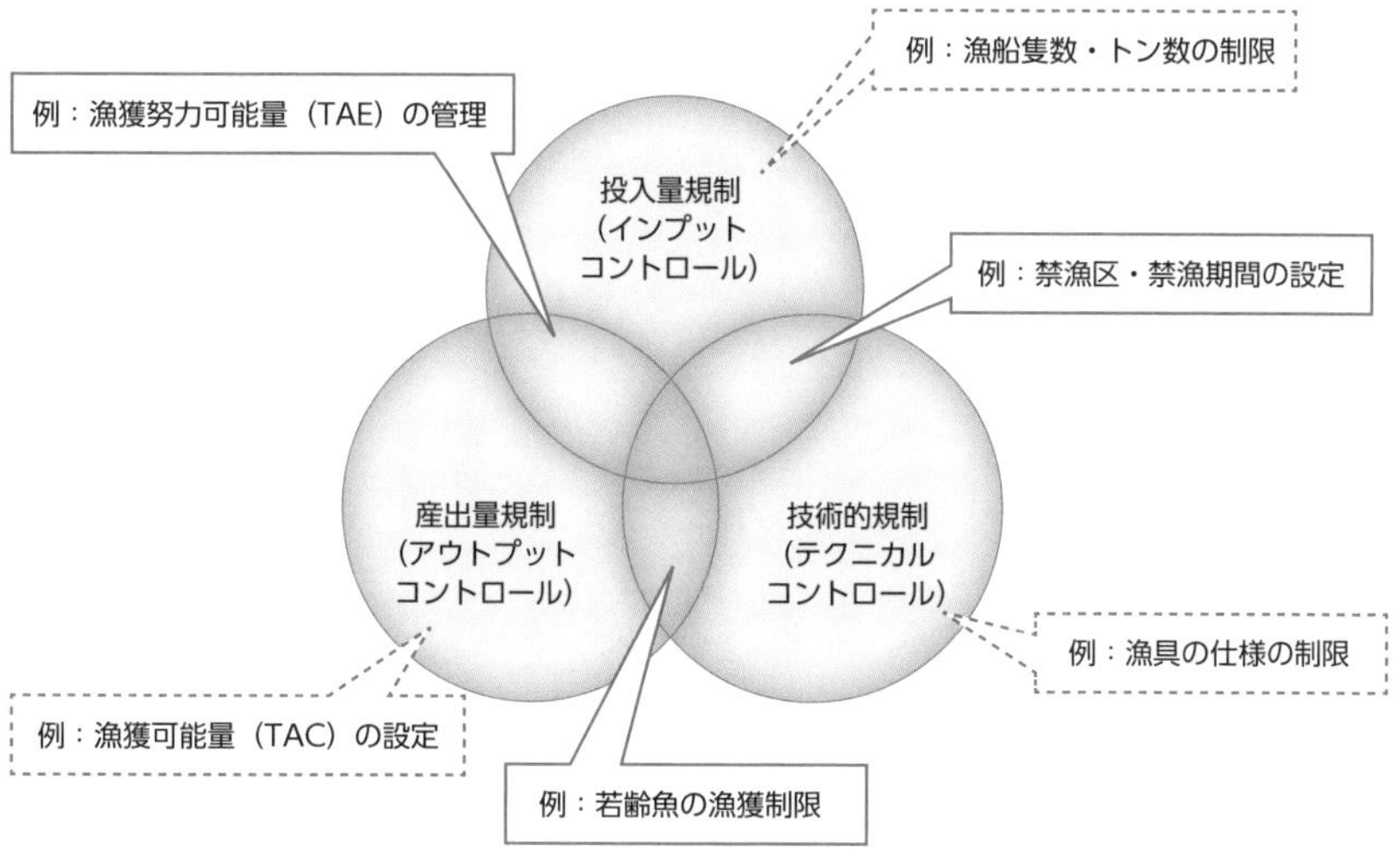

資料：水産庁「令和元年度水産白書」

IQ→196ページ

ています。

ＴＡＣ制度とＩＱ制度

公的規制のうち、ＴＡＣ（漁獲可能量）制度は、①漁獲量および消費量が多く、国民生活上または漁業上重要な魚種、②資源状態が悪く緊急に漁獲可能量を決定し保存・管理を行うべき魚種、または、③日本周辺で外国漁船により漁獲されている魚種のいずれかであって、かつＴＡＣを設定するための十分な科学的知見がある魚種を対象にしています。現状ではサンマ、マアジ、サバ類、マイワシ、スルメイカ、スケトウダラ、ズワイガニの7つに年間の採捕量の上限を定めるＴＡＣを設定しています。２０１8年からはクロマグロが8つ目の魚種として加わりました。

水産資源の管理に関する課題を検討するため、水産庁が２０１４年に開催した「資源管理のあり方検討会」では、ＴＡＣ制度の対象となる魚種の追加、ＩＱ方式（個別割当）の検討を継続すべきとの提言がなされ、これを受けてクロマグロやマダラへのＴＡＣ導入の検討が進められました。ＩＱ方式は、個々の漁業者または漁船に年間の漁獲量を定めて管理を行う産出量規制です。漁船ごとに漁獲枠を配分することで厳格な数量管理が確保される効果や、経営の改善効果などの期待がされる一方、価格の安い小型魚の洋上投棄や監視取締コストがかかるなどの問題も指摘されています。ミナミマグロ、大西洋クロマグロ、ベニズワイガニにＩＱ方式が導入され、２０２１年からは北部太平洋で操業する大中型まき網漁船を対象にサバ類のＩＱ設定（漁獲量の8割をメド）が行われています。

また、漁獲努力量の総量規制であるＴＡＥ（漁獲努力可能量）制度は、資源回復計画を推進するため、２００３年から導入されましたが、改正漁業法において「水産資源を採捕するために行われる漁労の作業であって、操業日数その他（操業隻数）の指標によって定める」と定義されています。漁獲量の総量（ＴＡＣ）で管理を行うことが適当でない場合、漁獲努力量の総量で管理することになっています。

漁業者による自主的な資源管理

日本の資源管理においては、公的な規制に加え、漁業者の間で行われる休漁、体長制限、操業期間・区域の制限等の自主的なルールが重要な役割を果たしてきました。漁業者による自主的な資源管理は、漁業者間の合意に基づき導入・実践されることから、ルールが遵守されやすく、各地の漁業や資源の実態に応じた柔軟な措置が導入される長所をもっています。また、取締コストも安上がりです。

公的機関と漁業者が資源の管理責任を共同で担い、公的規制と自主規制を組み合わせた日本の「共同管理」は、多くの小規模漁業が存在する地域に有効な枠組みとして世界的に注目されています。２００９年にノーベル経済学賞を受賞したオストロムが提唱した「共有資源」の効率的管理の優位性にもつながる仕組みです。

IQ方式による資源管理の概要

対象魚種	導入時期	漁船数	水揚港	割当ての基準等の考え方	漁獲量の管理等
ミナミマグロ	平成18(2006)年4月	90隻(平成27(2015)年4月現在)	8港(静岡県清水港、焼津港、神奈川県三崎港等)に限定	以下の事項を勘案して決定 ①ミナミマグロ・大西洋クロマグロの保存のための条約により定められたわが国に対する割当量 ②漁業者および船舶の操業状況 具体的には、漁船ごとの申請漁獲量の総計がわが国の漁獲可能量以下であれば、申請漁獲量どおり割り当て	・操業位置、漁獲等の報告を義務づけ ・タグの使用による魚体ごとの採捕の順序やタグ番号の照合などの管理を実施 ・実際に陸揚げされた数量と届出数量等との照合を実施(清水漁港駐在官事務所を設置(検査官4名配置)) ・割当量を超過して漁獲した場合、2年以下の懲役若しくは50万円以下の罰金またはこれの併科
大西洋クロマグロ	平成21(2009)年8月	東部：28隻 西部：5隻(平成27(2015)年8月現在)			
ベニズワイガニ	平成19(2007)年9月	12隻(平成28(2016)年1月現在)	4港(鳥取・島根県境港、兵庫県香住港、新潟県新潟港、島根県恵曇港)に限定	以下の事項を勘案して決定 ①科学的知見に基づき計算される生物学的漁獲可能量 ②漁業者および船舶の操業状況(船舶の規模、過去の漁獲実績等)	・毎日の漁獲量、漁獲位置等の報告を義務づけ ・報告数量と水揚伝票(荷受け、加工)との照合を実施 ・割当量を超過して漁獲した場合、2年以下の懲役若しくは50万円以下の罰金または併科

資料：水産庁HP

資源管理サイクルと目標のロードマップ

水産庁は、新たな資源管理において、漁獲量の回復をめざし、資源調査および独立した機関における資源評価を行い、評価結果に基づいた資源管理目標を定め、関係者の意見を踏まえながら管理措置を実施し、操業において得られたデータを資源調査に活かすサイクルとして新たな資源管理システムの構築、推進を実施する方針を明らかにしています。

そのため、漁獲量ベース（遠洋漁業の魚種、国際的な管理対象魚種、サケ・マス類、貝類、藻類、ウニ類、海生哺乳類を除く）で8割までTAC管理

新たな資源管理の流れ

【資源調査】
（行政機関／研究機関／漁業者）

○漁獲・水揚げ情報の収集
- 漁獲情報（漁獲量、努力量等）
- 漁獲物の測定（体長・体重組成等）

○調査船による調査
- 海洋観測（水温・塩分・海流等）
- 仔稚魚調査（資源の発生状況等）等

○海洋環境と資源変動の関係解明
- 最新の技術を活用した、生産力の基礎となるプランクトンの発生状況把握
- 海洋環境と資源変動の因果関係解明に向けた解析

○操業・漁場環境情報の収集強化
- 操業場所・時期
- 魚群反応、水温、塩分等

【資源評価】
（研究機関）

行政機関から独立して実施

○資源評価結果（毎年）
- 資源量
- 漁獲の強さ
- 神戸チャート（※）など

※資源水準と漁獲圧力について、最大持続生産量を達成する水準と比較した形で過去から現在までの推移を表示したもの

○資源管理目標等の検討材料（設定・更新時）

1. 資源管理目標の案
2. 目標とする資源水準までの達成期間、毎年の資源量や漁獲量等の推移（複数の漁獲シナリオ案を提示）

【資源管理目標】
（行政機関）

関係者に説明

1. ①最大持続生産量を達成する資源水準の値（目標管理基準値）
 ②乱かくを未然に防止するための値（限界管理基準値）
2. その他の目標となる値（1.を定めることができないとき）

【漁獲管理規則】
（漁獲シナリオ）
（行政機関）

関係者の意見を聴く

【管理措置】 関係者の意見を聴く

TAC・IQ
- TACは資源量と漁獲シナリオから研究機関が算定したABCの範囲内で設定
- 漁獲の実態を踏まえ、実行上の柔軟性を確保
- 準備が整った区分からIQを実施

資源管理協定
- 自主的管理の内容は、資源管理協定として、都道府県知事の認定を受ける。
- 資源評価の結果と取組内容の公表を通じ管理目標の達成を目指す。

【操業（データ収集）】
（漁業者）

○漁獲・水揚げ情報の収集
- ICTを活用した情報収集

資料：水産庁「新しい資源管理について」（令和3年4月）

用語

MSY水準
MSYを実現する資源量（産卵親魚量）。改正漁業法の資源管理においては、過去の資源量などの推移を基にした評価ではなく、資源水準と漁獲圧力についてそれぞれMSY水準と比較して判定する方法に移行した。達成までの期間が長期に及び、資源量も現状からかけ離れたものとの声も聞かれる。

目標管理基準値
MSYを達成する資源水準の値。従来は最低限の親魚資源量への維持・回復をめざす管理を実施していた。農林水産大臣の定める資源管理基本方針で設定する。

新たな資源管理の推進に向けたロードマップ

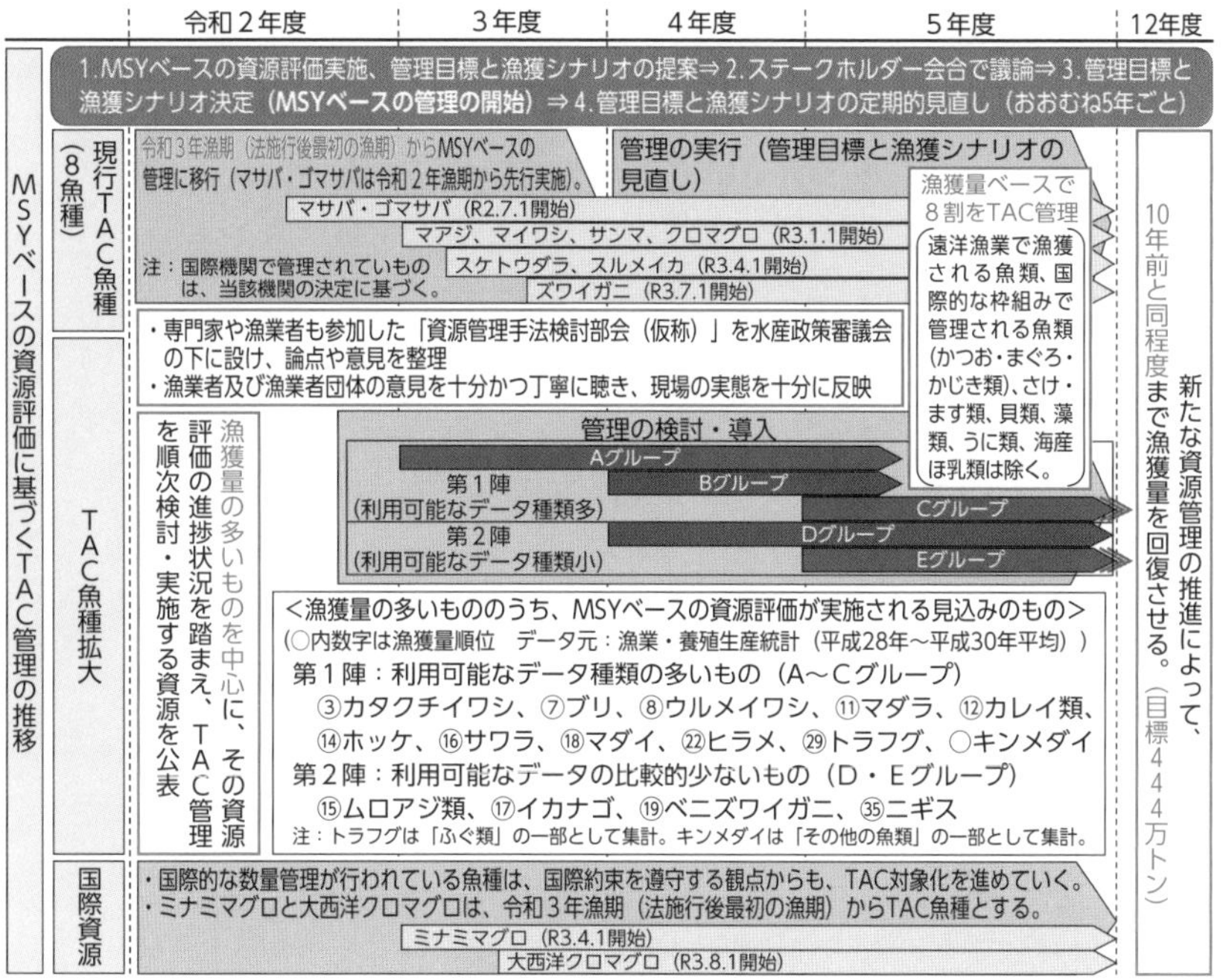

令和２年度
３年度
４年度
５年度
12年度
MSYベースの資源評価に基づくTAC管理の推移
1. MSYベースの資源評価実施、管理目標と漁獲シナリオの提案⇒ 2. ステークホルダー会合で議論⇒ 3. 管理目標と漁獲シナリオ決定（MSYベースの管理の開始）⇒ 4. 管理目標と漁獲シナリオの定期的見直し（おおむね5年ごと）
現行TAC魚種（8魚種）
令和３年漁期（法施行後最初の漁期）からMSYベースの管理に移行（マサバ・ゴマサバは令和２年漁期から先行実施）。
管理の実行（管理目標と漁獲シナリオの見直し）
マサバ・ゴマサバ（R2.7.1開始）
マアジ、マイワシ、サンマ、クロマグロ（R3.1.1開始）
注：国際機関で管理されていものは、当該機関の決定に基づく。
スケトウダラ、スルメイカ（R3.4.1開始）
ズワイガニ（R3.7.1開始）
漁獲量ベースで8割をTAC管理
遠洋漁業で漁獲される魚類、国際的な枠組みで管理される魚類（かつお・まぐろ・かじき類）、さけ・ます類、貝類、藻類、うに類、海産ほ乳類は除く。
TAC魚種拡大
・専門家や漁業者も参加した「資源管理手法検討部会（仮称）」を水産政策審議会の下に設け、論点や意見を整理
・漁業者及び漁業者団体の意見を十分かつ丁寧に聴き、現場の実態を十分に反映
漁獲量の多いものを中心に、その資源評価の進捗状況を踏まえ、TAC管理を順次検討・実施する資源を公表
管理の検討・導入
第１陣（利用可能なデータ種類多）
第２陣（利用可能なデータ種類小）
Aグループ
Bグループ
Cグループ
Dグループ
Eグループ
<漁獲量の多いもののうち、MSYベースの資源評価が実施される見込みのもの>
（○内数字は漁獲量順位　データ元：漁業・養殖生産統計（平成28年～平成30年平均））
第１陣：利用可能なデータ種類の多いもの（A～Cグループ）
③カタクチイワシ、⑦ブリ、⑧ウルメイワシ、⑪マダラ、⑫カレイ類、⑭ホッケ、⑯サワラ、⑱マダイ、㉒ヒラメ、㉙トラフグ、○キンメダイ
第２陣：利用可能なデータの比較的少ないもの（D・Eグループ）
⑮ムロアジ類、⑰イカナゴ、⑲ベニズワイガニ、㉟ニギス
注：トラフグは「ふぐ類」の一部として集計。キンメダイは「その他の魚類」の一部として集計。
国際資源
・国際的な数量管理が行われている魚種は、国際約束を遵守する観点からも、TAC対象化を進めていく。
・ミナミマグロと大西洋クロマグロは、令和３年漁期（法施行後最初の漁期）からTAC魚種とする。
ミナミマグロ（R3.4.1開始）
大西洋クロマグロ（R3.8.1開始）
新たな資源管理の推進によって、10年前と同程度まで漁獲量を回復させる。（目標444万トン）

資料：水産庁「新しい資源管理について」（令和３年４月）

を拡大し、2030年には10年前の漁獲量444万トンまで回復させる目標を掲げ、その実現のためのロードマップを策定しています。ちなみに現行TAC魚種で漁獲量ベースの6割をカバーしています。また、TAC管理の前提となる資源評価を従来の50魚種（TAC魚種を含み、国際資源のサンマ、クロマグロを除く）から2023年までに200魚種まで増やし、データの蓄積、資源評価の精度向上をめざす計画です。

MSYベースの資源評価に基づくTAC管理

改正漁業法では、管理目標を最大持続可能量（MSY）の実現する資源水準に置いています。この**MSY水準**、つまり回復すべき目標を「**目標管理基準値**」とし、それを下回った資源に対しては「**限界管理基準値**」を設定してより厳しい数

限界管理基準値　生物学的に安定した再生産を期待できる親魚量などの下限値。乱獲を未然に防止するための歯止めとして、これを下回った時には目標管理基準値まで回復させる計画を定める。

量規制を行うことになります。原則としてTACの対象になる魚種（特定水産資源）は、海域（管理区分）ごとにTACを配分し、漁獲割当（IQ、漁船ごとの個別割当など）による管理が基本となります。沖合の大臣許可漁業は2023年までに原則導入を目標としています。沿岸漁業も同様ですが、数量が少なく従来「若干量」としてTACを設定していた魚種は「現行水準」とするなど、TACやIQ以外の漁獲努力量で管理することも条件付きで認められています。

2021年漁期からMSYベースに移行している新しい資源管理では、「資源量」と「漁獲の強さ」を算出し、現状と比較した評価（**神戸チャート**）とともに管理方法の検討材料（資源管理目標と漁獲シナリオ）を水研機構（国立研究開発法人水産研究・教育機構）が提供し、関係者とのステークホルダー会議を開催し、そのTACを設定します。特に「関係する漁業者の理解と協力を得た上で進める」ことが重要なプロセスになります。

沿岸漁業におけるTAC管理の難しさ

国は①漁獲量が多い魚種（漁獲量上位35魚種）②MSYベースの資源評価が近い将来実施される見込みの魚種の条件に合ったものからTAC管理を順次開始するとし、水産政策審議会の下に「資源管理手法検討部会」を設置して論点や意見を整理していく考えですが、実際のステークホルダー会議では関係者から異論も多く、環境要因による不漁、再生産関係（親子関係）が少ない魚種の資源評価などMSYベースの数量規制に反論や抵抗が出ています。

特に複合的な漁業種類の組み合わせで操業する沿岸漁業は、多くの魚種にTACが設定されると管理が難しく、特定の魚種がTACの上限に達すると操業停止という事態も懸念されます。改正漁業法においては公的規制・自主的管理にかかわらず、資源管理の基本的事項を国の資源管理基本方針、都道府県の資源管理方針に定めることとし、従来の自主的取り組みを含めた資源管理計画は資源管理協定に移行

用語

神戸チャート
資源量と漁獲の強さを、MSYを達成する水準と比較した形で、過去から現在までの推移を示す。MSY水準に比べ、漁獲圧の多少や資源の高低を判断する。この名称は、2007年に神戸で開催されたマグロの国際会議に由来する。

することになります。

科学的な知見に基づく資源評価には、漁獲データ情報の収集拡大が不可欠です。今後は大臣許可漁業に加え、知事許可漁業にも漁獲実績報告が義務づけられます。大臣許可漁業は従来の漁獲実績報告書を電子化し、リアルタイムの報告を可能とする体制を構築し、主要な漁協・産地市場から、４００市場以上を目途に水揚げ情報を電子的に収集し、資源調査・評価に活用できる体制を構築する構想ですが、現場の負担にならないか心配の声も聞かれます。

水産庁は、資源管理と生産効率化の両立を図る「スマート水産業」を推進しています。ＩＣＴなどの利用により生産現場や試験研究機関が収集する各種データを相互に利用可能にし、水産資源の評価・管理やデータに基づく漁業・養殖業、新規ビジネスの創出を支援するための環境として「**水産業データ連携基盤**」の稼働を開始しました。

神戸チャート

我が国の資源評価は、従来は資源量だけだったが、漁獲の強さに加え、最大持続生産量を達成する水準との関係を図示したものが神戸チャート。

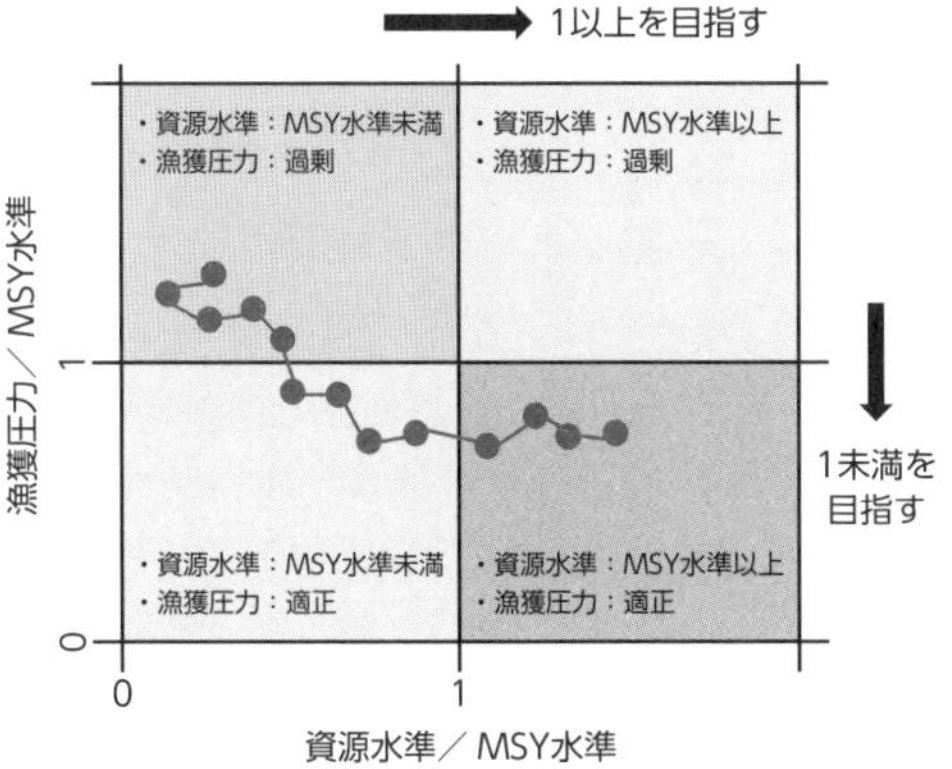

資料：水産庁「水産をめぐる事情について」令和３年４月

水産業データ連携基盤
生産から流通にわたる多様な場面で得られたデータの連携・共有・活用を可能とするデータベース。いわゆるビッグデータに基づく漁海況、漁場形成、生産予想や価格、需給の予測などが想定される。

4 ウナギの資源管理制度

シラスウナギの不漁と資源管理

日本ではウナギの99%が養殖によって生産され、その**種苗**には天然のウナギ稚魚（シラスウナギ）が用いられます。しかし、シラスウナギの採捕量は1980年代から低水準が続き、減少基調にあります。

特に2010~2012年の3漁期は、連続してシラスウナギ採捕が不漁となり、池入数量が大きく減少したため、水産庁は2012年ウナギ養殖業者支援や資源管理・保護対策を柱とする「ウナギ緊急対策」を策定しました。

シラスウナギの国内採捕量には年変動があり、不足を輸入で補っています。例えば2020年漁期は日本をはじめ、東南アジア全域が好漁でした。3月下旬には池入数量が上限（21・7トン）まで近づき、漁期途中で採捕期間を切り上げた県もありました。

同一のニホンウナギ資源を利用する東アジアの養《よう》鰻国《まんこく》（日本、中国、台湾）は、ウナギの資源保護・管理の非公式会議を開き、2014年には国際的な資源管理の第一歩として日本、中国、韓国、台湾により、シラスウナギの養殖場への池入量の制限や法的拘束力のある枠組みづくりの検討などを内容とする共同声明を出しています。

国内においては「内水面漁業の振興に関する法律」に基づき、2015年ウナギ養殖業を許可制にするとともに、ウナギ養殖業者、シラスウナギ採捕業者、親ウナギ業者が三位一体となって、池入れ量の制限、シラスウナギ採捕期間の短縮、親ウナギ漁獲抑制などの資源管理を進めています。

ワシントン条約の議論が資源管理強化へ

環境の観点から漁業に規制を強化する動きも目立

用語

種苗 →46ページ

ち、**ワシントン条約（CITES）**の漁業対象種の扱いが国内外で強い関心を集めています。

第17回締約国会議が2016年に開催され、ウナギを附属書に掲載して国際取引を制限しようとの提案はありませんでした。しかし、EUからヨーロッパウナギの附属書掲載による評価、代替種として利用されるすべてのウナギ類の資源状況、取引などを議論する場を設けるとの提案が出され、採択されています。

日本はニホンウナギの生息地および消費国として責任をもち、調査や議論に積極的に参加することが求められています。

シラスウナギを確保するための種苗生産技術の開発も急務で、2010年には日本の試験研究機関（水産研究・教育機構）で完全養殖に成功しています。

2013年には大型水槽でのシラスウナギ生産に成功し、2014年から給餌システム、飼育水の交換などの実証試験に取り組んでいます。

ウナギ資源管理対策の推進

○今後ともニホンウナギの持続的利用を確保していくためには、国内外での資源管理対策の推進が必要。
○国際的には、ニホンウナギを利用する日本、中国、韓国、台湾間で国際的な資源管理に向けた協力を進めるとともに、国内においては、日本、中国、韓国、台湾間で取り決めた池入れ量の制限を適切に実施するとともに、シラスウナギ採捕、ウナギ漁業についても、資源管理の対策が一層進むよう対応。

国際的な資源管理

ニホンウナギのシラスは黒潮に乗って台湾、中国、日本、韓国へ流れ着き、そこで漁獲され養殖の種苗として利用されていることから、ニホンウナギの資源を持続的に利用していくためにはこれらの国・地域間が協力して資源管理を行っていくことが必要。このため、日本がこれらの国・地域に働きかけを行い、協力に関する議論を開始。

共同声明概要（平成26年9月）

(1) ニホンウナギの池入れ量を直近の数量から20%削減し、異種ウナギについては近年（直近3カ年）の水準より増やさないためのすべての可能な措置をとる。
(2) 保存管理措置の効果的な実施を確保するため、各1つの養鰻管理団体を設立する。それぞれの養鰻管理団体が集まり、国際的な養鰻管理組織を設立する。
(3) 法的拘束力のある枠組みの設立の可能性について検討する。

平成27年2月および6月には、共同声明を踏まえ、法的枠組み設立の可能性についての検討のための非公式協議を実施。

両輪で対策を推進

国内の資源管理

資源管理を三位一体で推進

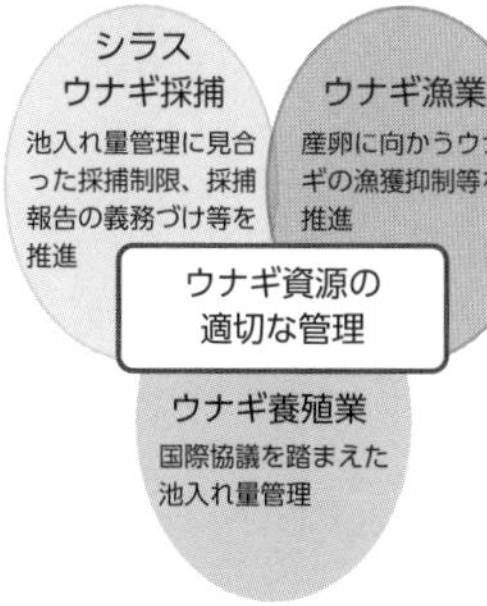

資料：水産庁「ウナギをめぐる状況と対策について」

ワシントン条約（CITES）
「絶滅のおそれのある野生動植物の種の国際取引に関する条約」。輸出国と輸入国が協力して絶滅のおそれのある野生動植物の国際取引を規制し、その保護を図る。3年に一度の締約国会議において近年、商業漁業の対象種に関する提案が活発で、地域漁業管理機関の資源管理強化の背景ともなっている。

太平洋クロマグロの資源管理体制

WCPFCの資源回復への取り組み

太平洋クロマグロは、日本周辺を含む太平洋を広く回遊する国際資源で、漁獲国は日本、韓国、台湾、米国、メキシコと東西にわたりますが、日本は全体の約6割を漁獲する最大の漁業国となっています。

太平洋クロマグロの資源量は近年、最低水準にあり、2015年から中西部太平洋まぐろ類委員会（WCPFC）において、30kg未満の小型魚の年間漁獲量を2002～2004年の水準から半減させる措置が導入され、大型魚も同様の抑制措置が取られています。太平洋クロマグロの資源評価を行う外部機関である北太平洋まぐろ類国際科学委員会（ISC）からの勧告に従い、2024年までに少なくとも60%の確率で歴史的中間値（1952～2014年の推定親魚資源量の中間値）まで資源を回復させることを暫定目標としています。

下部組織の「北小委員会」では、日本の提案により加入量が著しく低下した際の緊急措置の導入、長期的な管理目標や漁獲制御ルールなども議論されています。さらに北小委員会に対し、WCPFCで遅くとも2034年までに初期資源量（漁業がない場合の資源がどこまで増えるのか推定した数値）の20%まで資源を回復させるより厳しい（漁獲削減率が大きい）保存管理措置を策定すべきとの要請がされています。

日本でも小型魚の上限管理、遊漁も採捕禁止に

日本ではWCPFCの決定を受け、2015年1月から大臣管理の沖合漁業（大中型まき網、近海カツオ・マグロ、カジキ流し網など）、知事管理の沿岸漁業（定置網、はえ縄、一本釣りなど）に小型魚

用語

を半減させる厳しい数量規制と、大型魚を増加させない措置に取り組みました。一部で漁獲超過が発生するなど試行錯誤を経て2018年にはTAC管理を導入しています。2019年には、数量配分の透明性を確保するため、水産政策審議会の資源管理分科会に「くろまぐろ部会」を設置し、沿岸・沖合・養殖の各漁業者の意見を踏まえて取りまとめた「配分の考え方」に基づく基本計画を策定。また、都道府県や漁業種類の間で漁獲枠を交換する「融通ルール」をつくり、調整に役立てています。2020年漁期（大臣管理1〜12月、知事管理4〜3月）の漁獲実績は、小型魚3105トン、大型魚5318トンでいずれもTACの枠内に収まっています。

　漁業者から遊漁によるクロマグロ採捕に公的規制がないことに強い不満が出ていましたが、2021年6月から広域漁業調整委員会指示により小型魚の採捕が禁止されました。意図しない場合は、海中放流し、大型魚は水産庁に尾数、重量、海域を報告しなければなりません。

太平洋クロマグロの水揚げ（北海道松前町）

写真提供：株式会社水産北海道協会

TAC→196ページ

6 資源保護と国際協約

漁業への影響が大きい国際的な枠組み

資源保護は環境問題と密接な関係をもち、国際的な資源保護の枠組みが漁業にも大きな影響を及ぼしています。主なものを挙げると、まず1992年にリオ・デ・ジャネイロで開かれた地球サミットで調印された「生物多様性条約」(CBD)です。これは、水産資源を含めた地球上の多様な生物と生息環境の保全を目的とした条約です。

締約国(地域・団体)は196、締約国会議はCOPと称し、2010年に名古屋でCOP10が開かれました。中心的な活動を担う国際自然保護連合(IUCN)は、野生生物の保護、自然環境、天然資源の保全の分野で研究し、自然や天然資源の保全に関わる国、機関に対し支援などを行っています。

日本からは外務省(国家会員)や環境省(政府機関会員)、16の非政府団体(NGO)が加盟しています。専門家のネットワークをもつIUCNの保存委員会は、絶滅危惧種を掲載した「レッドリスト」を毎年作成しています。ニホンウナギ、クロマグロが2014年にレッドリストに掲載されており、ワシントン条約の規制対象種検討にも大きな影響力を持っています。

IUU撲滅と密漁防止、適正流通化

FAO(国連食糧農業機関)は2001年にIUU漁業対策の考え方をまとめた「国際行動計画」を発表し、2017年に「漁獲証明制度のための自主的ガイドライン」を策定しています。

2015年に採択された国連のSDGs(持続可能な開発計画)で「2020年までに過剰漁獲やIUU漁業を終了させる」目標が示されています。2

019年のG20大阪サミットの「大阪首脳宣言」でも「IUU漁業を終わらせる」としました。一方で、OECD（経済開発協力機構）が同年まとめたIUU漁業レポートでは「水産物貿易における証明制度の整備など、（日本の）対応は加盟国の平均を下回っている」と指摘されています。

　そこで政府は、高価な水産物を狙う反社会勢力による組織的な密漁を撲滅するため、改正漁業法で罰則を強化し、特定水産動植物（ナマコ、アワビ、シラスウナギ）に「採捕禁止違反」、「密漁品流通」の罪を新設、禁固3年または罰金3千万円と個人に対する罰金では最高額に引き上げ、大きな抑止効果を発揮しています。

　同時に、違法漁獲物を国内流通から排除し、海外からの流入を防ぐために「**水産流通適正化法**」が2020年12月に成立し、2年以内に施行されます。制度の実施に向けて政府は現場の負担軽減、取引記録の電子化、IT技術の導入を支援し、世界標準の「漁獲証明制度」をめざし、さらに検討する考えです。

水産流通適正化制度の内容

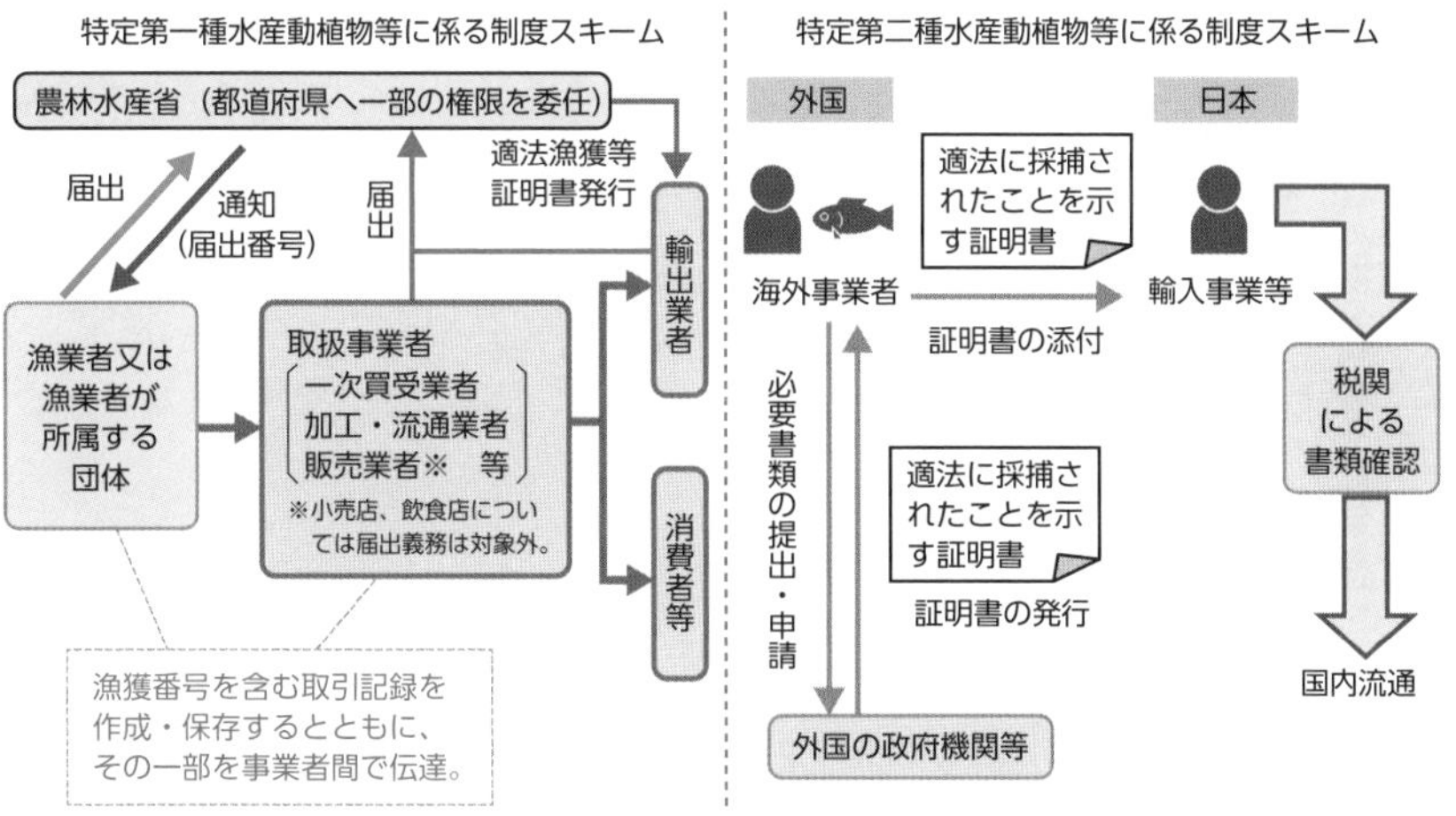

※届出義務、伝達義務、取引記録義務、輸出入時の証明書添付義務等に違反した場合は罰則あり。

資料：水産庁「水産をめぐる事情」2021年4月

用語

水産流通適正化法
正式には「特定水産動植物等の国内流通の適正化等に関する法律」。国内で違法かつ過剰な採捕が行われる恐れが大きい魚種（特定第一種水産動植物）は①漁業者等による行政機関の届出、②漁獲番号等の伝達、③取引記録の作成・保存、④輸出時に国が発行する適法漁獲証明書の添付を義務付けることになった。また、国際的にIUU漁業の恐れが大きい魚種（特定第二種水産動植物）は、輸入時に外国の政府機関が発行する証明書の添付が義務づけられた。

7

地球温暖化と日本漁業

地球温暖化による漁業への影響

地球温暖化と、それに伴う気候変動への懸念が強まっています。日本周辺水域においても、２０１５年までのおよそ１００年間で、平均海面水温が１・０７℃上昇したことがわかっています。また、21世紀末までの間に、世界の海洋の表層水温は、０・６℃から２・０℃上昇すると予測されています。海水温の上昇や水温分布の変化は、わが国の漁業に広く影響を与えています。

多くの漁師が「最近の海と魚は変わった」と語るように、海水温の上昇により、高水温を好む魚種が生息・回遊する海域が北上する一方で、低水温を好む魚種が日本周辺水域まで南下しなくなるなどの現象が起きています。例えば、暖水系のブリやサワラなどの魚種の生息域が北上する一方、冷水系のサンマは年々南下が遅れ、道東沖など日本沿岸域への回遊が減少しています。

また、資源量が大きく減少している回遊魚のスケトウダラ日本海北部系群の産卵域縮小、秋サケ稚魚の生残率、回帰率の低下などとの関連性が指摘されています。さらに、海水温の上昇による「磯焼け」現象、イセエビやアワビなどの減少、ナルトビエイの分布拡大とアサリの食害、ホタテガイの大量斃死《へいし》、カキの斃死率増加、ノリの生産量減少なども報告されています。

気候変動は、**鉛直混合**や表層海水の塩分、海流の速度や位置にも影響を与え、大気中の二酸化炭素濃度の上昇によって海洋の酸性化も進むとされます。

脱炭素化宣言と「みどりの食料システム戦略」

地球温暖化対策の国際ルールは、２０１５年に世

用語

地球温暖化
気候変動の一部で、温室効果ガス（二酸化炭素、メタン等）などの人為的要因や、太陽エネルギーの変化などの環境的要因によって、地球表面の大気や海洋の平均温度が長期的に上昇する現象。

鉛直混合
海面表層の海水が太陽放射によって暖められ、風や波によって混合されることで、深層に堆積した栄養塩が表層まで送り届けられ、プランクトンの発生をうながす。

界の平均気温の上昇を工業化以前に比べ2℃未満に抑え、当面1・5℃を努力目標とするパリ協定が提携されています。この年、国連サミットで採択されたSDGsにおいて17のゴールの一つに「気候変動に具体的な対策を」が設定されました。

CO_2排出のネットゼロをめざし、世界では125の国と地域が2050年までの**カーボンニュートラル**宣言を行っています。日本政府も2020年10月、菅義偉首相が所信表明で「2050年カーボンニュートラル」を宣言し、**脱炭素社会**に舵を切り、経済と環境の好循環をつくる産業政策として「グリーン成長戦略」を推進する方針を明らかにしました。成長が期待される14の分野には食料・農林水産業も組み入れられ、化石燃料起源の「**CO_2ゼロエミッション化**」を実現することになりました。その後、菅首相は2021年4月の気候変動サミットで温室効果ガスの「2030年度46％削減（2013年度比）」を表明しました。

そのため、農林水産省では、2021年5月に持

みどりの食料システム戦略の概要

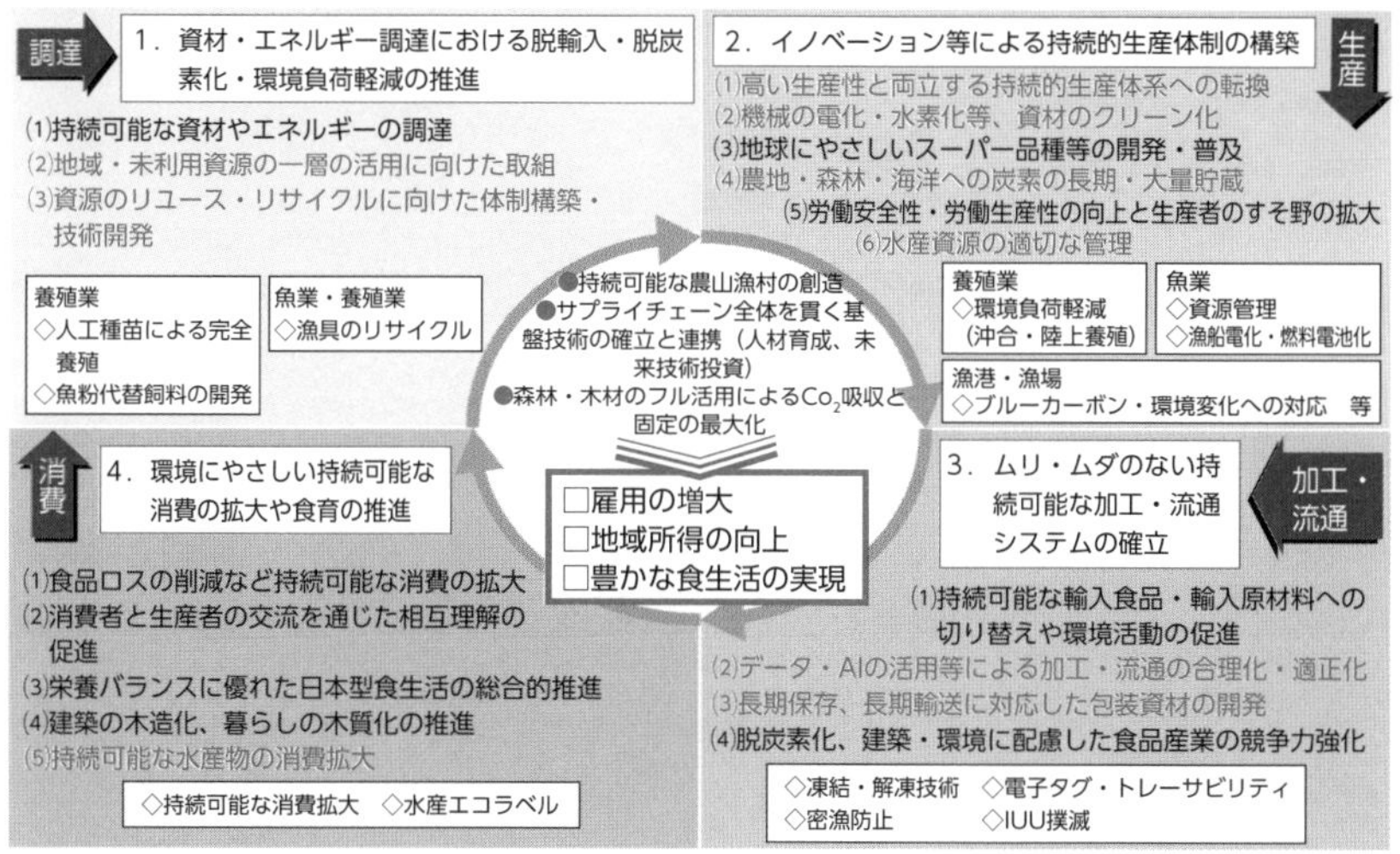

調達
1. 資材・エネルギー調達における脱輸入・脱炭素化・環境負荷軽減の推進
(1)持続可能な資材やエネルギーの調達
(2)地域・未利用資源の一層の活用に向けた取組
(3)資源のリユース・リサイクルに向けた体制構築・技術開発
養殖業 ◇人工種苗による完全養殖 ◇魚粉代替飼料の開発
魚業・養殖業 ◇漁具のリサイクル
生産
2. イノベーション等による持続的生産体制の構築
(1)高い生産性と両立する持続的生産体系への転換
(2)機械の電化・水素化等、資材のクリーン化
(3)地球にやさしいスーパー品種等の開発・普及
(4)農地・森林・海洋への炭素の長期・大量貯蔵
(5)労働安全性・労働生産性の向上と生産者のすそ野の拡大
(6)水産資源の適切な管理
養殖業 ◇環境負荷軽減（沖合・陸上養殖）
漁業 ◇資源管理 ◇漁船電化・燃料電池化
漁港・漁場 ◇ブルーカーボン・環境変化への対応 等
●持続可能な農山漁村の創造
●サプライチェーン全体を貫く基盤技術の確立と連携（人材育成、未来技術投資）
●森林・木材のフル活用によるCo2吸収と固定の最大化
□雇用の増大
□地域所得の向上
□豊かな食生活の実現
消費
4. 環境にやさしい持続可能な消費の拡大や食育の推進
(1)食品ロスの削減など持続可能な消費の拡大
(2)消費者と生産者の交流を通じた相互理解の促進
(3)栄養バランスに優れた日本型食生活の総合的推進
(4)建築の木造化、暮らしの木質化の推進
(5)持続可能な水産物の消費拡大
◇持続可能な消費拡大 ◇水産エコラベル
加工・流通
3. ムリ・ムダのない持続可能な加工・流通システムの確立
(1)持続可能な輸入食品・輸入原材料への切り替えや環境活動の促進
(2)データ・AIの活用等による加工・流通の合理化・適正化
(3)長期保存、長期輸送に対応した包装資材の開発
(4)脱炭素化、建築・環境に配慮した食品産業の競争力強化
◇凍結・解凍技術 ◇電子タグ・トレーサビリティ
◇密漁防止 ◇IUU撲滅

出典：水産庁「みどりの食料システム戦略の策定に当たっての考え方」

カーボンニュートラル
→128ページ

脱炭素社会
地球温暖化の原因であるCO_2排出量が実質ゼロになる社会を指す。

CO_2ゼロエミッション化
CO_2を排出しないエンジン、モーター、しくみ、または、その他のエネルギー源。

続可能な食料システムの構築に向け「みどりの食料システム戦略」を策定しました。「生産力向上と持続性の両立」を技術革新で実現し、水産関係では漁船の電化・燃料電池化や**ブルーカーボン**の推進などによりカーボンニュートラルに取り組むことになっています。この中で、資源のリユース・リサイクル体制（脱プラスチック化）といった「調達」から、CO_2吸着源として藻場・干潟の造成などの「生産」、さらに「加工・流通」、「消費」を含めた脱炭素化の循環を構築することにしています。

農林水産分野でのゼロエミッション達成と持続的発展をめざす「みどりの食料システム戦略」における技術革新の工程をみると、2030年頃までに水産分野においては**ブルーカーボン**（海洋生態系による炭素貯留）、2040年頃から漁船の電化の研究開発・実用化・社会実装に取り組むイメージを描いています。

みどりの食料システム戦略　持続的生産対策の構築

生産　**持続的生産体制の構築：CO_2排出量 削減・吸収源対策、藻場・干潟の保全・創造**

●機械の電動化・資材のグリーン化
▶漁業・養殖業において、化石燃料で駆動する漁船の内燃機関を電化・水素燃料電池化することで、CO_2排出量を削減
●農地・森林・海洋への炭素の長期・大量貯蔵
▶CO_2吸収源としての藻場の可能性を追求（パリ協定に基づく成長戦略としての長期戦略、2019年6月閣議決定）
▶「藻場・干潟ビジョン」による実効性のある効率的な藻場・干潟の保全・創造を推進（藻場・干潟ビジョン、2016年策定）

漁船の電化・水素燃料電池化

●海運分野の動向
▶完全バッテリ推進船は実用化
▶水素燃料電池船も開発始まる
●漁船への水素燃料電池応用を研究
【漁船への適性】
▶バッテリ船より長距離航行可能
▶バッテリより長寿命
▶短時間で燃料補給可能
【漁船特有の課題】
▶操業に伴う負荷変動
▶漁獲物積載によるバランス変化

五島市離島漁業振興策研究会
（五島市、長崎県、水産研究・教育機構ほか）

CO_2吸収源としての藻場の可能性

●ブルーカーボン
▶藻場等の海洋生態系によって貯留されるCO_2由来の炭素
▶課題①：吸収量の定量評価手法の確立
▶課題②：IPCC温室効果ガスインベントリへの登録
●技術開発（農水省委託プロジェクト研究）
▶吸収量の定量評価技術
▶藻場の保全・創造に係る技術

藻場・干潟の保全・創造

●実効性のある効率的な藻場・干潟の保全・創造
▶環境省と連携し、藻場分布状況を把握
▶対象海域の環境特性に応じた対策の選定
▶藻場干潟ビジョンに基づく広域的・計画的対策の実施

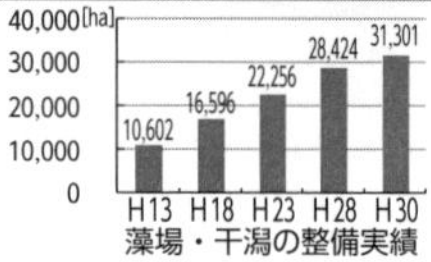

藻場・干潟の整備実績

資料：水産庁「みどりの食料システム戦略について」水産関連事項（令和3年4月）

用語

ブルーカーボン
海藻や海草、植物プランクトンなどが主に光合成によって、大気中からCO_2を取り入れ、それを利用するという一連のプロセスで、海洋生態系に吸着される炭素のこと。

8 漁業の多面的機能と漁民の取り組み

水産業・漁村の多面的機能とは何か？

水産業・漁村は、広く多種多様な魚介類を供給し、国民の食を支えています。同時に、こうした本来的機能に加え、漁村に人々が住んで漁業を営むことで、様々な機能が発揮されています。水産業・漁村の多面的機能は、「生産活動と一体的に存在し、市場では評価されない外部経済性、公共的な性格をもつ」ものと考えられます。この多面的機能は、2001年制定の水産基本法に明記され、その発揮が政策的に後押しされています。

例えば、漁業は水産資源を漁獲して陸上に供給し、水産生物の体に取り込まれた窒素やリンを陸上に戻すことによって物質の循環を補完し、海の環境を正常に保つ機能を担っています。また、二枚貝をはじめ**濾過食性生物**の増養殖や、稚魚の生育場となる藻場、干潟、ヨシ帯の環境保全は、水質や底質の浄化にもつながります。

さらに、海浜や河川の清掃、植樹活動、海難事故の救助活動、国境監視といった機能も注目されています。都市住民と漁村の交流の場の提供、漁村文化の継承や、漁業によって地域社会が形成され維持されていることも、重要な多面的機能です。

多面的機能の推進と漁民の取り組み

2004年、日本学術会議が水産業・漁村の多面的機能を認める答申を行い、**多面的機能の定量的評価**も試算されています。国は多面的機能について調査を重ね、国民的な理解を促進しながら、2009年から藻場・干潟など沿岸域の環境保全を図る「環境・生態系保全活動支援交付金」を創設し、漁業者や地域住民が行う活動を支援しています。

用語

濾過食性生物
海水中のプランクトンや濁り、汚れなどを濾過して水をきれいに浄化する生物。大きさ約3㎝のアサリは1時間に1リットルの海水を濾過する。

多面的機能の定量的評価
多面的機能をほかの方法で代替しようとした際に必要となるコストを見積もる方法で、定量的に評価する試み。水産業の場合、評価が可能なものだけに限定しても年間総額約9兆2000億円と試算される。

環境・生態系保全活動は、都道府県、市町村、漁協が設置した地域協議会を通じて藻場・干潟の保全活動を行う漁業者らの活動組織に交付金を支払うものです。その後、２０１３年には水産多面的機能発揮対策と名称が変わり、国民の生命・財産の保全、地球環境保全、漁村文化の継承に対象が広がりました。２０２１年からの第３期水産多面的機能発揮対策では、環境・生態系保全、海の安全確保が主な支援メニューとなっています。現在は、42都道府県・49地域協議会のもと、約７６０のグループが藻場の保全（３１０余）、干潟等の保全（１９０余）などの活動を展開しています。

最近は、漁業による「監視のネットワーク」が注目されています。全漁連によれば、わが国の23万隻の漁船、３０００の漁港と６０００の漁村が日本の３・４万kmにおよぶ海岸線の津々浦々に配置され、巨大なネットワークを形成し、海難救助、国境監視、災害時の救援活動、海域の環境モニタリングなどの役割を果たしています。

漁業・漁村の多面的機能

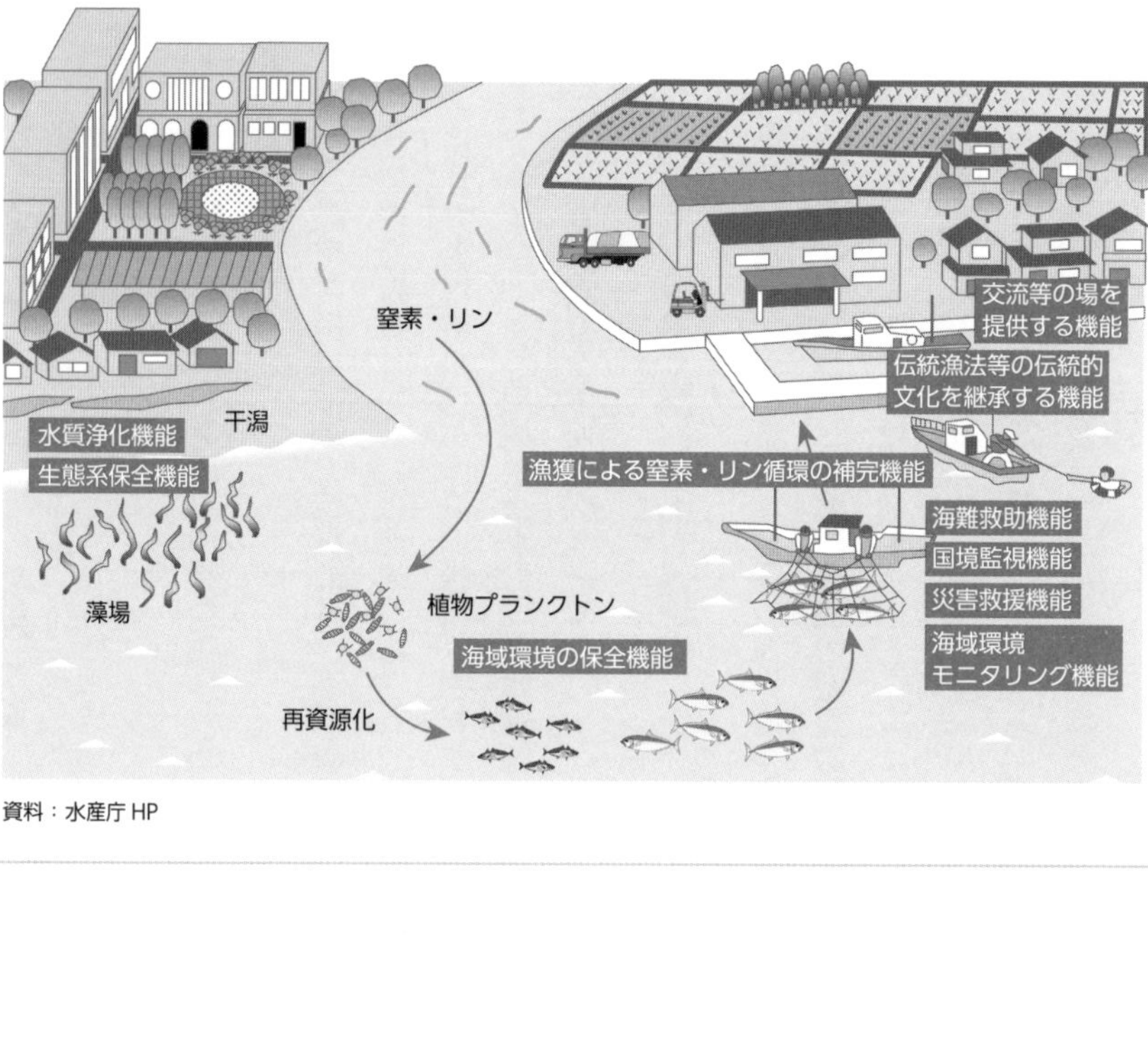

資料：水産庁 HP

コラム 7

漁村の豊かな観光資源と教育力

◆観光漁業の歴史と今

2017年４月の水産基本計画に「渚泊《なぎさはく》」という耳慣れない言葉が登場しました。ゴールデンルートに集中する外国人旅行者を農山漁村に分散宿泊させようという国の観光ビジョンに沿った施策で、農村に泊まる「農泊」に対し、漁村は「渚泊」なのだそうです。観光事業は漁家の「所得向上の柱」とされ、漁業体験のプログラム企画や宿泊施設整備が国の交付金の対象となります。

以前から漁業体験などは「都市漁村交流」と呼ばれ、国は漁村振興策に位置づけています。しかし国が旗を振るまでもなく、昭和40年代から観光漁業や漁家民宿などは各地で自然に生まれ、副業として営まれてきました。

かつての観光漁業は獲れた魚の料理を楽しむ宴会スタイルが多く、接待や慰安旅行など団体客で大いににぎわいました。しかし社会の様々な変化に伴い、2000年ごろには衰退。観光のスタイルは個人旅行の体験型が主流となり、最近は漁師との交流が楽しめる少人数の漁業体験も増加、ふるさと納税の返礼品にも登場しています。

一方、宴会に代わる団体客として注目されているのが教育旅行です。漁村の教育力は教育界で高く評価され、農山漁村における民泊の規制緩和もあいまって、地域ビジネスとして進められています。海辺の自然や漁村文化はふだん接点のない非日常の世界で、漁船に乗って獲った魚を食べる体験は、本能に響く命の教育として人気です。また民泊のおじさんやおばさんとの触れ合いが忘れられず、大人になってからも交流が続く例も聞かれます。

◆漁村振興につながる交流の形とは

東日本大震災後、多くの人がボランティアで漁業の再開を手伝いました。これはかつてない規模の「漁業体験」であり、「都市と漁村の交流」だったといえます。ボランティアの人たちが作業を通じてワカメやカキの育て方や美味しさに驚き感動する様子から、漁村の人たちは当たり前だと思っていた日常の価値を発見したといいます。

これをきっかけに陸前高田市、気仙沼市唐桑半島、南三陸町ほか数々の漁村で、主に若い漁師たちが養殖体験を軸とした体験交流事業を始めました。被災地を応援する漁村外の人たちとの絆を保つだけでなく、企業研修や教育旅行の受け皿ともなり、町の復興に寄与しています。

こうした例をみると、単に外国人観光客を多く呼び込めば漁村が活性化するというものではないことがわかります。漁業や漁村文化を理解し、海の環境を共に支え持続につなげる、そんな対等かつ双方向の質の高い交流が求められているといえます。

おわりに　～漁業の未来について～

日本漁業の栄枯盛衰は、日本経済と併行してきました。高度に経済が成長して、家計収入が伸びている時期では漁業は成長しました。経済が低成長期に入り家計収入の伸びが弱まると漁業は成熟期に入り、同時に廉価な輸入水産物が増えて魚価が低迷しました。また、デフレ経済からなかなか脱却できず水産物消費が落ち込んでいくと漁業だけでなく水産流通・加工業の衰退も顕著になりました。また漁村の人口減が著しくなり、人手不足が水産業の衰退に拍車をかけています。外国人なしでは成り立たない地域も増えました。しかも、気候変動の影響でしょうか、獲れていた資源が獲れなくなるなど漁獲変動が激しくなっています。

「水産政策の改革」はそうした状況の中で進められています。これは第2章でも触れたように「資源管理と水産業の成長産業化」を進めていくものです。ただそれまでの水産政策も水産基本法に従って資源管理措置を進めて安定的かつ効率的な漁業経営を育成するとしてきました。しかし、そこには資源管理措置に明確な数値目標がなかったことから漁業者は資源の分配を意識した長期的展望を見出すことができず、また漁業者にイノベーションを進めさせるための決定打もありませんでした。

それに対して「水産政策の改革」では次のようなしかけが見えてきます。漁船漁業に対しては、資源量をＭＳＹ水準にするための資源管理措置を行うとともに、漁船別に配分する漁獲割当制度を拡充することで、魚種別漁獲量の上限を見据えた投資計画を漁業者にさせようというものです。今後、漁船への投資などで漁業者は、否応なくＭＳＹ以下の漁獲割当に対応せざるを得ず、そのためには、漁業技術のイノベーションのほか、漁業経営体の集約化、漁船への漁獲割当の集約化を進めることで生産性を飛躍的に伸ばすことが求められます。

養殖業に関しては、まず空いた漁場を意欲的な担い手に利用させ、輸出とマーケットイン型の対応によって販売量を増やさせて規模を拡大させるという方向性が明確に打ち出されています。ただ労働集約的なプロセスがあればそれがボトルネックとなって生産量は上がりません。ですから安定した養殖経営を構築するために経営体の集約化や作業の高度化によって生産性を上げるための投資を実行していくことになるでしょう。

このように「水産政策の改革」は産業の核となる担い手像を描いています。しかし、それはあくまで国が描いているものです。そのとおりになるかどうかは、政策の内容を理解する意欲的な漁業者がいること、イノベーションが起こること、周辺国との国際漁業交渉において主導権を握ることが前提になっています。果たして未来はどうなるのでしょうか。

読者の皆様にも是非考えてほしいです。

濱田武士

か行

アルファベット

あ行

た行

さ行

●主要参考文献

・二野瓶徳夫『明治漁業開拓史』(平凡社 1981年)
・二野瓶徳夫『日本漁業近代史』(平凡社 1999年)
・山口和雄編『現代日本産業発達史』〈第19 水産〉(交詢社出版局 1965年)
・浜崎礼三『海の人々と列島の歴史－漁撈・製塩・交易等へと活動は広がる－』(北斗書房 2012年)
・赤井雄次『日本漁業・水産業の変遷と展望』(水産経営技術研究所 2005年)
・岩崎寿男『日本漁業の展開過程－戦後50年概史－』(舵社 1997年)
・水産年鑑編集委員会『水産年鑑2016』(水産社 2017年)
・町井昭『真珠物語』(ポピュラーサイエンス 1995年)
・片田實『浅草海苔盛衰記』(成山堂書店 1989年)
・㈳資源協会『浅海養殖』(大成出版社 1986年)
・㈳資源協会『つくる漁業』(農林統計協会 1983年)
・濱田武士『日本漁業の真実』(筑摩書房 2013年)
・濱田武士『魚と日本人 食と職の経済学』(岩波書店 2016年)
・東京水産振興会『水産物取扱いにおける小売業の動向と現代的特徴』(平成27年度報告書)
・佐野雅昭『日本人が知らない漁業の大問題』(新潮社 2015年)
・廣吉勝治『ポイント整理で学ぶ水産経済』(北斗書房 2008年)
・魚の消費を考える会『現代サカナ事情 水産大国日本の光と影』(新日本出版社 1997年)
・ユージン・ラポワント、三崎滋子訳『地球の生物資源を抱きしめて:野生保全の展望』(新風社 2005年)
・水産庁『水産白書』各年次(農林統計協会)

●監修者紹介

濱田武士（はまだ・たけし）

1969年３月生まれ。大阪府出身。北海道大学大学院修了、東京海洋大学准教授を経て、2016年４月より北海学園大学経済学部教授。著書に『伝統的和船の経済－地域漁業を支えた「技」と「商」の歴史的考察』（農林統計出版、漁業経済学会奨励賞受賞）単著、『漁業と震災』（みすず書房、漁業経済学会賞受賞、日本協同組合学会賞受賞）単著、『日本漁業の真実（ちくま新書）』（筑摩書房）単著、『福島に農林漁業をとり戻す』（みすず書房、日本協同組合学会賞学術賞（共同研究））共著、『魚と日本人　食と職の経済学（岩波新書）』（岩波書店、水産ジャーナリストの会大賞、辻静雄食文化財団 第８回辻静雄食文化賞）単著、『漁業と国境』（みすず書房）共著。

●執筆者一覧

・佐々木貴文（北海道大学大学院水産科学研究院准教授）→第１章１～３、第３章
・工藤貴史（東京海洋大学海洋政策文化学部門准教授）→第１章４～10
・濱田武士（北海学園大学経済学部教授）→第２章
・乾政秀（株式会社水土舎最高顧問）→第４章
・上田克之（株式会社水産北海道協会代表取締役）→第５章～第７章
・大浦佳代（海と漁の体験研究所代表）→コラム

最新版 図解 知識ゼロからの現代漁業入門

2021年8月20日　　第１版発行

監修者　濱田武士
発行者　河池尚之
発行所　一般社団法人 家の光協会
〒162-8448　東京都新宿区市谷船河原町 11
電　話　03-3266-9029（販売）
　　　　03-3266-9028（編集）
振　替　00150-1-4724

印　刷　精文堂印刷株式会社
製　本　精文堂印刷株式会社

落丁・乱丁本はお取り替えいたします。
定価はカバーに表示してあります。

ISBN978-4-259-51872-1 C0061